城市的迷惘

薛涌 著

中国社会科学出版社

图书在版编目（CIP）数据

城市的迷惘 / 薛涌著. — 北京：中国社会科学出版社,2014.8
ISBN 978-7-5161-4598-2

Ⅰ.①城… Ⅱ.①薛… Ⅲ.①城市环境－环境保护－文集 Ⅳ.①X21-53

中国版本图书馆CIP数据核字(2014)第171646号

出 版 人	赵剑英	
责任编辑	李丕光	
责任校对	姚　颖	
责任印制	李寡寡	

出版发行	中国社会科学出版社
社　　址	北京鼓楼西大街甲158号（邮编 100720）
网　　址	http://www.csspw.com.cn
	中文域名：中国社科网　　010-64070619
发 行 部	010-84083685
门 市 部	010-84029450
经　　销	新华书店及其他书店
印刷装订	三河市君旺印务有限公司
版　　次	2014 年 9 月第 1 版
印　　次	2014 年 9 月第 1 次印刷
开　　本	710×1000　1 / 16
印　　张	23
插　　页	2
字　　数	300 千字
定　　价	39.00 元

目
录

—

风水与发展

——北京大水与"生态基础设施"

一场大雨就把北京这样的世界级城市变成了泽国。愤怒、指责都可以理解，但最重要的是反思、研究、放眼未来。众所周知，中国正在经历人类历史上最大、最急剧的城市化。这种疾风暴雨式的发展，在经济、社会、生态诸方面都难免会导致失衡，激发不稳定因素。北京的大水也许并不限于北京，而且是对其他城市的一个预警。如果仅仅是问责的舆论沸腾，对大水的原因却不进行深入分析，就很难避免下一个灾难。比如，灾难过后，许多网友提起青岛德国人在19世纪末建造的地下排水道，还有些网友提供了德国地下排水道的数据，甚至有人贴出如地下宫殿般的排水道照片，以为这种能开卡车的大型集中式排水设施是解决问题之道。其实，这种设施，在西方发达国家已经遭到广泛的批判，弊害甚多。北京这样的传统城市，地下结构复杂，建造这样的设施技术障碍甚多，耗资甚巨，在财政上不现实。因此，本文试图结合最近西方的城市规划理论，从另外一个角度对北京的大水和未来城市的发展进行分析。

开宗明义，不妨先用我们中国人熟悉的传统语言解读北京大水的原因：高速的经济发展和城市化，破坏了北京的风水。听起来，这样的解读似乎"传统"到了迷信的程度，就如同说修铁路会破坏"地气"一样。但是，看看最近十几年在西方迅速崛起的"地貌都市主义"、"景观建筑学"、"生态都市主义"等等，其运用的许多分析性概念，如"连接性"、"贯通"等等，和"风水"的语言颇为接近，对于21世纪的城市化也具有深刻的启发。

这些新学说的一个核心，就是"生态基础设施"。众所周知，建设城市首先要建设基础设施。但是，我们过去一讲基础设施，无非指的是公路、能源与电力供应，乃至下水道等。这些都是人力所建造的。但是，从"地貌都市主义"的立场上看，自然环境和生态本身，也为城市提供了"基础设施"。城市只有利用这样的基础设施，才能有"可持续性"的发展。

熟悉《诗经》的人，恐怕都还记得其所记述的周代先祖古公亶父的事迹："古公亶父，来朝走马。率西水浒，至于岐下。"这位古公亶父，先为周民在水畔山下选地，"周原膴膴，堇荼如饴。爰始爰谋，爰契我龟，曰止曰时，筑室于兹。乃慰乃止，乃左乃右，乃疆乃理，乃宣乃亩……"他见到肥美的周原，经过精心的谋划和占卜，最终才开始建筑定居点、开垦土地。据说，这位古公亶父不仅选定了周人的生活区域，而且使周人摆脱了游牧之习，成为居有定所的农业民族，也为中华民族的文化定下了基调。

不管这些传说的可信程度如何，世界各民族的古史中都不乏这样的故事，所指向的是一个事实：先民选择定居点，要对于自然地貌反复斟酌，特别是对于人和水的关系特别精心。水利地貌结构，大致可以解释古代城市的生存：水首先是饮用和灌溉，同时也提供了最为便宜的运输手段。在人口集中地区所排放的废物，特别是粪便，被施用于农地，剩余大部被环绕农地的植被所吸收，只有极小部分随着流水被稀释。在人口稀少的时代，这基本不影响下游的饮水质量。这种水系、水脉，和其他地貌结构结合，形成了"生态基础设施"，解决了早期城市的大部分问题。也就是说，人类必须依靠地貌水域结构所提供的"生态服务"来建立定居点或城市。所以，古时中国不仅是建城，就是大户人家盖房，也免不了要找风水先生。我们如果把这种风水解释成对"生态基础设施"的估价的话，就并不那么玄妙了。

但是，人类繁盛后，就越来越相信自己的力量，有了"人定胜天"的豪情。以"中世纪农业革命说"知名的美国史学家怀特（Lynn White Jr.）在50年代就指出，西方的基督教文化，实际上是过度人类中心的文化。按照基督教的信仰，上帝造了人，世界上的东西都是给人准备的，于是，人可以任意取其所需。这在西方文明中激发了一种基督教进取扩张的精神，刺激了科学的进步、经济的增长、疆域的开拓，也对环境带来了巨大的破坏。从城市化的角度看，欧洲传统城市，多如威尼斯、阿姆斯特丹那样，依赖"水利地貌结构"。但到了近代，特别是工业革命后，就开始无视这样的"生态基础设施"，一切都用"人工基础设施"来解决：建起集中式的供水系统和地下排水系统，甚至填埋河道湖泊，用以修路盖房。现代城市，哪怕是那些从传统城市发展起来的，基本都信守着这种人工的原则，早期城市的有机性丧失殆尽。

这样的发展，急剧扩大了人口规模，创造了高速的增长，使人类享受着空前的繁荣，对此，现代技术的进步当然功不可没。但是，是否现代技术强大到足以无视自然的赐予、无视"生态基础设施"呢？随着人口的不断增长、生态危机的加剧，乃至经济变动的加速，这种以"人工基础设施"为核心的现代城市，就遇到了巨大的危机。

排水系统就是一个典型的例证。目前被网络媒体热炒的巨大地下排水系统之所以成为现代城市的生命线，主要在于城市地面硬化所导致的积水。城市的公路、街道，特别是大面积的停车场，都是砖石水泥沥青材料，毫无透水性。这些地面加上屋顶，把城市地貌封得严严实实。各种不同的研究揭示，城市这种不渗水的地面，比起自然土地来，在降雨时的积水要多7到16倍。有人则更形象地展示：一英亩草原上一英寸的降雨，所产生的积水如果全放进一个屋子里，大概会有两英尺那么深。但是，如果在同样面积的停车场上同样的雨量，所产生的积水放到同样大小的屋子里，就要有三间，而且水位直达天花板。所以，几百万人的大城市，如果缺乏那种由足以容纳卡车的地下排水孔道，就很难生存。19世纪以来一些西方大城市地下的这种排水体系，也因此被视为城市建设的经典。

但是，如今人们已经认识到：这种大型城市排水系统，会带来巨大的环境损害。在豪雨时，这种体系会将城市积水如洪峰般地疏导入河流，冲击堤岸、河床，损害植被，留下大量沉积物。更糟糕的是，这种城市积水，带有大量污染物质。根据美国的一项研究，北美的城市积水，一年排泄的油污就高达140万公吨，比1989年Exxon Valdez油船的泄油事件所制造的污染要大44倍。另有一项统计。世界海洋的油污染，来自这种陆地排泄的高达3.63亿加仑。油轮泄油事件造成的污染则不过几千万加仑，还抵不上陆地排放的零头。更不用说，从公路、停车场冲刷下来的污染物质，远远不止油污，其中铅、铜、铁等诸多金属污染，不仅毒化了饮用水，而且危及各种海洋生物。现在公众对德国人建设的青岛地下排水系统赞不绝口，但大家应该还记得，2008年奥运会前夜，青岛奥运海上项目赛场青藻疯长，覆盖了整个近海海域，造成巨大的危机，其原因，也是由于陆地冲刷而下的各种肥料残余使海水过肥，催生了青藻，同时也窒息了多种海洋生物……

这种庞大的集中式地下排水系统，不仅有上述的环境危害，对城市本身的服务也并不周到。要知道，这种设施耗资甚巨，其投资的清偿时间就长达五十到一百年。因此，这种设施的布局、技术等，都要建筑在对一百年的人口和城市发展的准确估测的基础上。可惜，在当今急剧变动的全球化时代，这几乎是不可能的。像底特律这样的城市，十年就萎缩了四分之一，这意味着造价昂贵的地下排水系统大量浪费；人口减少影响税源，又使政府难以有足够的财政能力维修这样庞大的系统，欧洲的许多城市，也出现了类似的现象。特别是以地下排水系统骄人的德国，因为人口老化、东西德统一等变动，许多城市萎缩，甚至在Hannover这样人口稳定的城市，因为企业和人口向郊区发散，市中心的人口比起30年前来只剩下六分之一，百年大计的地下排水系统一下子闲置了。所以，在许多德国城市，巨大的排水系统成为了难以摆脱的负担，急需综合治理。

在德国人总结这些经验教训之时，我们不妨看看中国未来一百年是什么景观：老龄化、人口萎缩已经是不可避免的前景。即使在人口稳定的情况下，在全球化的激烈竞争中，经济人口地理也会发生突然的变动。而地下排水系统不可能跟着移民四处游荡，到时候许多只能坐以待毙。我们很难预计北京这样的城市在未来一百年的人口规模，更不可能知道这些人口是怎样分布。如果在顺义建设了巨大的排水系统，一旦居民都集中到了密云，那岂不是白白投资了？

当然，中国现在面临的是相反的问题：城市的急剧膨胀。北京的大水，恐怕也和这种膨胀速度过快有关。不过，地下排水系统，在对付增长时也同样捉襟见肘。中国的城市扩张速度，已经使当年的伦敦、纽约、东京相形见绌，而这种"疯长"，又是建筑在许多流动人口的基础之上的，很难预测。富士康这样的跨国企业到某地建一个工厂，几十万人口一夜之间就被"创造"出来。过几年工厂迁走，这几十万人口立即消失。以这种"人口流沙"为基础，还如何构想未来一百年基础设施的布局和规模呢？

也正是这样的难局，使人们再次把目光投向"生态基础设施"。如果说，中国传统的"风水"观念有意无意地浸透着"生态基础设施"的考量的话，"地貌都市主义"则把这一概念进行了理性的界定。所谓"地貌都市主义"，来自于英文的 Landscape Urbanism，因此也可以翻译为"景观都市主义"。现代意义的 Landscape，有"景观"和"地貌"双重含义，但追根溯源是 16 世纪随着荷兰风景画而进入英语的词汇，带有强烈的美学色彩，"景观"也是其更为常用的意义。在传统建筑学和规划理论中，"景观"往往是个背景，有时是装饰性的点缀，有时则干脆是城市中没有建设开发的空地。"地貌都市主义"，则取了 Landscape 中的"地貌"之意。因为这里的 Landscape 已经不是美学上的"景观"，而具有了功能性，成为城市生存的生命线。地貌所代表的"生态基础设施"，给整个城市甚至城市所在的区域的发展，都提供了一个宏观的框架。

"地貌都市主义"，在哲学上更接近老庄，对自然讲究顺应而非征服。看看当今的世界：虽然科学技术日新月异，人类早已开发了深海，登上了月球，征服自然的能力达到前所未有的顶峰。但是，最发达的城市，如纽约、东京、伦敦、巴黎、北京、上海等等，基本都是在近海或水边。鲜有在内陆沙漠地区建立国际一流都市的。看来，人类对自然，最终还必须顺应。这并非反对一切人工的建造，而是要像风水先生一样，首先考察地貌水域，理解自然最宝贵的赐予究竟是什么，然后在环境所提供的"生态服务"的基础上有所作为。比如，任何地区的地貌，都大致可以区分为地块、走廊、地模三个因素。地块是指大致形似的地貌单位，走廊是一些流动的孔道，如河谷、绿带等，地模则是地貌的框架。人类的活动，受着这些因素的界定。任何发展，都不应该突破地模的架构，不能阻塞天然走廊，不应把地块分割得七零八碎。当人类的定居点扰乱了这些秩序时，规划者就必须有些补偿式的设计，目的不是征服自然，而是使自然恢复平衡。

这些规划原则，可以使城市最大限度地享受"生态服务"，使人工的设施达到效益最大化。比如，在传统的城市化进程中，荒沟野潭、乱沼干泽，全被视为未及利用的废地，需要开发才有价值。但在"地貌都市主义"看来，这些地貌结构在人类进驻前就长期存在，自有其功能，城市要围绕着这些"关节"、"眼位"来规划设计。对于这样的"风水"不理解，把城市内的沟沟坎坎都填平，就破坏了自然的气脉，颠覆了生态平衡，把人与自然摆在了对立状态。

看看北京二环以内的旧城区就明白。这是典型的工业化时代以前形成的传统城市，布局的风水极其讲究。这一传统城区虽然无主要河流经过，但历代的设计者知道，定都在这里，引来大量人口定居，破坏了自然地貌之"气"，必须有所补偿。城内的中南海、北海、什刹海等，大多是人工开挖。这些城中之"海"，实际上并不仅仅是园林装饰，也在密集的定居点起到了蓄水池的生态功能。二环以外，亦有玉渊潭、紫竹院等，以及许多零散的荒潭野湖。把这些水域综合考虑就会发现，其布局高度不规则，水流蔓延曲折，许多荒滩浅泽半湿半干，藤棘灌木丛生。在工业化时代的城市设计者看来，这些杂乱无章的地貌，妨碍了现代基础设施的效率，必须填平，代之以平整的公路、按几何图形规划的小区以及高度集中的地下排水道。其实，这些荒芜杂乱的沟沟坎坎，本身就是基础设施。首先，它们是天然的蓄水地，使整个地域有泄洪之处。另外，与现代排水系统不同，这些天然蓄水地往往蜿蜒曲折，水流甚慢，更有利于积水的蒸发和渗透，这对于维持地下水的平稳水平，起到了关键性作用。更重要的是，这些荒野之地的积水，往往被茂密的藤棘灌木杂草环绕。这些野生植物，是相当好的自然过滤器，可以把水中携带的污染物过滤掉。相比之下，现代基础设施中的综合排水系统，往往在地下，多为钢筋混凝土结构，水流湍急，水既无法渗透，也不能蒸发，不仅在雨季增加了江河湖海的压力，而且导致地下水位过低，同时把污染带入更广泛的区域。

"地貌都市主义"帮助我们理解这些"生态基础设施"的功能，其设计目标就不是以人工取代这些功能，而是扩大这些功能。所以，"地貌都市主义"特别强调城市内部及周边地区的"荒地"、水域的作用。当人口逐渐密集时，这些自然生态所形成的"基础设施"的功能受到挑战，经常需要对之进行扩张，以恢复自然的平衡。北京城内各"海"的开掘，过去也许是用"风水"的观念来解读，现在则可以用"地貌都市主义"的语言来描述，即当人口集中时，对居住区域的野泽荒坡要通过适当的人工来延伸与扩大，以强化这一"生态基础设施"之功能。

用"生态基础设施"的概念来分析北京的水利地貌，许多问题就比较容易看清。首先，北京近几十年急剧扩张，已经成为两千万人口以上的大城市，其承载量远远超出帝都时代的传统规模，这些，没有现代化的基础设施是不可能的。然而，许多现代化的基础设施，不是用来延伸和扩大"生态基础设施"，而是两相抵消。从大的方面说，除了中南海、北海、什刹海等著名历史景观水域外，许多荒坡野泽被填埋，用以修路盖房。北京大水后水土保持和环境专家赵建民先生撰文称：六七十年代，北京市内填湖面积达71.8公顷，金鱼池、太平湖、东风湖、青年湖、炮司湖、十字坡湖、东大桥湖等七个小湖全部被填埋。还有如东西护城河、前三门护城河、菖蒲河以及北护城河的一部分等等被改为地下暗河，减少了约80公顷的城市水面和近19公里长的滨河绿带，并降低了其行洪能力。80年代后的城市发展要快得多，对郊区水域面积的压缩恐怕更大，可惜如今缺乏资料可查。这样的建设，就阻绝了北京的水脉，北京就丧失了天然蓄水能力。

代之而起的，是现代的基础设施，这次成为水灾中心的几十个下沉式立交桥就特别形象地说明问题。本来，修路首先要立足于天然排水能力，这是一般公路中间略微凸起的原因。只有在自然排水能力不够时，再辅之以人工措施。70 年代上小学时我住在海淀区花园村，楼后一条小公路，只有 26 路公共汽车这么一条线。公路两侧，是两条在天然土壤中挖的小水沟。那时连续几天的大雨有过几次，这么简陋的排水设施对付起来并无问题。而当今的北京建设，过度相信人工的基础设施，把泄水地都填了，豪雨后积水无处可去，公路正好成了排水渠，下沉式立交桥则成了中央蓄水池。设计者把一切寄托在水泵上，但水泵此时比起"生态基础设施"来，则成了毫无用处的烧火棍。更不用说，大灾当头，电力等能源供应最容易断绝，这时怎么能够指望得上水泵？

在微观上，北京的城市化已经进入失控状态。走进小区，到处都是停车位，行人只能从车的缝隙中行走，哪里还有花园绿地的容身之地。这些停车位，加上公路、屋顶，把地面彻底封死。北京的另一奇观，是公共广场到处要用砖石水泥来铺，甚至连河底也要变成钢筋混凝土。我在 80 年代还参加过义务劳动，为钢筋混凝土的北护城河清理淤泥！所以，北京地面的不透水性，比起一般西方城市来恐怕严重得多。一位网友在我的微博上留言说，地面如人之皮肤，必要时要张开毛孔呼吸，土地丧失了这样的"呼吸"功能，不得病才怪。这种"毛孔堵塞"，一方面导致地下水位不断降低，使北京沦入枯水困境，一方面在豪雨中水淹全城。

由此可见，北京几十年大兴土木，在错误观念的指导下，用"现代化"的基础设施全面摧毁了"生态基础设施"。这一过程，随着人口的增长只能不断加剧。要逆转这一趋势，就必须完成深刻的观念变革，回到"生态基础设施"的原点上，对北京未来的发展进行重新规划。这里需要交代："生态基础设施"属于"地貌都市主义"的语言，而"地貌都市主义"是 90 年代才开始形成的学派。其一大背景，就是西方从工业化时代转型进入后工业化时代，产生了"去都市化"和"郊区化"的倾向，城市中心的人口被稀释分散到郊区，这就给都市留下了越来越多的空间，为"景观回归"提供了条件。为此，"地貌都市主义"受到"新都市主义"等学派的强烈批评。"新都市主义"崛起于 80 年代，是为了对峙汽车社会而生，提倡步行城市空间、轮轨交通、集约化发展。在"新都市主义"看来，"地貌都市主义"会将城市化再次引向铺张式发展。从这个角度看，"地貌都市主义"对于急剧密集型发展的中国都市并不完全适用。但是，由于这是个新起的学派，对各学科都兼容并包，内容十分庞杂、丰富，足以供大家各取所需，有着巨大的发展弹性。其中的一些代表人物，将环境、可持续性发展作为理论出发点，和有着类似关注的"新都市主义"完全可以取长补短，而其"生态基础设施"的理念，对于中国城市的发展具有关键性的理论指导意义。更何况，中国本世纪将面临老龄化和人口萎缩，城市的萎缩也是现在应该开始考虑的问题。以下的讨论，并不是要把"地貌都市主义"作为一个指导性的理论，而是借鉴了其中的若干分析概念和洞见，为北京的发展提出建议。

首先，要分析北京地貌的"地模"和"走廊"，恢复城市的基本水利生态架构。北京被历朝经营数百年，在"风水"上极其讲究，经常要在城内开掘人工水域，乃至有昆明湖、玉渊潭、北海、中海、南海、前海、后海、西海、龙潭湖、陶然亭湖、紫竹院湖等三十多个著名湖泊，联手形成复杂的水域，至于窑坑、苇子坑等早被遗忘的小型泄水地，就更是不计其数。从"地模"的角度说，这些水域为扁平的城市提供若干低洼地带，水有可泄之处；从"走廊"的角度看，这些水域被若干河道连接，形成水系，即一个水流孔道，把北京与周边地区连接，也使积水顺畅泄出。可惜，如今大片水域河道被填埋，窑坑、苇子坑等等早已无影无踪，护城河失去大半，几百年经营的风水被破坏殆尽。

恢复这些"生态基础设施"，比起把城市地下挖空来建设卡车能够畅行的排水系统来，不仅便宜得多，而且效能更好，甚至可能产生经济效益。赵建民先生已经指出，把一部分护城河改成暗河后，行洪能力大为削弱。其实问题还不止于此，自然水流蜿蜒曲折，或走或停，加上茂密的杂草野苇、日日加厚的淤泥，有时就成了一潭死水，比起规划师在地图上用尺子画出几条干净利落的直线来建造的地下集中式排水体系，似乎行洪效率甚低，这也是这些水域被填埋，为整齐的公路、小区等现代规划建筑让路的理由之一。殊不知，这种"低效率"、这种慢，已经渐渐成为发达国家城市规划中追求的目标。

行洪速度慢，并不仅仅是为了减缓受洪江河的压力，也不仅仅是为了获得更好的蒸发和渗透效应，更重要的理由，怕是去除污染。前面已经提及，大型的集中式城市地下排水设施，造成了巨大的环境污染。在发达国家，城市排水的问题大致解决，很难见到北京这样脆弱的防洪体系，大家都把重点放在清除污染上，这也是这次北京大水后种种反思中最被忽视的一个面向。

传统北京人口不过百万有余，很少机动车，很少现代工业，最大的污染大概是人粪尿。那时北京城墙外侧，往往有大片粪场。每日粪车将市内粪便运出，到城门外的粪场晒干，再运往四郊农田。这体现了在顺从自然的情况下，即使是低技术也能大致保证城市"基础设施"的有效运作：农业的需求使人粪尿能够通过市场杠杆及时从密集的人口聚居区清除；这种运输困难、容易泄漏的污染物，用马车甚至人力车经过最短途的旅行，出了城门就在粪场卸货；在粪场晒干后，重量降低，运送也容易保持清洁，如此运往农村，大致完成了清除污染的工序。现在的北京，有着两千万以上的人口，满城公路，公路又塞满了车，油污到处都是，再加上拥堵，驾驶者脚不离闸，仅仅刹闸所产生的金属污染，经过暴雨冲刷进入水系，后果也是灾难性的。这些污染不像人坐在车里活活被洪水淹死那么引人注意，但从长期来看，所造成的生命财产损失恐怕更为严重。

也正是面对这种挑战，传统那种迂回曲折、被杂草乱苇淤泥所壅塞的排水系统，才成为治理污染的有效手段，许多发达国家的城市还经常故意开辟制造这样的地带。因为淤泥和绿色植物，都是最佳的污染过滤器，积水在这里停留越久，被绿色植物和淤泥吸收得越多，就有越高的净化机会。要知道，即使在工业化以前，北京的河道、护城河，就如同大运河一样，饱受淤积壅塞之苦，清淤成为巨大的公共工程，从来没有休止过。在现代化的时代，这些水域已经失去了传统的运输功能，所扮演的主要角色是生态功能。从这个意义上看，淤积壅塞并不可怕，也不总需要清理。恰恰相反，我们应该将淤积壅塞看成是自然工程师在工作，对这种"造化"的程序不要去打扰，反而要为之创造良好的"工作条件"。淤积壅塞的一个后果，水流放缓停滞，行洪能力降低。如果没有人工干预，则行洪的区域会扩大，以弥补原有河道行洪效率降低的损失。比如，河道越是壅塞，水越浅，河道就可能越宽，或自辟新河道，以使水流畅通。这种淤积壅塞的水域，往往又变成半湿半干的沼泽或季节性水域，特别容易滋长水陆两栖的植物，这种植物越多，对水质的过滤清洁的效果越好。所以，北京不仅应该逐渐恢复旧有水域，而且需要在旧有水域周边留出相当的空间，为这些水域淤积壅塞后四下蔓延作好准备。这样，城市的泄水地、空地就会越来越大，生态会恢复，饮水安全会有所保障。

当然，这里有个矛盾：北京人口越来越多，城市空间、用地越来越紧缺，怎么能让这些自然水域、沼泽肆意扩张？在我看来，这一矛盾不是个解不开的死结。北京可以一方面让出大量地面重建自然水域，并听任这些水域扩张，提供一个良性的生态框架；在这个框架之内，则可以依照集约发展原则，大力向高层发展。更重要的，恐怕还是接受"新都市主义"反汽车的主张，渐渐把汽车驱除出市中心，然后向公路、停车场要土地。

汽车对城市空间的侵占，在中国远远被低估。MIT的城市规划教授Eran Ben-Joseph 2012年春在《纽约时报》发表一篇文章，专门谈停车场的问题。车是活动的机器，车能够使用，先决条件是狡兔三窟，所到之处有停车场伺候。在美国，每辆汽车平均就有三个非住宅的停车场，这就是八亿个停车位，覆盖4360平方英里的土地。这个面积，比波多黎各还要大一些。在洛杉矶等严重依赖汽车的城市，大约三分之一的地面被停车场占据。如果再加上公路、住宅区的停车场，汽车霸占的地盘就更大了。荷兰等欧洲国家的城市，人口密集，公交发达，许多市中心的小区，不提供停车位，理由是居民守着这么方便的公交无须私人车，喜欢开车就搬到远郊。同时城市内部寸土寸金，公共停车费极高，"去车化"的趋势来得相当迅猛。北京应该能做到除了警车、救护车、救火车外三环内禁止小汽车，不管公车私车，这样大量路面就可以拿出来恢复水域。

另外，我们必须注意到，"地貌都市主义"又可以翻译为"景观都市主义"，"景观"依然是其理论的重要因素。景观在现代城市中具有重大的经济价值，考察一下世界房地产市场，不管在哪个国家，临水的房子总是价值最高的。试想，在今日的北京，如果你的起居室窗户对着茫茫芦苇和充满灌木的池塘，价值该是几何？在这方面，有必要使用市场杠杆。在我看来，在这些新恢复的水域，至少有三种开发方式：一、建立一些豪宅区，并课以重税，用税收回馈生态重建工程。在发达国家，对水边住宅的需求日益增高，价格飙涨，乃至独户豪宅被推倒，代之以多层豪华公寓，以密集型开发创造更多利润。这既创造了更多的税源，又有利于集约化的发展。二、辟为公园，向市民开放。一些规划专家指出，这种蓄水化污的都市绿洲，是非常好的公民教育课堂。城市地下中心排水系统，纵容市民放松环保意识，觉得不管自己日常生活排放多少废料，反正有现代化的处理系统，而且自己都看不见。但是，如果自家排出的污水流进这种每天享受的公园，那么人们就会变得兔子不吃窝边草，尽可能减少废料的排放。三、在这样的地带建设小型号经济适用房，鼓励无车、愿意缩小居住空间，并且在附近上班的中低收入阶层居住。鼓励住小房，就近上班，自然会提高城市人口的密度，产生绿色效应。

水域的增加，水域周边空地的增大，不仅仅解决了排涝的问题，也不仅仅使"景观"回归城市、带来了巨大的美学和经济价值，而且在其他灾难的防护中，也扮演了至关重要的角色。现在北京正巧处于大水之后，大家的心思全在如何防洪上。但是，下一场灾难很可能不是洪水。作为经历了七六年唐山地震，并在北京的室外避居近一年的人，我以为对北京威胁最大的自然灾害恐怕还是地震。地震不像天气这么好预测，防不胜防，北京又正好处于地震带上。现在的北京早已不是七六年的北京了，人口几乎是当时的三倍，高楼林立，三环路内几无立锥之地。这些在高速增长中匆忙建造的高楼，抗震性能如何实在让人难以把握。真遇到地震，如此庞大的人口不得不撤离建筑物，是否有足够的空间供他们避难？水域周边的空地，正好解决了这个问题：既可以作为蓄洪、泄洪的缓冲地，在豪雨期让水域自然扩张，在地震、火灾等其他自然灾害发生时，又是居民的避难所。

以上是"地貌都市主义"为我们开拓的关于北京和中国城市发展的

新思路。"地貌都市主义"主要注重生态的宏观框架的面向，这也是政府所扮演的角色最为重要的领域。但是，仅仅是宏观并不够，还需要有中观、微观的解决方案，多管齐下，才能根本上扭转北京的生态失衡。近年来发达国家这些中观、微观的新技术发展，旨在解决城市的渗水性、滤污性等方面的问题，需要另文讨论。但是，毫无疑问，宏观的"生态基础设施"是首先需要通盘考虑的问题。此文仅希望开个头，抛砖引玉，激起各路方家更深入的讨论。

城市水灾对生态的威胁

2012 年，不仅北京大水成灾，天津、河北、四川、东北等地区，都发生了相当严重的水灾。城市泡在水里、人员伤亡、铁路和高速公路停运的消息不绝于耳。长期苦于干旱的北方，人们一听到大雨的天气预报就精神紧张。水灾来得越来越勤，破坏性越来越大。2012 年对于高速发展的中国来说无疑是一个警告：不计后果的增长，会导致"老天爷"越来越凶猛的惩罚，直到我们再也支付不起代价。

这种"老天爷的震怒"，绝非危言耸听。城市化对环境的破坏，以及由此导致的生态危机，早已成为世界性的问题，发达国家在这方面的研究汗牛充栋。

唯一不同的是，发达国家大致解决了城市排水问题，其焦距点目前主要放在对付污染上。中国的公众，则在北京大水后把注意力都集中在城市排水上。殊不知，比起排水来，污染是个更难解决的问题，后患也同样严重；如果不及时行动，中国就会面临"无可饮之水，无可食之鱼"的局面，生态危机就会演变为生存危机。所以，对城市排水和污染问题，与其一个一个地解决，不如一起解决。在这方面，发达国家已经为我们留下了大量的经验和教训。

城市水利，在人类历史上大致可分五个阶段。第一阶段发生在早期城市，主要是利用地表水利系统，如河流和沟渠，来解决供水和排水问题。等城市成长到一定规模，就开始了第二阶段，即运用城市工程学，建立包括地下通道在内的系统排水设施。不过，这种地下排水道往往是污水和雨水一起排放的"整合系统"，这或者说明当时的污染对城市并不构成重大威胁，或者说明设计者对污染的危害尚无充分的估计。第三阶段开始于 20 世纪，城市开始在污染源点建立污水处理设施，表明了防污开始成为排水系统的核心要素。第四阶段也出现于 20 世纪，污水处理不仅集中于几个源点，而且覆盖了源点之外的"污染面"，代表着人们环境意识的深化。需要特别提出的是，在第三和第四阶段中，城市开始把排放污水的管道和排放雨水的管道分开，形成"分离系统"。但因为许多城市建于排水技术还处于"整合系统"阶段，日后不得不经过大规模改建工程才能转化为"分离系统"，至今这一工程仍然远远没有完成。第五阶段属于 21 世纪的城市规划理念，即建立"生态基础设施"，从把饮用水供应、污水和雨水排放等面向分开处理，走向以水域生态平衡为中心的综合治理方法。[①] 这一哲学，也是我们讨论未来中国城市发展规划的指针。

这五个阶段，所反映的既是技术进步，也是发展和生态之间互动中的冲突和协调过程。初民时代的聚落规模有限，对生态冲击较小，所以早期城市首先是根据生态所提供的水利条件择地而立，利用自然河流，外加简单的人工沟渠大致就能解决生存问题。但是，当聚落规模超过一定限度时，就超出了生态的自然承载能力，必须依赖更为复杂的工程技术，这就带来了我们今天面临的一系列问题。

其中最大的挑战，就是大都市人口密度高，又大多接近水源，一般地势较低，遇到大雨引发的洪水就造成集中受难。更重要的是，城市发达后多以砖石地面代替自然土壤，后来工业化时代又有了柏油沥青。这些材料的渗水性差，导致大量雨水无法吸收，全变为积水，使城市洪水变本加厉。为了解决这样的问题，城市开始建设地下排水系统。不过，早期的地下排水系统，多是排污和排洪不分的整合型，即泄洪和排污共用一个通道。当大雨使这些通道超载时，洪水和粪便就同流合污，并溢出地下通道，造成广泛的污染。在美国，直到 1987 年，国会才在《净水案》(*Clean Water Act*) 中加入 402(p) 条款，把雨水控制置入"国家污染排放消除体系"(The National Pollutant Discharge Elimination System) 之

---

① Kevin Levy, "Sustainability in Philadelphia: Community Gardens and Their Role in Stormwater Management" 2008, pp. 6-7.

内。1990年，联邦环保署颁布了"雨水控制一期计划"，要求十万人以上的社区必须把排污和排洪孔道分开；1999年，又颁布了"雨水控制二期计划"，在小社区执行同样的标准，并对面积在一到五个英亩的建筑工地也提出了污洪分离排放的要求。按照此法，工业和建筑部门必须设计出雨水排放的防污计划，才能获得经营的环境许可。

这些措施的相继出台，反映着美国水质的严重危机。根据"全美水质储备"（National Water Quality Inventory）收集的数据，在2002年评估的水域中，有45%的河流、47%的湖泊、32%的支流、87%的沿岸海域、51%的湿地、91%的大湖沿岸水域、99%的大湖区开放水域的水质达不到各州所制定的水质标准。环保署确定的伤害水质的污染物达200多种，被分为15大类，这些物质大致是94%的水质污染的罪魁祸首。至于伤害水质的所有污染物，已经统计在案的则高达63599种，可谓防不胜防。汞、微生物病原体（microbial pathogens）、沉积物、营养物质、其他各种金属被列为最大污染源。其中，微生物病原体包括细菌、病毒等，一直是导致人类疾病的主要原因；汞中毒和各种金属中毒，会导致各种慢性的、往往具有致命性的疾病；营养物质，则会造成水质过肥，滋生绿藻，导致水中缺氧，窒息各种水中生物。

这些污染愈演愈烈的主要原因，是人口的高速增长和急剧的城市化进程。在美国已检测的水域中，城市积水的排放，对于38114英里（近61339公里）的河流、948420英亩（3838多平方公里）的湖泊、2742英里（4412多公里）的水湾和支流、79582英亩（322平方公里）的湿地构成严重污染，而这还仅仅是低估。这一检测，没有考虑到从分离式排洪管道泄出的污染。即使如此，城市雨水排泄也已经成为13%的河流、18%的湖泊、32%的支流的"主要污染源"。[①]

这里的关键因素，就是城市所造就的不渗水的地面。如果翻阅治理城市雨水的英文文献，"不渗水地面"(impervious surface)恐怕是出现频率最高的关键词。众所周知，水循环是维持生态环境的基础：地面水或

① *Stormwater Management in the United States*, p.1. Committee on Reducing Stormwater Discharge Contributions to Water Pollution.

泄入江河湖海，或渗入土壤补充地下水，或蒸发升空，最终以降雨降雪的方式回归地面。城市"不渗水的地面"则把地表封死，破坏了吸收和蒸发水分的植被，使地面水既无法顺利下渗为地下水，又难以蒸发升空。本来用于蒸发水分的日光，其能量只能留在地面创造"热岛效应"，导致城市气温升高，使地面"沙漠化"。目前比较权威的研究揭示，不渗水的地面可以使降雨近乎 100% 地成为地面积水，进而在大雨时变成洪水，直泄江河湖海，冲击、侵蚀堤岸；地面上的各种污染物，也被雨水洗得干干净净，导致江河湖海藏污纳垢，造成水质的全面恶化。[①]

有些学者从城市积水和洪灾的角度，用不渗水的地面所占的地面比例对城市化进行了新的界定：含有 0—10% 不渗水地面的地区为农村，含 10%—25% 不渗水地面的地区为郊区，含 25%—60% 不渗水地面的为城市，不渗水地面占 60% 以上的为"超级都市"。目前，地球表面有 30%到 50% 已经被人类活动所改造。在这些被人类改造的地面中，虽然仅有10% 属于真正的都市，但这 10% 已经成为水质的主要污染源，令生态难以招架。展望未来，人口仍然继续增长，城市人口将超过农村人口。以美国为例，目前的人口上涨速度为年 0.9%，预计现有的都市区域有 42%到 2030 年将被"再开发"。那时的"人造环境"有一半左右今天尚不存在，会在未来十几年被开发出来，这就给环保提出了两个问题：第一，当今的城市化，已经给环境带来了如此严重的损害，如果再加速城市化，生态是否能够承受？第二，如果说十几年后的城市地面尚有一半左右在今天还不存在的话，那么现在进行中的城市规划设计理念的革命，将对未来至少一半的城市地面带来"塑造性"的影响。如今的世界，是否面临着一个逆转生态危机的"机会窗"？

也正因为如此，治理都市不渗水地面，或在未来城市规划设计中增加地面的渗水性，就成了治理城市积水的核心。要知道，美国环保署规定的污洪分离式排水体系，旨在防止城市粪便污水的漫溢，可以大大降低微生物病原体造成的污染，但是对于冲刷过城市不渗水地面的雨水中

---

① Kent B. Barnes, John M. Morgan, III and Martin C. Roberge, "Impervious Surfaces and the Quality of Natural and Built Environments". 2002.

携带的大量污染物则无能为力。而在工业化时代，这种污染的危害越来越严重，这就体现了从控制"污染源点"到控制"污染源面"的典型技术障碍。污洪分离式排水体系，在本质上还属于控制"污染源点"的范畴，即把城市粪便污水作为"污染源点"集中收集处理后再排放，在技术和管理上都相对比较简单。但是，当大雨造成的积水冲刷了整个城市地面、屋顶后，其携带的污染就让集中式的防污手段鞭长莫及。

在对付这样的技术和管理难题时，西方发达国家采取了两条腿走路的战略。首先是对燃油、车闸所用的金属、屋顶材料、杀虫剂、除草剂等会随着雨水冲刷产生污染的产品进行严格的规范，保证这些材料中所含的有害物质在一定的标准之内。但是，再严格的规范，也不可能面面俱到。更何况，本在安全标准之内的有害物质，用量大后点滴相加就可能达到危险的水平。政府可以规约具体产品中的有害物质含量，但难以规约城市发展的规模、人口密度和数量以及人们对各种各样产品的使用总量。[①]

也正是因为如此，另一方面的努力同样重要，这从美国环保署网站上列出的 16 种雨水排放的最佳措施中可窥一斑。这些措施，主要是通过一系列微观的处理，增加城市地面的透水性和过滤性，尽可能地使地面积水向土壤中渗透，同时在渗透过程中对污染物质进行过滤。[②]下面不妨分几大类对这些微观技术略加介绍。

首先是被灌木草丛所包围的泄水沼泽（即 Grassed swales），这可以说是和宏观的生态框架相衔接的中观或微观泄水技术。我在讨论"地貌都市主义"的生态原则时已经指出，城市的发展要顺应和利用自然所提供的"生态基础设施"，这包括在地貌中自然形成的泄水地：城市中的低洼地、沼泽地，以及各种沟沟坎坎，执行着重要的生态功能，不仅不应该填平来修路建房，而且要作为珍贵的"生态器官"进行保护，甚至适当扩张，使其在大雨之时疏散大量的积水。不过，大面积的泄水地在高密

---

① *Stormwater Management in the United States*, p.1. Committee on Reducing Stormwater Discharge Contributions to Water Pollution.

② 以下讨论，可参见美国环保署网页 http://www.epa.gov/oaintrnt/stormwater/best_practices.htm。

度的城市中毕竟难求，作为对宏观生态结构中大型泄水地的补充，小型或微型泄水潭就特别重要。这种小型微型泄水潭，多为人工修建，形状规则视地貌条件而不同，在许多文献中被称为"人工湿地"，其构筑原则的核心是：在作为自然泄水地的低洼处挖掘土坑，周围种植各种野生或水生的草木，必要时在底部加设污水处理装置。这些泄水潭大雨时蓄满了水，雨后则积水自然蒸发或渗入地下，呈半湿半干甚至旱地状态，成为两栖生物的孳生地。

以北京的情况看，什刹海、北海、中南海、玉渊潭、积水潭等大的城市湖泊都保留了。这些都属于生态宏观结构中的泄水地，或者说是"地框"级别（即在一个大的水域框架中）的泄水地。但是，次层级的泄水地，比如"地块"级别（即一块地理结构类似的小区域）的泄水地，或者微型泄水地（比如一个小区或建筑的泄水潭），则几乎荡然无存。从理念上说，从中型到微型的泄水地，应该形成一个多元的系统：一个小区或者一片小区，就应该有一个比较成规模的泄水地。一个公司、一片楼群，可以构成一个更小的"地块"单位，拥有自己的泄水地。甚至一栋楼、一家大院，也可以拥有自己的微型泄水潭。这些大大小小的水潭如果布满城市，平时半湿半干、虚位以待，大雨时就可以吸纳储蓄积水，使之慢慢通过蒸发和渗透而被消化掉，并给城市带来大量的绿洲和水潭，增加了美感，也提高了周边地区的房产价值。

英国的一项研究，为我们揭示了这些微型小型蓄水地的规模和功能。对人口百万以上的伯明翰市900个小蓄水潭的调查表明，这些蓄水潭的中等面积仅3.14平方米，还不到半间房子大。而英国西北部人口十几万的小市镇Halton的蓄水潭，中等面积则达302平方米。可见，在密集的城市难以容纳广大的水域时，见缝插针的微型蓄水潭多少可以弥补缺乏水面的遗憾。在英国的许多地区，蓄水潭的数量往往随着城市化（即农地让位于开发）进程而增加，而不是减少。根据1979年对Brighton市的调查，每平方公里平均有200个蓄水潭。研究表明，水潭、湖泊的分布的密度，和生物多元性有着明确的正比关系。植物种类越多的水潭，这些植物的生长也越茂盛。茂盛的植物，直接提高了这些水潭蒸发水分、过滤污染物质的功能。而与此相关的无脊椎动物、昆虫等，其多元性也会因水潭的密度而增加。几平方米的小水潭固然提供了非常有限的昆虫滋生地，限制了多元化，但水潭达到一定的密度后，这些昆虫就可以在水潭之间迁移繁衍，旅行距离长达13公里。[①]

在迄今为止中国城市的发展中，沟沟洼洼的地带基本全被填平，即使不是为了盖房修路，也将之视为蚊虫孳生的死角而消除。高档商业区好不容易见到水池，也无一例外地是钢筋混凝土打造的人造喷泉，毫无渗水性可言。而目前发达国家，不仅利用这些小沟小洼提高地面的渗水性，并且刻意培植其中的灌木草丛来过滤污染物质，提高水分的蒸发速度，并以之作为维持多种生物的栖息地，使得在大城市也能听到阵阵蛙声和夏虫的鸣唱。

与此相关的另一个措施，就是在江河湖海的水畔建立绿色缓冲地，使积水无法直泄其中。这不仅保护了堤岸不受激流的侵蚀，也使周边绿色植被得以过滤掉污染物质。特别是对饮用水的保护，就更加精益求精了。鉴于城市污染严重，地面饮用水源多设在郊区。我曾经实地考察过波士顿郊区的饮用水库，发现四周不仅没有任何建筑，而且都用几道不同的绿带层层包围。其中最外面一圈往往是森林带，过了森林带则是宽广的草地，再过草地，则到了水边的浅滩。绿带的宽度可达几百米。这样，路面的积水和污染物质就不得其门而入。

如果说上述技术属于宏观和微观之间衔接性积水处理的话，"生物持水细胞"则是典型的微观积水处理装置。所谓"生物持水细胞"，往往是一个泄水沟，沟里加入渗水和过滤性能良好的填充物。这些填充物还可以不断更换，以保持清洁。上面再覆盖绿色植被，成为一个花园，故又被称为"雨水花园"。大雨形成的积水，会随地势流入这些花园，经过填充物的过滤渗入土壤。这样的装置，得以使地下水不断得到补充，并保持洁净，进而根据城市地貌的需要被广泛运用。比如，在停车场四周和公路两侧，都可以用这样的装置"镶边"，这样，停车场和公路的积水就

---

① David G. Gledhill, Philip James, and David H. Davies, "Pond Density as a Determinant of Aquatic Species Richness in an Urban Landscape", *Landscape Ecol* (2008) 23: 1219-1230.

必须流经这样的装置。另外，还有透水性路面、透水性路砖、有机过滤材料等新技术的发明，宗旨大同小异，都是要增加城市地面的透水性，同时强化对污染物的过滤功能。

城市地表除了路面、停车场外，还被大面积的屋顶所覆盖。这些屋顶可谓滴水不透，大雨中成为引发城市积水的罪魁祸首，"绿色屋顶"由此应运而生。"绿色屋顶"包括屋顶的植被，即屋顶花园、屋顶农场等，也包括一些复杂的接水设施。这些接水设施往往是把屋顶按照特殊的坡度设计，使雨水集中流进蓄水缸，经过再处理后加以利用。许多埋藏在地下的蓄水缸，则不仅用于储存屋顶积水，也吸收了大量地面积水。当然，为了清除屋顶积水中的污染成分，屋顶也必须用无毒的材料建造。

以上这些微观技术，核心目标是将积水在局部区域就地储存、过滤，然后慢慢蒸发渗透。在特大暴雨中积水即使无法完全就地消化，在被微观设施吸收了一部分后也会势头大减，未吸收的部分也经过了初步过滤。此时如果宏观水脉通畅，剩余积水就可以缓缓泄入江河湖海。就这样，微观和宏观排水技术就形成一个完整的体系，使城市鲜有洪涝之忧，生态环境中的水质也大大提高。

西方发达国家最近几十年对城市积水的处理，已经走上了生态综合治理之路：在排水时不仅想着排水，而且还想着饮用水，想着那些被排出去的水如何循环回来。虽然这样的生态理念落实到现实还有许多技术和管理的障碍，但方向和原则已经相当明确。反观中国的城市，无论在宏观还是微观上，都缺乏基本的生态观念。在北京大水后，政府和社会都应该认真反省。对于宏观的"生态基础设施"的维护和发展，涉及一系列城市规划方面的公共政策，政府无疑要担负主要责任。恢复良性的生态结构，也有待于政府扮演领导性的角色。在微观技术方面，政府行为固然至关重要，比如美国的环保署就通过一系列政策措施鼓励基层社会推进环保技术，并带头倡导、推广"最佳技术手段"；一些地方政府，如费城，开始征收雨水排放费，等等。但是，微观的技术，因为涉及的单位比较小，往往在私营企业的创意之内。一个小区的开发，一个商业街的设计，甚至一个停车场的建设，都应该采用在发达国家已经相当流行的绿色技术：被灌木杂草包围的蓄水潭、"生物持水细胞"、绿色屋顶、雨水收集系统等。但是，这些技术在中国城市一浪高过一浪的开发中，有多少被采用呢？这些年来，许多开发商成为公共人物、知名人士，在媒体上掌握着巨大的话语权，他们不停地呼吁政府多出让土地、放权，让市场来自由竞争。但是，在北京大水后，这些开发商似乎集体失语。毕竟，北京泄水地大量地让位于"开发"，地面不渗水程度不断加剧，是大水的重要原因之一。这些信奉市场效率的开发商们，是否在创造了自己的财富的同时，给中国的城市留下了健康的公共财富，比如引进了综合治理积水的多种微观技术？或是他们以邻为壑，用钢筋混凝土封死了地面，把大水排到没有抵抗能力的平民区？为什么有这么多知名的国际设计师效力于中国的城市建设，一系列地标建筑成为国际的品牌，但在这表面的光鲜之下，大家会对一些基本的生态技术视而不见？

　　所有这些，都是北京大水对中国的拷问。无论是政府、企业家，还是普通公民，没有人应该回避。

桑迪飓风提出了什么警报

10月底的桑迪飓风席卷美国东岸，被称为"百年不遇"，造成的损失估计将达500亿美元，足以把美国本季度的GDP砍掉半个百分点。我事后发了一条微博，称"这样的飓风会袭击纽约，难道不会袭击中国沿海城市吗？科学家指出，气候变暖，海平面增高，沿海城市越来越危险，必须提前防范"。没想到马上遭到网友的一通讨伐，称我分不清飓风和台风，不知道强台风的风速远超过了桑迪飓风，中国每年经受数次都安然无事，我实在是因为"没文化"而杞人忧天。

140字的微博，无法讨论飓风和台风之别。不过，问题的核心不是风到底叫什么名字，也不是风速有多大，而是海平面升高、气候异常等所带来的自然灾害，对中美乃至全世界是否构成了共同的挑战？

桑迪飓风之后，纽约州长Andrew Cuomo对奥巴马说："百年不遇的洪水，我们现在两年就遭遇一次。"也许政客的一时感叹不足为凭，但权威的《自然》杂志事前刚刚发出警告：气候变化可能使百年不遇的洪水3到20年就发生一次。显然，过去一直没事，不等于以后没事。在美国如此，中国也不例外。

地球暖化所带来的环境危机和自然灾害，并非一个板上钉钉的结论。事实上，保守主义者对"温室效应"之说一直激烈攻击，颇为见效。从2009年到2011年，关于气候变化的文章已经减少了41%。罗姆尼在这次大选中嘲笑奥巴马脱离现实："我们的总统更关心海平面的上升。"在桑迪之后，《华尔街日报》也发表了一位环境科学家的文章，称桑迪造成的损失，在1900年以来袭击美国的热带风暴中仅占第17位，目前也并没有灾害密度增加的证据。

可惜，他把桑迪飓风所带来的损失估计为 200 亿美元，这个估计两天后就上升到了 500 亿，更不用说，用损失数字来衡量飓风的破坏性并不准确。在这次飓风中，美国展现了现代社会最有效的预报和救援能力，数十个气象卫星在飓风正在形成时就将之定位，用计算机模型预测其可能的几种轨道。飓风行程和未来几日的走向，每个小时都出现在电视屏幕上。在没有卫星的时代，大家两眼一抹黑，小得多的飓风打击也会造成更大的灾害。事实上，从覆盖范围看，桑迪是大西洋的历史纪录中最大的飓风，宽度超过 1500 公里，波及范围南起北卡罗来纳，北至缅因，西至密歇根……另外，紧排在其后的四个覆盖范围最大的飓风全是最近的事：三个在本世纪，一个在 1996 年。更不要忘记，造成 1570 亿美元损失的卡特里娜飓风不过是 2005 年的事。如果以强度（风速和气压）来衡量，头十个最大的飓风，五个发生在本世纪，三个在上世纪 80 年代后，只有两个在上世纪二三十年代。

用最简单的道理讲，飓风也好，台风也好，其能量来自海平面的温度，这是它们都在热带生成的原因。大西洋的平均温度，如今比百年前已经上升了摄氏一度。2012 年夏天，美国东岸大西洋的温度创了历史纪录。另外，海平面如今已经上升了 20 厘米。纽约的气候变化小组预测，到 2050 年海平面可能还要上升 60 厘米，到本世纪末上升幅度将达 120 厘米。

这些是否都是温室效应所造成的，当然可以争论。但是，人们很难否认，气候正在暖化，北极的冰山正在融化，高温的蒸发效应使空气中水分更多，更容易导致豪雨。气象专家用计算机模型预测，飓风不仅将来得更勤，而且会更强。而人类近海而居，特别是在江河入海口聚集的习性，至今有增无已。从 1980 年到 2003 年，美国滨海居民增加了 3300 万，达到 1.53 亿人。在同期内，中国的沿海城市人口也出现大幅膨胀。人口集中在近海低地，有时还会导致地下水过度开采、城市地面下降。所有这一切，都使得沿海的经济中心格外脆弱。

以"世界之都"自居的纽约市，成为这方面的典型。桑迪飓风乘满月时降临，4 米多高的巨浪，一下子把包括曼哈顿在内的核心地区泡在水里，许多街区水深达 1.6 米，直接经济损失估计达 200 亿美元，如果加上停工所带来的损失，则可达 300 亿。近年来，纽约反复讨论是否建立 9 米左右的巨型防潮坝的问题，估计造价达 100 亿美元，两家欧洲的公司则提出了 60 亿美元的设计。这种大坝都设有闸门，平时打开让船只通过，紧急情况时关闭。荷兰自古为"低地国家"的一部分，围海造田，用的就是这种大坝。圣彼得堡、东京、伦敦等世界知名临海大都市，乃至从纽约开车北上几个小时罗德岛首府 Providence，也都建造了这样的大坝。纽约则悬而不决，结果，仅仅在 14 个月前，地铁就遭淹关闭，这次桑迪飓风又使全城瘫痪。过去从来不会发生的事情，现在则频繁发生。

比起美国来，中国的人口更向沿海集中，经济也更依赖沿海地区。更不用说，美国分东西两岸，很难有太平洋和大西洋两面同时受灾的巧合。中国则仅有一侧海岸，特别是长江三角洲和珠江三角洲，地势都相当低洼，甚至有在海平面以下者。这样的地理，难道可以使中国高枕无忧吗？事实上，西方许多发达国家，不仅建造了防海潮的大坝，像荷兰这样大片地区在海平面以下的国家，核心电力设施都加高加固。纽约市目前除了讨论大坝外，也在考虑各种微观、渐进的措施，如地铁入口的防洪装置，新区地基加高的规约等，所有这些，都值得中国的城市参考。

纽约的沉没

美国刚刚经历了"黑色星期五"的购物狂潮,《纽约时报》在接下来的周末版上就发表了末世预言:"这将是终结吗"。也许50年,也许100年,也许200年,纽约将沉入海底。其通版的大照片,是海底的自由女神雕像,周围被几只大鱼所围绕,上方依稀可见身着潜水装的两位探险客……

桑迪飓风已经过去,面对这次大灾难,美国充分体现了一个现代国家的效率。有许多人至今还认为,奥巴马是凭着指挥救灾的出色表现成功连任,新泽西的共和党州长克里斯蒂也因为在关键时刻不辱使命而支持率飙升。不过,纽约、新泽西等重灾区还远未恢复。在感恩节期间,《华尔街日报》头版照片是无家可归的灾民们在户外集体吃饭,数千居民仍然处于断电的状态。

美国人之记忆短暂,有时到了不见棺材不落泪的地步,面临着不愿意面临的现实,就更是如此。气象学家早就预言地球暖化所带来的海平面上升将给沿海城市带来的威胁。2009年,纽约市气候变化小组就提出预警:在未来几十年,地球暖化和海平面上升将全面威胁城市的基础设施。仅2011年,美国就遭受了14次异常气候所带来的打击,每次所造成的损失都超过了10亿美元。可是,在2012年大选的共和党提名会上,气象变化竟成了保守派挖苦奥巴马的主题,罗姆尼在辩论时更是讽刺奥巴马担心海平面的上升,严重脱离民情。就在桑迪到来之前,飓风的预定线路每个小时都出现在电视屏幕上,但仍然有相当多的居民不听从政府的撤离指令,觉得杞人忧天的预报可能是错的,乃至新泽西州长克里斯蒂公开大骂那些坚持不撤的人是自私自利。

大概，这也是《纽约时报》在大家创痛未愈时发表这种末世预言的原因所在。除了这篇预言性文章外，两位科学家还合写了一篇文章，配以系列的地图，展示了海平面上升对纽约、波士顿、旧金山、迈阿密等一系列濒海城市的影响。

　　首先，地球的温度变化有个长周期。在两万年前，纽约处于冰川的边缘，地球冰冷异常，海平面比现在要低大约 122 米。以后气候渐暖，海平面上升到现在的水平。如今地球仍然处于暖化的周期之中，工业所造成的温室效应，只不过加速了这样的过程。在未来几百年，海平面的上升乃是大势所趋。

　　科学家们预测，大约在 100 到 300 年的时间内，海平面将上升 1.5 米左右，这将导致 7% 的纽约市被海水浸没，波士顿则有 9%，甚至哈佛、MIT 所在的剑桥地区也有 26% 泡在水中，旧金山有 6% 沉入海中，迈阿密则有 20% 被淹，著名的迈阿密海滩将有 94% 不复存在……到 2300 年，海平面可能上升 3.7 米左右，22% 的纽约将沉入海中，肯尼迪机场和 La Guardia 机场都将随之沉没，波士顿则有 24% 被淹没，剑桥地区则达 51%，哈佛、MIT 恐怕难保，迈阿密有 73% 入海，迈阿密海滩全部消失。从历史上的数据推算，海平面还会继续上升，幅度可达 7.6 米以上。那样一来，39% 的纽约市将消失，波士顿将丧失 37% 的城区，剑桥 86% 入海，迈阿密几乎全部淹没。

　　这一切似乎都还很遥远，但这不过是风平浪静时的图景。在上个世纪，海平面上升了仅仅 0.2 米，就已经使沿海地区百年不遇的洪水发生频率增加了一倍。如果海平面上升 1.5 米，桑迪式的灾难就将是 15 年一次，这还是相当保守的估计。有人甚至预言，到 2100 年，桑迪式的飓风恐怕会每年都光顾一次。如今，有 600 多万美国人的居住地点仅在海水高潮的 1.5 米以上，稍有风暴就面临灭顶之灾。联合国 2010 年的报告则指出，人类有 44% 居住在沿海地区（即离海岸 150 公里以内的地区）。在这个意义上，桑迪飓风只是一个温和的提示，更大的灾难恐怕还在后面，而且为期不会很远。难怪目前已经有人指出，新泽西和纽约部分沿海地区已经不可守，也不值得守，这次遭受打击后不应该重建，因为重建了只会永无宁日。

放弃几个海滩、几个海滨居住点都很容易，但放弃纽约这一世界金融之都就不可思议了。乐观的一面是，看看围海造田的荷兰，如今依然屹立；早说要沉入海底的威尼斯，也还是旅游胜地，其新造的防洪海闸预计 2014 年竣工。问题是，像荷兰这样的海坝体系，是经几百年才得以完善的。如果借助现代科技统筹规划，类似设施的建设也需要几十年之功。这么一算，面对 50 年或百年后的灾难，现在就要作准备，这其实是要求我们这一代人为下一代作出牺牲。大部分选民，潜意识中其实还是"我死了以后管他洪水滔天"的心态，使长期的规划面对着难以逾越的政治障碍。

不管是因为地球的气候周期，还是因为工业化产生的温室效应，海平面上涨将是个难以回避的现实。考虑到人类喜欢沿海而居，沿海地区也往往是最发达的地区，海平面上升将改变未来经济发展和风险成本的"方程式"。不管纽约是否沉没，其意义绝不仅仅限于纽约，几乎每个沿海城市都必须思考这样的前景。

如何保卫沿海城市？

桑迪飓风对纽约的打击，不仅使纽约从似乎是永恒的浮世繁华中醒来，也重新开始界定沿海城市的概念。当看到华尔街附近漂满了一堆一堆的汽车时，人们马上意识到：这可以发生在纽约，就可以发生在任何一个沿海大都市。

如何面对海平面的上升保障沿海城市的安全？这是个世界性的问题。纽约在桑迪之后，有两派意见浮现出来。这两派的争论，让人们想起远古中国的治水：是用鲧的堵，还是用其子大禹的疏。

纽约州州长 Andrew Cuomo，在桑迪之后的第一时间就表示纽约要考虑建设庞大的海坝，这大致代表了堵派的观点。2009 年，在纽约举行的一个学会上，美国民用工程协会的科学家们就用计算机模型展示了纽约市将面临的海水洪灾的威胁，并设计了详细的防备计划，其中包括构筑巨型海坝和洪闸。美国民用工程协会信誉卓著，他们的研究和发现，经常马上就被世界各国采用，写进城建的规则之中。这次该协会的预警，是长达 300 页的详尽技术分析。一些科学家指出，2005 年卡特里娜飓风摧毁新奥尔良之前，也有科学家疾呼大难临头，可惜没有人听。2009 年对纽约的预警极为具体，同样还是没人当真。

堵派的理论直截了当，面对大海求生，必须有坚硬的基础设施。事实上，围海造田的荷兰给人类提供了成功的典范。荷兰的地理位置，自古被称为"低地国家"，许多地方在海平面以下。以海坝防洪，以风车抽水排涝，这些前近代的技术，使这个地区成为欧洲最为富庶的经济和金融中心。纽约最早也是荷兰的殖民者建造的，如今的工程技术早已今非昔比。荷兰模式当然可以推广，事实上，伦敦就以类似的办法建坝防范泰晤士河的洪水。圣彼得堡也筑起海坝。著名的水城威尼斯，一直面临着沉入海中的威胁，目前正在建造巨大的海坝以求自保。整个工程虽然争议甚多，但预计 2014 年就能竣工。纽约海坝的工程构想，是用巨坝挡住海水的入口，坝上设有大型闸门，平时开闸使船只通行自如，遇到灾害时则关闸据守。甚至有人构想，依坝建立海浪发电设施，充分利用大海的能量，坝顶可以建设城市公园、自行车道等娱乐设施。

这一构想的主要障碍，恐怕还是在财政上。主坝大概就有 8 公里长，另外至少还要建两条略短的坝，耗资估计将达 100 亿美元。所以，纽约市长布隆伯格表示这样的计划不现实，称很难想象海坝能够解决纽约的问题。一些科学家也表示，海坝耗资巨大，但难以担保能解决问题，因为未来的气候、海平面的高度都难以预料。这种一步到位的工程，很难对付意想不到的变化。这派人提倡的是"软性基础设施"，这包括一系列的细节处理。比如，城市要建立新的法规，禁止把电力、热力等设施建在低处，在地铁口设立防洪闸，甚至在地铁隧洞中安装巨大的气球，一旦隧洞进水，气球自动充气膨胀，把隧洞堵住，防止洪水蔓延……

与这些微观、渐进的设施相配合的，则是一系列生态防洪战略。首先是所谓"有序的撤退"，即放弃一些很难防御的低洼地带，在像曼哈顿这样的主要居住点周边，形成大片沼泽地、蓄水地和绿带。另外，在这些生态工程的边缘，用暗礁和贝壳堆积起牡蛎的滋生地，形成生物屏障，或所谓"生态胶"。这样的屏障，面对海浪先去其势，并有过滤净水之功能，然后将洪水导入缓冲的低洼地带。同时，市内公路街道都要进行彻底改建，提高地面的渗水性，使洪水能够快速泄出。用一些生态学家的话说，用钢筋混凝土的大坝来对付海浪洪水的时代已经过去，生态的渐进型解决方式不仅更经济，也更灵活，可以使城市变得更有韧性。

这两派各有各的道理。堵派基本上是在传统工程技术上有所发展，他们所鼓吹的海坝体系，在历史上不乏成功的范例。虽然气候变化和海平面的高度越来越难以预测，但工程技术早已有了长足的提高，正所谓道高一尺，魔高一丈。不过，这样的技术需要大量资金的一次性投入，危机时刻全靠几道大坝，颇有些孤注一掷的风险。生态疏导派无疑属于新潮，在观念上复杂得多，操作起来也灵活得多。但是，面对排山倒海的巨浪，由暗礁、贝壳、牡蛎构成的生态屏障究竟能够起多大的抵抗作用？需要多大的泄水地才能疏导？在纽约这种寸土寸金之地，把大量低洼地带变成泄水地，其费用又将是多少？

也许，最终还是要采用双管齐下的战略，将两种办法结合起来使用。不过我们应该意识到，即使纽约在2009年听取了工程师们的警告、采用了他们的建议，也根本没有时间兴建足以防备桑迪的基础设施。在任何有效的方案实施并完成之前，纽约恐怕还会不断地遭到类似桑迪式的袭击。

美国都市复兴观察

美国城市小户型的崛起

最近研究创新经济的佛罗里达（Richard Florida）教授在《华尔街日报》上发表一篇文章，提到了 Santa Fe 研究所的一项研究，称城市的性格，和动物相反。动物体积越大，新陈代谢越慢。城市规模越大、人口越密集，则新陈代谢越快。比如城市的人口增加一倍，其创新和经济产值的增加就会远远超出一倍。

二战以来，美国的居住模式发生了革命性的变化。在州际高速公路的建设和一系列住房政策的鼓励下，郊区化代替了都市化，核心城市人口增长停滞甚至萎缩。如今，经过房市泡沫的崩解，相反的趋势正在出现：人口再度向城市汇集，这使得 80 年代以来渐渐得势的"新都市主义"信心爆棚。过去我已经介绍，"新都市主义"是反汽车的都市规划运动，强调增加城市的人口密度、建立步行社区，最大限度地减少汽车的使用。随着这一理论影响的扩大，批评者的声音也越来越响。在这些批评者看来，"新都市主义"强调自上而下的计划，违背自发生长的哈耶克原则，最终其提倡的"聪明的规划"也只能是自作聪明。

这两派孰是孰非，还有待时间检验。但是，读读《波士顿环球报》这样的地方报纸就会发现，"新都市主义"的原则对城市规划和发展的渗透性越来越深。密度，成为城市建设的一个指针。

如今大家已经公认，密度虽然不能决定一切，但密度和城市的创造力及经济增长有着明确的正面相关性。但是，这一规则和我们的另一个常识有冲突：富裕的家庭总是住大房子。城市繁荣了，富裕人口比例增高了，住大房子的人就多，城市的密度就应该降低。相反，穷人往往可以一家三代挤在一间斗室中，密度甚高，这样的密度怎么可能带来繁荣？

当然，现代城市总有一系列办法解决这个问题。大型的豪华公寓如果盖成高层，自然比起拥挤不堪的单层贫民窟要省地。不过，像波士顿这种比较发达富裕的都市，已经很难找到单层的贫民窟了，很难单纯地靠推倒单层旧区建设"高层森林"来解决问题。提高城市的人口密度，和降低人均居住面积恐怕不能完全脱钩。那么，在生活水平提高的过程中，要求人们缩减居住面积，这是否靠谱儿呢？

波士顿港口区最近的发展，对这个问题给出了初步的回答。最近，耗资一亿美元、有202套公寓的波士顿码头大厦（Boston Wharf Tower）正在兴建中。其最引人注目的地方是，这栋混合型建筑中，仅有41套公寓在1000到1300平方英尺之间（大致是93—120平方米），有一大半为600—900平方英尺（大致为55—83平方米）的单卧，其他的则都在500平方英尺（大约46平方米）以下，其中有27套仅为330平方英尺（也就是30平方米），这不过是袖珍型公寓建设的一部分。在周边地区，几栋类似的公寓楼在兴建，总共有700套公寓。这对于一个60万人口的城市，在房市低谷、住房建设几乎停工的时刻，可谓一个大手笔。

当你读到北京的经适房"建筑面积应控制在54平方米至117平方米之间"这样的新闻时，也许马上会问：这是波士顿的经适房吗？非也。这些公寓楼地处海港区，近年来生机勃勃，正在成为科技、金融的中心，各种公共设施，如地铁、公共汽车、机场等等，都十分便利。水族馆、会议展览中心等等近在咫尺，离市中心也就20分钟的步行距离，是波士顿最贵的几个区之一。这些公寓，是为年轻的专业阶层所准备的。

波士顿市长 Thomas Menino 鉴于波士顿房价过高的现实，一直呼吁为年轻的专业阶层建立可承受的住房。开发商所兜售的，则是"20分钟"的居住概念：即离主要的交通、商店、办公楼、饭馆，以及其他设施都在步行20分钟的范围内，同时还特别强调建筑内外共用空间的优越之处，即人的家居、活动空间不仅仅要用居室面积来界定，还要包括在家边社交的场所。小户型的另一个好处，是每套的月租仅为 1200 到 1600 美元。

2009 年波士顿中等家庭年收入将近 5.6 万美元，人均将近 3.4 万美元。这还是经济低谷时的数据，而且包括了大量城市贫民。全美大学毕业生的平均起薪，2011 年超过 5 万，波士顿作为一个高薪高物价的地区，一个大学毕业生机会最多的十大城市之一，薪水自然会更高些。特别是一些有硕士学位的人，比如新出炉的 MBA 和高科技领域的硕士，年薪在 10 万上下的大有人在。他们愿意住得这么寒酸吗？这究竟是"新都市主义"自上而下"想当然"的计划，还是新一代自发的生活潮流？

要回答这个问题，我们就需要更深地挖掘一下现代城市的逻辑。

城市：蜗居的文明

波士顿房市反弹过程中的小户型热，并非空穴来风。2012 年第二季度，美国房市还处于泡沫崩解后的谷底，许多地区的房价，仍然缩水 30%，麻省的房市也依旧萎靡不振，但波士顿市中心连体式公寓的中等售价，就以 51.5 万美元打破了 2008 年时 49.85 万美元的历史纪录。至于波士顿地区住房的租金，在 2011 年夏天就达到了历史最高，中等月租金为 1665 美元，如今仍在上涨之中。与此同时，波士顿近郊的房价也出现强劲反弹，只是远郊依然了无生机。

这一格局，对"新都市主义"的理念提供了有力的支持：汽车社会是不可持续的发展，在经历了油价暴涨后，人们觉得到远郊居住得不偿失，重新向城市中心汇聚。这并非大政府的顶层设计，而恰恰很符合哈耶克所谓的自发成长，只是公共政策、城市规划要为这样的自发成长服务而已。

波士顿有着哈佛、MIT 等一系列名校，不仅是大学城，也是科技、医药、金融的中心，成为美国经济发展的龙头之一。即使在房市崩溃最为摧枯拉朽的时刻，波士顿市内房价跌的幅度也非常有限。高房价一方面反映了波士顿的繁荣，另一方面也成为发展的障碍，刚刚毕业的大学生因为承受不了房价而迁出的问题一直使政府和社会充满了危机感。

中国在最近几年关于房市的公共辩论中出现过一种论调，即高房价提高了城市的准入门槛，保障了人口素质，因为高收入的人素质毕竟比较高一些，这种人集中在城市，城市才能繁荣。美国城市规划的主流思路则几乎正好相反，早在1961年，简·雅各布(Jane Jacobs)就出版了《美国大城市的生与死》，立即引起轰动，并成为建筑和规划学院必读的经典著作。雅各布反对城市大规模的开发工程，特别反对推倒密集的破落地区，代之以低密度的豪华建筑的拆迁。在她看来，城市的生命力来自于高密度和多元性，能够把三教九流吸引到一起互相碰撞，拒人于千里之外的城市则会慢慢死亡。那么，城市靠什么保持这种海纳百川的气概？其中最重要的一项就是必须有一些低成本的地区，让那些兜里没钱的人，特别是创意十足的年轻人，来从事各种试验性的活动。一些看似十分破败的老城区，恰恰为这些创造阶层提供了低成本的空间。即使他们在这里创业失败，因为成本甚低，也不至于导致财政上的灾难。而大规模的开发，则把破败的老城区拆迁，代之以高端的豪华建筑，廉价的空间顿然消失，创业成本陡然提高，乃至大多数人裹足不前，这最终会导致城市的衰败。

作为一个创新经济，美国人并不把富人当作经济的主动力。不错，富人的钱是自己合法挣来的，他们都是相当能干的人，也会为发展提供许多资本。但是，他们的财富，只说明他们过去的业绩。他们成功以后，完全可以什么都不做，坐在家里吃老本。事实上，许多自食其力地挣出自己资产的富人，在成功后确实就像是退役的运动员，不再有太多创意。真正有创造力的，就是那些还处于"进行时态"的未来富人，那些吃着方便面干活儿的蜗居蚁族。但是生活的矛盾在于，这些处于创造力顶峰的年轻人，往往囊中羞涩。这一点，你看看当年到处捡易拉罐换钱、到教堂吃慈善晚餐的乔布斯就知道。所以，一个城市是否能给这些人提供低成本的立足之地，成为城市竞争力的关键。

当今的大学生，一毕业就面临着巨大的财政压力。根据美国教育部的数据，在2007—2008年度的大学毕业生中，有三分之二是借钱上学。这个数目很可能是低估，因为没有包括借钱的家长。在借钱的毕业生中，2011年平均负债额是23300美元，其中有10%负债额高达54000美元，有 3% 则超过了 10 万美元。大学生的起薪一般都比较低，除了支付社安、医保等等费用外，还要偿还学费，那些收入高的还要支付不少税（单身的税率往往比较高），留给房租的钱就更不多了。另外，年轻人单身比率高，喜欢到人多的地方社交，市中心就成了他们的汇聚地。单身生活漂泊不定，没有买房的欲望，回家只是睡个觉而已，一间斗室足矣。许多在波士顿金融区和科技区上班的年轻人，往往有硕士学位，年薪高达六位数，但还是愿意到市中心找间斗室居住。

对于这些人来讲，居住空间可以很小，但社交空间必须很大。30 平方米的地方对一个单身绰绰有余，关键是出门有共用空间交际，周边布满了酒吧、餐馆、影院，各种文化设施比邻自己上班的地方。而步行空间，能够创造更多的人际互动，对于这些年轻人来说就更为重要了。

当今的波士顿，老城区多是三四层的旧式石头房子，一小套就动辄百万美元以上，属于房价最高的地方。周围的高层见缝插针，受到城市规划的种种限制，已经很难有发展的空间，廉价空间已经很难像雅各布所说的那样利用旧建筑有机发展。海港码头一带，因为过去被高速公路体系和市中心隔开，发展一度滞后，颇为空旷，但有临海的景观，最近几年开发甚热，成为一个大建筑工地，很多财大气粗的公司迁入。在这么高速的发展中，如果不先下手为强地建设一批小户型的廉价空间，则地皮马上会被各路豪强占满，不会再有余地了。本世纪头十几年波士顿人口增长迅速，房价、租金猛涨，特别是高端的住宅因为赢利边际大，很容易占领都市空间。目前波士顿住房的平均月租将近 1700 美元，但近年来开发的公寓住房高档居多，月租往往超过 4000 美元。因此，微型公寓计划就成为政府鼓励开发的重点。700 套左右的中小户型的建设，其实是波士顿新区发展的核心基础设施：必须给刚刚起步的人才以廉价的空间，以维持城市的生命力。

高科技的城市地理

根据 2007 年 Milken Institute 北美大都市圈的高科技产业的排名，硅谷独领风骚，西雅图排在第二，在 2003 年还居老二地位的波士顿屈居第三，第四、第五位则是华盛顿、洛杉矶。纽约、旧金山则排在第九、第十位。这排名虽然是一家、一时之见，但足以凸显波士顿在高科技产业中的领导地位。

硅谷的成长，始于对西部的开发，繁荣于汽车社会的黄金时代，走的是铺张、粗犷之路。硅谷中最大的城市圣何塞，人口密度不及波士顿的一半，所以有不少人指出，硅谷代表着郊区化的科技繁荣。这种分散式的发展，同样可以复制甚至超越中心城市的创新。

郊区化的高科技发展，当然有一定的经济逻辑，毕竟，高科技产业中高收入的阶层非常集中。这些人喜欢郊外的大房子、自然环境和优良的学校，他们在郊外安营扎寨后，高科技公司也就追着他们立足在郊区。

然而，检视硅谷以外的高科技中心，多数还是以大都市为核心，当然更不用说，硅谷发展到今天，其密集程度也已经相当高了。看看波士顿这一大都市圈，高科技产业并非集中在密集化的波士顿城内。波士顿郊区有两圈环线高速，内圈以内属于近郊，密度接近都市，外圈周围则属于远郊，是典型的稀疏式发展。沿着这两圈环线高速，都有着"高科技走廊"。这两个"高科技走廊"，和波士顿城里特别是 MIT 附近的高科技中心相映生辉，颇有些克隆硅谷之意。

这次"大衰退"，高科技产业当然不能幸免，不过，波士顿城里很快就恢复。内圈环线周围的高科技走廊也强烈反弹，只是外圈的高科技走廊仍然了无生息。我正好住在外圈的位置上，周围有不少在高科技公司上班的朋友。我发现，最近几年，他们上班的日子越来越少，在家办公的时间越来越多。有些朋友甚至说，随着互联网技术的完善，上班将变得越来越不必要了。这一趋势从高科技产业开始，渐渐蔓延到其他产业。想想这样的前景，确实让人对"新都市主义"的密集化理论产生怀疑。展望未来，大量员工在家上班，通勤大大减少了，能源、拥堵、污染等问题迎刃而解，稀疏式发展变成"可持续的"了。如果现在看着基础设施严重超载，立即大量投资扩建，日后是否会闲置？看看今天的邮局，在人们用电子邮箱、手机通信后，难道不是个每天都在萎缩的部门吗？

以后的公路会不会如此？

当然，接下来的问题是：既然大家都在家上班，人与人之间的沟通网上就能解决，那么为什么掌握着最先进通信技术的高科技产业，在波士顿市区和近郊纷纷复兴，在远郊则不见动静呢？

一位在远郊高科技公司上班的高级工程师，为我解答了这个问题。在他看来，他们这个行业，设在远郊的企业，如微软、思科、IBM 等，其实都是高科技的传统企业，而非创新企业。这些企业的使命，主要是发展完善既有的技术，工作比较日常化，在郊外地皮便宜，许多中年职工也在这里安家立业——这是外圈高科技走廊存在的理由。但是，真正领先的创新企业，特别是那些风险投资的公司，则往往在城里。这并非是因为像扎克伯格这样的年轻精英都住在城里，扎克伯格仅仅是个例外。即使在高科技领域，创业成功的大多还是中年人。不过，给这些老板们打工的，则绝大多数都是年轻人。他们干活儿没日没夜，不用到点回家接孩子，不受固定作息时间的限制。公司要追这些人才，只能搬到城里去。

年轻人在城里和三教九流扎堆，容易出创意。在这方面，硅谷和波士顿等传统都市的规矩不同。硅谷在汽车社会中成长，其格局决定了大家都习惯开车到这个酒吧那个餐馆。当谷歌的员工在工作之余一起下酒吧时，未必自己切磋，他们可能碰到另一帮苹果或者微软的雇员，大家一聊，容易碰撞出火花来。波士顿这种传统城市，在汽车以前就奠定了基本格局，现在是汽车闯入了步行空间。你不可能像在硅谷那样开车去这个吧那个吧，你的车根本没地方停，在路上也走不动。你脑袋一热想出个点子，想找朋友聊聊，开车一堵，情绪就没了，所以，年轻人选择了市中心的步行社区。也正是在这里，大大小小的风险投资企业如雨后春笋般地成长。其中的成功者，要么自己做大，要么被大企业买下来。不过，不管走哪条路，这些新兴的小企业最终往往走向常规化。常规化以后，搬到郊区就比较有效益了。

其实，我的一位朋友把这样的全过程走了一遍。他本来是学习雕塑的，靠艺术无法吃饭，自学计算机，自己开了公司，成为以自己名字命名的公司的光杆司令。过了 60 岁，在为 MIT 的一家小公司承包项目时被对方看中，就被"兼并"过去。但没有干上一年，这家公司又被谷歌收购。他的生活，从没日没夜，变得越来越常规。

当今的"大衰退"，用熊彼特的话来说，就是一种"创造性的毁灭"，许多常规产业面临灭顶之灾，更多的新兴产业则异军突起。在这种情况下，波士顿城里繁荣、郊外萧条，也就不难理解了。

创新其实是个劳动力密集型的产业，必须以人为中心。这个行当又非常难以预测，不用说成为扎克伯格，就是一般性的成功，也往往是百里挑一。所以，任何高科技中心，必须维持一定的人才基数，这样才有创新经济的"概率保障"。在高科技三巨头硅谷、西雅图和波士顿中，波士顿雇用的人员最少，仅 16 万多，前两者则分别在 24 万和 22 万以上，所以，波士顿有着强烈的紧迫感。这种紧迫感，直接反映到了城市规划上："20 分钟步行空间"、"24 小时活动时间"、小户型密集化的经济空间，等等，就成为了新区发展的核心概念。

多年来，我一直认为中国近三十年的经济起飞对城市的社会原生态破坏过大，拆迁消灭了许多密集、便宜的社区，使最有创意的中小企业难以起步，精力最为旺盛的蚁族难以创业。难怪一些城市学家开始发问：北京、上海等中国大都市，比西方都市密集得多，为什么缺乏创造力？一大原因，就是大开发项目过多，消灭了雅各布所谓的多元化的密集性。矫正的办法之一，就是在新的开发中，多在市中心安插一下小户型公寓，为蜗居者提供立锥之地。日后城市的创造力，还是要靠这些囊中羞涩的年轻劳动者。如果这方面动作太迟，城市空间就会被豪华建筑占满，城市的动力也就将丧失。毕竟，可持续发展的城市，主要不是一个消费的概念，而是一个生产的概念。城市的规划，要紧紧围绕着生产者的需求。

城市必须保持年轻

在美国从事高科技的朋友每每感叹：扎克伯格，已经被媒体热炒成了一个有害的形象。不错，像他这样的 IT 神童，确实是当今高科技的主力。但是，他的成功具有很大的偶然性，大多数在 IT 领域成功的，还是年轻时给公司打工，积累了经验，最终自立门户。扎克伯格式的人才固然是 IT 业的主力大军，但他们大多是给别人打工。把扎克伯格这样的例外拿来热炒，让年轻人有不切实际的期待，摆不正自己的位置，反而会产生许多怀才不遇的挫折感。《金融时报》也曾有报道指出，大量天使投资以重金诱惑大学生辍学创业，除了这些才俊精力充沛外，另一个原因其实是成本低：只有他们才肯蜗居斗室吃着方便面没日没夜地干。

其实，城市的设计何尝不遇到扎克伯格的陷阱。如果你假设年轻的 IT 精英都是类似扎克伯格那样的亿万富翁，他们当然不会挤在 30 平方米的小公寓里，他们更可能住豪宅、开豪车。城市要吸引他们，就应该给他们准备相关的设施。在许多中国的开发商看来，你没有这个钱，就说明你没这个素质，最好别进一流城市。但是，如果你觉得那些年轻的 IT 精英多是些只能蜗居的蚁族，城市的设计就应该考虑怎样为这些人提供廉价的立足之地，等这种人聚集多了，大量的"蚂蚁"中说不定会跳出几个扎克伯格来。

波士顿近年来的发展，在很大程度上是被年轻人所驱动的。城市的规划，显然没有被媒体中的"扎克伯格神话"所忽悠，而更依赖于后一种假设：不管 IT 是多么新潮的行业，年轻人从底层奋斗的老规矩并没有变，城市要脚踏实地地估量这些年轻人的需求。

城市为年轻人的发展腾出地方来，要靠两方面：一是年轻人自己，一是政府政策的配合和鼓励。在波士顿这么拥挤的城市，年轻人从哪里找生存空间？一是甘愿住小房子，一是向公路要空间。《波士顿环球报》上最近有几篇自行车热的报道，就展示了这后一点。

MIT 边上的 Kendall 广场，大概是波士顿地区高科技企业最集中的地区，已经成了个小硅谷。如果你看看那里的发展数据，按常规思路恐怕会怀疑数据出现了错误：在过去十年，这里的营业面积增加了 460 万平方英尺，但街上的汽车数量反而下降了 14%。

何以出现这样的情况？首先，现在的年轻人和上一代已经颇有些不同。按照十几年前的老规矩，美国人大学毕业找到工作，就买车买房，算是事业起步了。当时房子便宜，油价也低，事业的流动性小，学债几乎没有。如今呢，房子贵得买不起，油价飙高，高科技领域流动性大，今天创业明天倒闭，一切成了家常便饭，不用说没钱买房子买车，有钱也不宜买。租房子说走就走，落得一身轻。另外，住在拥挤的闹市区，公交挺方便，反而是车没有地方停。所以，现在许多年轻人找工作，首先找那些位于不需要开车的地方的工作。

55 岁的 David Patrick 是仅有三年历史的 Apperian 的 CEO，其公司专门为手机制造软件。比起扎克伯格来，他这样的老板在高科技界恐怕更有代表性。他的年龄，使他见证了这一行业的变化。他说："80 年代，如果你想工作，建立家庭，就得搬到郊区，那里是大多数高科技人才聚集的地方。现在，许多人愿意在城里工作、生活，甚至建立家庭。"他的一个雇员，原来在郊区工作，但对市中心梦寐以求，如今从郊区迁到波士顿，每天骑车上班，并口口声声绝不会考虑城外的工作机会。这也难怪，Apperian 在波士顿城里很新潮的街区安营扎寨。而另一家计算机公司 LogMeIn Inc.，也正在从郊区迁到 Apperian 的隔壁，虽然这里的租金比原址高出 25%。公司的财政主管 Kelliher 先生 52 岁，也在本行中经历了沧海桑田。他还记得，在 80 年代，王安实验室、数据设备公司等企业，全设在波士顿郊区。现在的潮流正好相反，特别是高科技和传媒方面的公司，想找到年轻人多半要进城。Pan Communication 的总裁 Philip Nardone 则指出，不仅仅是雇员要求在城里工作，客户也日益难以忍受开半个小时车到郊外赴约的生活。所以，他把公司从郊区移到城里。结果，波士顿市中心和剑桥成为炙手可热的新经济地带。一些郊区的工业园，在公司纷纷迁到城里的压力下，开始采取新策略，力图在郊区尽可能复制都市的气氛。

在这样的潮流中，政府也采取了一系列政策，推动城市向密集化、步行化、去车化的方向转型。在 Kendall 广场所在的剑桥市（如今已经和波士顿连成一片），政府要求所有添加停车位的公司拿出具体措施鼓励职工不使用汽车。比如，任何添加了 5 个停车位的公司，必须在以下诸项义务中选择承担一项：补助公交月票，对雇员收取停车费，建造浴室更衣室等设施为骑车人提供方便，保证那些不开车但突然需要用车的人的紧急出车，等等。凡是建了 20 个以上停车位的开发商，则必须把其房产内开车上班的人的比例降低到城市规定的标准以下……

这一系列政策，使各公司采用了各种物质刺激的手段，鼓励员工乘坐公交或骑车。在大多数情况下，各公司都能绰绰有余地达到预定目标。步行、骑车、乘公交，渐渐形成新的城市时尚，乃至波士顿地区出现了新型拥堵：公交地铁排队，自行车找不到锁车的架子……

可以说，为了打压房价，波士顿几乎使出浑身解数，最终能否成功，现在还很难判断。除了年轻人外，老人恐怕也是一个重要因素。婴儿潮一代正在步入退休年龄，他们空巢、退休后，不甘郊外的寂寞，往往把大房子卖掉迁居城里。那里不仅热闹方便，而且离孩子的工作地点更近。这一方面使郊外的剩余住房增加，一方面推高城里的房价。毕竟，老人有着一生的积蓄，社会安全福利等也比较好，购买力比年轻人强。他们的进入，很可能会挤占年轻人的地方。《波士顿环球报》上总是抱怨：波士顿是高等教育之都，培养了那么多人才，能留下的太少，都被高房价挤走了。不过，不管各项政策最终的结果如何，我们从波士顿的纠结中可以看到一种不同的哲学：城市的发展，在于降低其准入门槛，张开双臂欢迎各色的人才。高房价不仅难以提高人口素质，反而可能窒息城市的生机。

城 市 潮

美国城市学家 Alan Ehrenhalt 最近出版了一本新书《大逆转和美国城市的未来》，开篇以他的家乡芝加哥为例，绘声绘色地描述了美国城市的变化。

1979 年 1 月，一场罕见的 20 英尺大雪埋没了芝加哥，全市交通陷于半瘫痪状态。唯一几辆还能运行的通勤列车，在远郊的起点载满了急着上班的中高产专业人士。等列车驶入市区时，车厢内早已没有空间，站台上那些低收入的黑人和拉美裔根本挤不上去，公交俨然成了为富人服务的工具。结果，几周后，在任市长就在民主党的预选中输掉。

Alan Ehrenhalt 接着设想：这场雪下在今天会怎样？恐怕市长不会为此下台。这倒不是公交系统运行无碍，事实上，列车还是会照样从远郊的起点出发，但在那里载满的会是低收入的黑人和拉美裔。等列车进入市区，站台上满是高收入的白领阶层，是他们面对爆满的车厢挤不上去。

这就是 30 多年间芝加哥发生的变化：穷人移居城外，富人占据了城里。在美国，这是个革命性的逆转。

在 70 年代，美国还处于郊区化的汹涌大潮之中。早在 1925 年，芝加哥大学的社会学家 Ernest Burgess 就对这种郊区化进行了有预见性的概述。他把大都市的结构划成四个圈，其中市中心集中了主要的商业设施。在其外围，则是制造业区域。在制造业区域的外圈，是劳动阶层的聚居地。当然，还有一些下层的新移民，英语不太会，无法在制造业中就职，往往在都市中心地带的若干死角聚居，唐人街就是一例。城市最外圈是郊区，属于中高产白领阶层的居住区，那时要从底层奋斗，开始总是住在城里或靠近城里的地方。生活改善后，第一件事就是往郊区搬。总之，从居住模式上看，越往市内走越穷，越往郊区走越富。

这样的发展趋势，在战后愈演愈烈。州际高速公路体系的完成、汽车的普及，把美国转化成一个彻头彻尾的汽车社会，使得远距离通勤更加方便。于是，战前就开始的郊区化大肆铺开，把触角伸向远郊。这一浪潮，在七八十年代达到高峰，余波一直冲击到 2007 年房市泡沫破灭的前夜。当时有许多人为了图远郊的大房子、田园般的环境、一流的学区，成为一天通勤 4 个小时以上的"公路战士"，城市只能坐视中高产家庭大规模流失。比如底特律，就成为这种郊区化大潮席卷之后的城市废墟。

但是，自 90 年代以来，一股反向的趋势也在酝酿中，并借房市泡沫的崩解和经济衰退凸显出来。许多中高产阶层渐渐地向城市回流，破落的市中心再度繁荣，原来困守于此的低收入阶层，被飙高的房价挤到郊区，这不仅仅发生在芝加哥，而且在北美遍地开花。在亚特兰大，黑人在人口中的比例从 2000 年的 61% 下降到 2010 年的 54%。在首府华盛顿，这个比例则从 70% 左右猛跌到 50%。在曼哈顿世界贸易中心以南的下城区，2001 年"9·11"时仅有 1.5 万多居民；7 年后则增长到 5 万人，而且居民中有子女的"大家庭"比重增加，单身的比重相对下降，城中心再次成为养孩子的场所。

这也难怪，除了 Alan Ehrenhalt 的《大逆转和美国城市的未来》外，最近类似的书籍不停出笼。其中最为震动媒体的，大概是 Leigh Gallagher 的《郊区的终结》。她指出，在汽车发明后的一百多年间，郊区人口的增长率从来都高于城市。但是，2011 年，城市人口的增长率第一次超过了郊区。当然，这是否构成拐点，现在下结论还为时过早。比如，2012—2013 年间，美国都市的人口增长率是 0.31%，郊区则是 0.56%，郊区似乎再度领先。但是，在同期内，都市房价上涨 11.3%，郊区则仅仅涨 10.2%。显然是城市火爆，有钱人在向城市汇聚，低收入阶层向郊区移动。上个世纪最后 30 多年，美国城市的贫困人口明显高于郊区的贫困人口。但进入本世纪后，郊区贫困人口急剧上涨，早已超过了城市的上涨率。到 2012 年，郊区的贫困人口达到 1640 万，城市则为 1340 万。当然，考虑到郊区人口是城市人口的 3 倍左右，郊区的贫困率依然低得多。但是，从增长趋势看，城市和郊区之间的逆转是无可置疑的，怪不得有新闻标题称："美国梦正在离开郊区"。

产业集群的变迁

1990 年，哈佛商学院教授 Michael Porter 出版了《国家的比较优势》一书，提出了"产业集群"（Industry cluster）的概念。他发现，在世界经济中，许多相关产业都集中在几个地区，形成集群。这样的布局，不仅能够提高集群中公司个体的生产力、刺激创新，而且还可以催生新的产业。

其实，产业集群并非 20 世纪的新现象。中世纪的欧洲，就有"低地国家"（今日的比利时、荷兰地区）和北意大利的纺织业、金融、贸易集群。明清时代的江南地区也成为棉纺业和丝织业的集群。日后伯明翰、底特律，乃至今天仍然相当兴旺的硅谷、好莱坞、拉斯维加斯、曼哈顿，都属于不同形式的产业集群。这种产业集群的生成，有赖于天时地利人和。比如，良好的地理位置所提供的贸易孔道、丰富的自然资源、优异的制度环境，以及突出的人口素质，都能创造这样的集群。不过，Michael Porter 一开始就强调，从理论上来说，至少在现代社会，地理位置不应该扮演重要的角色。开放的全球市场、高速的交通、便捷的通信，按说能够使任何公司在任何地方都跳上一个平台来竞争，可惜，在现实中，地理仍然是竞争的核心因素。为什么呢？因为集群的地理因素未必仅仅是水陆交通的便捷和自然资源的丰富。从文艺复兴时期的佛罗伦萨，到当今的瑞士、温州，许多地区缺乏这些狭义的物质上的地理优势，却频频催生了重要的产业集群。目前，学者们把目光越来越多地集中于地域的特定制度框架、文化环境和人力资源等方面。

在前工业时代，城市无疑是手工业和贸易、金融的中心。其实那时就已经有了手工业向郊区或农村"外包"的现象，但郊区和农村仍然依赖城市的商业网络生存。十几个人的作坊，就是一个大企业了，在城市中很容易容身。19 世纪末工业化在西方全面展开，大企业兴起，景观大变，特别是汽车业这种需要大规模流水线的产业，占地广大，在传统城市难以立足，必须到郊区另起炉灶。城外的制造业带由此而生，改变了以城市为生产中心的格局。

这一变化，对欧洲和美国的影响又大为不同。欧洲在工业化以前已经有了几百年的城市传统，特别是随着工商业发达，以土地贵族和乡村绅士为代表的传统精英，渐渐接受了工商阶层的价值，纷纷迁居城市，使社会、文化和金融资源在城市不断集中。现代工业的崛起虽然把生产中心移往郊外，下层劳动阶层也渐渐被挤出，但白领和上流社会反而更往城市集中，这就是欧洲城市所谓的"绅士化"（gentrification）过程。美国在工业化的前夜，仍然是个不停西进的边疆社会，城市的根基尚浅。19世纪末20世纪初期，急剧的工业化和城市化手拉手地展开，中高层即使在市中心上班，也选择在郊区居住。大量劳工阶层迁往郊区，其实居住和工作地点的距离可能更近。查一查美国几个大城市的人口历史就知道，一百多年来，虽然美国人口翻了几倍，但城市人口往往停滞不前，甚至下降，能走的都走了。留下的，往往是走不了的穷人，这就造成了美国都市中心贫困破落、犯罪率攀升的社会问题。

20世纪末，几股大潮开始冲击美国的这一城市结构。首先，全球化重塑了世界制造业的布局。制造业不停向第三世界外包，美国都市郊外的工业带渐渐成为"锈带"，被"抛荒"。第二，随着第三世界制造业的成长，能源需求不断加大，导致油价飙涨。在远郊和城市间通勤的中高产，往往一周要花七八十美元加油，而市区的停车费一个月也往往几百块，对于许多家庭来说，开车的费用成为房贷之后的第二大笔开支。更不用说，大家都这样通勤，必然制造严重的拥堵，原来两个小时的通勤变成了三个多小时。无论从经济上还是精力上，都越来越难以承受远郊的生活。

也许更为重要的，是工业社会迅速向后工业社会转型，经济日益白领化。后工业时代的白领产业集群，和工业时代的制造业集群有相当之不同。制造业是流水线式的巨型工业组织，员工围着机器进行重复性劳动，几乎被化约为机械手，其个人技能的复杂性比起中世纪的手工艺匠人也差许多，自然更谈不上创意了。公司组织异常复杂，但公司中的劳工所从事的工作则简单得如同"傻瓜相机"般的操作。这样的产业集群，是公司间的集群。白领经济则是高知识、高科技型的，严重依赖个人的创意。各种人才面对面互动，碰撞出多学科的火花，成为竞争力之关键，所以，白领的产业集群，更是各种人才的集群。

近来许多学者的研究强调，高度发达的现代交通运输和通信技术之所以无法破解地域的产业集群优势，一个重要原因是这种集群不是基于某地的水陆运输之便或自然资源之丰富，而是在于该地区人才的汇聚。另外，多种产业的集群，比单一产业的集群更有优势。底特律就属于单一产业集群，汽车业一衰落，则整个地区都衰落。纽约、波士顿等地，则是多重产业的集群：金融、医疗、教育、传媒、工程……几乎无所不包，这就造成了多种人才的聚合。他们之间的互动，能够不断地刺激新产业的诞生。

这一局面，显然对城市有利。城市有着郊区所没有的密度，而且从来都是五方杂处之地，在单位面积范围内容纳的人多。这些人的背景又更加多元，自然使集合性的互动更有强度，也更有创造力。

从这个角度看，工业时代和后工业时代的城市发展战略，有着相当本质的不同。工业时代，城市的竞争力在于如何吸引企业，或用我们的话说，就是招商引资，人是不重要的，大工厂流水线上的简单工作，一个高中没有毕业的人都能承担，劳动力如同机器部件一样，可以随时被替换。所以，只要大企业肯来安营扎寨、创造就业机会，劳动力就会接踵而至，人追着企业走。后工业社会则大为不同。用比尔·盖茨的话说，如果把我们20名最聪明的员工挖走，微软就马上会成为一个无足轻重的企业。企业依赖人才，追着人才走，所以，最近几十年来西方发达国家在设计城市发展战略时，强调的是城市的宜居性，保证素质最好的人愿意选择在这里生活，哪怕为此牺牲招商引资。从长远看，高素质的人在哪里汇聚，企业就追到哪里。高素质的人看一个城市，往往先看城市的环境状况、孩子学校的教育质量、文化品位等等。纽约、波士顿等"前卫城市"的繁荣，也在于人们提起这些城市来就觉得酷。

全球化，给工业化的城市提出了新的挑战，也给后工业化城市提供了更多的机会。全球化的产业链变化多端，像底特律那样主宰汽车业近一个世纪的局面很难再出现。比如，富士康已经成为中国一些城市的核心企业，提供了大量就业机会，但是，这样的局面也许就能维持几年。中国劳动力成本的上升，劳动力供应的减退，都可能促使富士康向世界其他低薪地区转移。苹果竞争力的丧失，或者苹果本身抛弃富士康而选择其他的代工企业，也可能在几年内对中国的一些制造业城市形成重大冲击。相反，五方杂处、人才济济的后工业城市，则更容易适应这种"你方唱罢我登场"的全球化变局。对于那些一天一个主意的创新人才来说，世界的变化越快、越莫测，就越能显示他们的比较优势。所以，在全球化的后工业时代，中国即使仍然是个制造业大国，城市发展也必须具有后工业的眼光。

城市的混杂性

美国城市最近的复兴，正在重新塑造城市思维。混杂，而非整洁，正在成为城市发展的核心概念。

工业化时代的城市，被现代建筑运动的哲学概括得相当明晰：住房是居住的机器。城市，就是要体现这种机器的理性：从中轴线、通衢大道、摩天大厦，到设计简洁的家具，甚至立方主义的艺术，都被干净利落的直线条所主宰，毫无拖泥带水之处。更不用说，城市，这个人类最古老的聚居形态，开始围绕着汽车这种活动的机器来设计，人的要素反而退居其次。

对此，雅各布森在《美国大城市的生与死》中进行了经典的批判。她痛斥：现代化的拆迁、改建，把城市的功能过分理性地分门别类：这里是购物区，那里是办公区，另外一块地方是居住区……城市原生的文化生态完全被破坏，自然形成的混杂性丧失。许多城市病，就是这种现代运动的直接产物。

中国最近30多年疾风暴雨般的城市化，遵循的也是这样的逻辑。大规模的拆迁，使老城区面目全非；一栋栋整齐的摩天大厦拔地而起，公路宽阔笔直，购物中心、办公楼、住宅区判然可分，城管在不停地清理摊贩，不惜引起一系列社会冲突……如此的城市设计和管理，按说应该把一切都安排得有条不紊，然而，我们得到的是什么样的城市呢？拥堵、污染、高房价……我们的城市，经常处于半瘫痪状态。

这些经验，都应该促使我们反省城市的理念。

明尼苏达大学商学院的教授 Kathleen Vohs 最近在《纽约时报》上发表了一篇文章，开篇引用俗语说，干净整洁，近乎神圣。50 年前人类学家 Mary Douglas 就注意到整洁、开放空间和道德正确之间的关联。最近甚至有心理研究揭示，闻一闻清洁产品的味道，也会增进人们的伦理标准。

然而，她和两位同事则另辟蹊径，探索混乱的意义。她的假设是：要整洁就必须严守一些标准，进而会刺激人们遵从常规，混乱则导致人们偏离常规、探索新的道路。

于是，他们展开了一系列心理学实验，以证明自己的假说。第一个实验，是要求 188 位成人先后单独访问实验室，名义上是进行消费者选择的研究。他们安排了两个实验室，一个整洁，一个混乱。同时，他们又提供了两种版本的菜单，一个菜单把健康食品标记为"经典"，一个则把健康食品标记为"新"。结果，进入整洁的实验室的受试者，明显倾向选择"经典"；进入混乱实验室的，则大多选择"新"。可见，虽然大家都有着选择健康食品的意愿，但整洁的环境塑造人们屈从常规的选择，混乱环境则刺激人们求新。

第二组实验涉及 48 个受试者，也都是单独访问实验室。每个受试者，被要求设计乒乓球的新用法，写下他们所有的创意。另外，有独立的裁判，按照严格的标准对受试者的创意打分。比如，把乒乓球当别的球类项目玩，属于创意较低的理念。把乒乓球劈开，套在椅子腿上保护地板，或作为冰激凌的杯子，则算创意较高的理念。这些裁判本身不知道实验的目的，不可能在打分中有证明某种结论的意向性。结果，在混乱实验室里的受试者的创意明显高出整洁实验室中的受试者，他们的平均创意要高出 28%，他们"最高创意"的理念的数量，竟高出五倍！西北大学的另一组独立研究使用其他的方法也验证了同样的结果：环境，对人的创造力有着直接的影响。

这些研究，对城市的发展有着非常实际的参考价值。Kathleen Vohs指出，办公室的布局，早就体现出人们对这一问题的理解。过去那种单间的整洁办公室已经过时了，现在的办公室，流行的不仅是分享空间，而且还要分享办公桌，使得办公空间显得混乱拥挤。事实证明，这样的环境反而更能创造效率。城市也是如此，一个办公区、住宅区、购物区井然有别、逻辑清晰的整洁型城市，往往创造着亦步亦趋、水清不养鱼的环境，混杂的城市反而动力十足。用传统中国的例子讲，帝都那种棋盘格子式的设计，虽然严整威严，但远不如江南那种三教九流、五方杂处、水道街衢凌乱的市镇更有活力。明清时代的北京，虽然吸进了全国的民脂民膏，但不论是从经济和文化上的创造力，都比不上人口相当的城市苏州。

美国在战后，郊区化一直是主流。中产阶级纷纷迁往郊区，靠汽车通勤进城上班，穷人和少数族裔陷于城市中不能自拔，结果，许多城市的人口不升反降，市中区越来越破败，成为犯罪的渊薮。还记得90年代初我们准备到耶鲁读书时，一位美国朋友警告我们耶鲁所在的纽黑文市是多么危险："我在纽约的街道上都敢一个人走路，但我不敢在纽黑文的街上走。"且不说她对纽黑文的恐惧，所谓"在纽约的街道上都敢一个人走路"，也绘声绘色地描述了纽约的状况。1994年我去过纽约一次，当地一位朋友指着市中心的几栋破落的住宅楼说：这里一个住户都没有，晚上是毒品贩子的天下，形同战场，没人敢来。市政希望推倒这些房子，但房东不肯放手……当时我们住在纽黑文，也是提心吊胆，晚间从来不敢出门。

然而，纽约（不仅仅是曼哈顿）很快变成了寸土寸金之地。如今的豪华公寓楼见缝插针，当年看到的那几栋破败建筑里的公寓，恐怕我等在大学的教书匠也很难缴得起租金。纽黑文同样焕然一新，在2004年我们离开纽黑文时，英国《金融时报》发表了一篇整版的报道：《纽黑文的复兴》。到了2009年，CBS又有同样标题的报道。纽黑文俨然像一个都市明星，为世界的城市发展提供了样板。

究竟发生了什么？

在战后，一尘不染、井然有序的郊区，是中高阶层的生活样板：周围的邻居几乎都是和自己差不多背景的人，学区质量优良，犯罪非常罕见……如今，这种生活样板正在急剧变化：原来乱糟糟的城市，像磁石一样吸引着各个年龄段的居民。根据全美房地产协会的一项调查，2004年，仅有 13% 的美国人说希望居住在城市。到 2011 年，这个比例上升到了 19%。

这里最引人注目的一个动向，是在 1946—1964 年期间出生的"婴儿潮"一代。年轻人喜欢都市生活，举世皆然，最近的城市潮，也往往是被这些年轻的"都市动物"所驱动。高科技一直被视为"年轻饭"，这种印象虽然包含着这种误解，但至少说明教育程度高的年轻人是高科技的生力军。他们喜欢城市生活，雇主最终只有迁就他们，把自己的公司从郊区迁往市中心，这种趋势，在波士顿等知识含量比较高的城市已经充分体现出来。纽约大学、波士顿大学等几所城市大学，学费在美国最高，仍然炙手可热，排名不断攀升。其背后的动力，就是年轻人对都市的执迷。"婴儿潮"一代的口味按说应该不同，他们是在战后郊区长大的一代，习惯于整洁安静的环境，如今步入退休年龄，似乎应该遵循"落叶归根"的原则，在郊区安度自己优裕的晚年。美国在战后确实也形成了这样的常规：退休人员往往迁居到佛罗里达等幽静、遍布高尔夫球场的地方。

然而，恰恰是这代步入退休的"婴儿潮"，成为向城市回流的先锋。《华尔街日报》2013 年夏发表一篇长篇报道，记述了"婴儿潮"一代是如何涌入城市的。有调查显示：2000—2010 这 10 年间，"婴儿潮"一代有100 万人移居到 50 个最大的城市及其半径 5 英里（8 公里）的范围内；同时，他们中同样数量的人口，从距离这 50 大城市 40—80 英里（64—128 公里）的远郊迁出。这种迁移的代价是巨大的，过去往往是只有富裕的家庭才住得起郊区，如今房价逆转。市内的房价，以每平方米计算，价格比郊区高 40%—200%。在纽约、波士顿这样的大城市，则会高出更多。迁居市内，意味着更高的房价、更小的居住面积。退休人员没有进城工作之必要，没有通勤之忧虑，他们付出如此高昂的代价涌进城市，究竟是图什么？

如果从《华尔街日报》采访的几个人的现身说法上看，他们几乎都有一个共同特点：喜欢城市嘈杂的生机，把过去自己居住的世外桃源称为死寂的地方。

比如，一位52岁的公司高管，属于"婴儿潮"一代中最年轻的，尚处于盛年。她在纽约布鲁克林的Williamsburg地区买了一套公寓，每天衣冠楚楚地乘电梯时，周围往往是文身染发的年轻人，让她感觉自己仿佛是位到这里来看孩子的妈妈。用她的话说，"我就是要选择一个有生命力的地方居住。"另外一对64岁和67岁的夫妇，把350多平方米的大房子以47万美元的价格卖掉，搬进西雅图市区，花了73万美元买了套130平方米的两卧公寓。他们马上加入了公寓里的读书会，会员各个年龄层的都有，他们对这种生活兴奋不已："我们仿佛是开始读一本新书，每天都在感叹：'你能相信吗？这实在太快乐了！'"还有一位亚裔单身男子，花了100多万在Williamsburg边界上买了套公寓，每天晚上都兴冲冲地出去活动。更重要的是，他28岁的女儿要搬进来和他一起住，因为年轻人喜欢这样的环境。

Toll Brothers是美国最大的住房建筑公司之一，曾以在郊区盖大房子、推动摊大饼式的铺张发展而著名。如今，该公司设立了都市生活部，专门在市内盖房。原初的目标客户，是有钱的年轻人，但没想到，盖出来的房子大量被"婴儿潮"买走，其中在曼哈顿的一个公寓楼，75%的买主属于"婴儿潮"，如今公司终于明白了自己的客户是谁。但是，当他们为"婴儿潮"设计住房时，都剔除了洁白的门廊、浴室中的扶手等老年人专用设施。用一位高管的话说："这代买主不会想自己老了后是什么样子，我们也不鼓励他们想生活的下一阶段。"这背后的道理也不难理解，城市是年轻文化的领地，那些赶着来的老人，都是些不服老的。在住房上加上许多老人服务的设施，等于消除了他们所追逐的年轻文化。记得2009年我到郊外买房子时，看到大量无人问津的老人公寓，便宜得简直就是白菜价。中介人告诉我：开发商错估了一代老人的心态，本觉得他们退休后会来到风景如画的郊区享受清福，没想到很少有几个老人喜欢这样的环境。

"老人入侵"成为一种新的城市现象，还有另一重原因——这些老人的孩子已经长大成人，另立门户，老两口不需要大房子，也用不着考虑学区。过去郊区化把城市掏空，造成市内学校破败，一时尚难以恢复，但并不影响老人的利益。年轻的新家庭，则采取另外的战略。最近几年，在波士顿周边已经形成了相当明显的趋势：夫妻 30 多岁并有孩子的新家庭，迅速涌向波士顿近郊拥有高质量学区的市镇。比如 Brookline，其实在经济地理上早就成为波士顿的一部分，只是坚持着自己的行政独立而已。这里的学校学生人数，最近十年上涨了 17.2%，其中小学人数上涨 38%，预示着涨速还会不断加快。周边其他几个近郊有着良好学区的市镇，也都出现同样的情况。与此相对，在 50 公里以外的远郊，有些良好的学区学生流失了将近三分之一，只好和邻近的学区合并。

可见，城市潮已经成为一个跨代际的现象。城市的再度崛起，除了我们所指出的工业社会制造业产业集群向后工业社会的高科技产业集群转型的经济原因外，另一个因素恐怕是社会文化的变动。战后美国城市的衰落，和"白人逃离"有关。这种"白人逃离"，又是白人居民对于民权运动和黑人迁入的反应。这些白人，希望躲到郊区，和自己的肤色、阶层一样的人一起生活。尼克松把这些人称为"沉默的大多数"。这些中高产的郊区，也往往成为保守主义的政治基地。

美国名为移民国家、多种族多文化的大熔炉，其实，这些标签用来形容 19 世纪或 20 世纪后期和 21 世纪的美国还说得过去。但在 20 世纪中期，美国其实是个低移民国家，对不同的文化和种族相当排拒。在 1920 年代，美国由《排华法案》开始，执行了一系列反移民的政策，使滚滚的移民潮变成了断断续续的滴流。直到 60 年代修改移民法，再借助八九十年代的全球化，局面才开始改变。在 1950—1985 年间，在外国出生的美国居民仅为人口的 5% 或 6%。如今，13% 的美国居民为外国出生，这个比例正在走向 15%。可以说，20 世纪美国变成移民国家，还是近二三十年的事情。

除了黑人外，美国在三四十年前还仍然是一个纯粹的白人社会。在1830—1880年间，80%的移民来自西北欧。随后几十年，南欧、中欧的移民接踵而至。从1920年代开始移民潮迅速减退，仅有的移民也多是白种人。到1960年，75%在外国出生的居民仍来自欧洲。当年反移民的一大理由，就是盎格鲁撒克逊人的种族优越论，这成为20世纪中期美国的主导文化。白人不喜欢和其他种族的人混居，不喜欢多元文化，自50年代起就形成了保守、趋同的郊区。

如今，美国则成为一个"杂种之国"（A Nation of Mutts）。在5岁以下的人口中，欧洲裔的美国人已经是少数。最多不出30年，欧洲裔美国人就将成为人口中的少数。如保守派专栏作家David Brooks所指出，美国目前处于种族敌意非常低的历史阶段，这使得各种族之间融合、通婚越来越多，出现了诸如Enrique-Cohen-Chan之类的名字。特别值得注意的是，受的教育越高，多种族融合的程度也就越高。大学现在大概是种族最为多元的地方，刺激出一个"世界主义的受教育阶层"（educated cosmopolitan class）。奥巴马刚当总统时，不就自嘲是杂种吗？与此相对，种族最为"纯净"的，反而是贫困的下层。他们世世代代居住在落后的社区，与世隔绝，很难有和其他种族融合的机会。这不仅仅限于黑人，许多贫困的白人，也在此列，这些人似乎被全球化所抛弃。如果说未来的竞争是教育竞争的话，那么"杂种"地位会大幅上升，"纯种"则会不断沉沦。

这种潜在的社会文化变迁，自然影响到了生活时尚。"婴儿潮"一代，大多是在60年代民权运动或以后的时代成年，比较容易接受这样的多元社会。在他们之后的年轻一代，更习惯于多种族多文化的混杂。城市所展示的多元文化，过去是人们唯恐避之而不及的东西，现在则成为大家追逐的目标。事实上，那些在全球化浪潮中到纽约、波士顿等大城市扎根的外国人，大多是美国从全球"掐尖"的高级人才，难怪他们很快就成为上流社会或中高层的一部分，这和那种一提少数族裔就联想起贫困、犯罪、没文化的时代不可同日而语。

可见，城市的复兴，是全球化中文化重新开放的表征。但是，美国的城市吃够了上个世纪的没落之苦，不会因刚开始过几天好日子就洋洋自得。各大城市在思考未来的发展战略时，一个核心主题就是如何不成为"自己的成功的受害者"。城市繁荣本是件好事，但是，繁荣必然带来房价的攀升，一旦房价攀升过快，就会把一些构成城市魅力的多元因素挤出去。以"婴儿潮"为主力的"老人入侵"就是一例，这些老人，往往事业成功，有着相当的积蓄，在房价战中能够轻而易举地把年轻人挤走。纽约布鲁克林的 Williamsburg，本是年轻艺术家音乐家的落脚地，这里房价便宜，五方杂处，文化氛围上佳。然而，最近几年豪华的公寓纷纷拔地而起，富人、名人越来越多。人们不禁要问：囊中羞涩的年轻艺术家和音乐家们，在这里能坚持多久？有业内人士指出，一般 10 年的时间，这些人就可以被房价从自己创造的社区中挤走，而老人是非生产性的人口，年轻人则在创造的盛年。

在这种变革中，有些明明是为弱势阶层服务的市政工程，也会有意想不到的后果。比如，西雅图在低收入社区修建了地铁，本来这不过是遵循着战后通勤的经典逻辑：富人开车，穷人用公交。没想到，地铁一通，大量富裕家庭涌进那个地区，房价飙升，除了几栋经适房外，低收入家庭丧失了立足之地。

凡此种种，都是繁荣中的城市面临的新挑战。如果不及时解决，会伤害城市的多元性，摧残其经济竞争力。人在一生中的创造周期和收入周期是不同的，创造的回报滞后。年轻时处于创造力的顶峰，没准不得不像当年乔布斯那样流离失所，靠捡易拉罐、蹭饭过活。当功成名就、钱多得花不完时，往往进入了不事创造的退休阶段。把房价完全交给市场，就可能听任没有创造力的人把有创造力的人挤走，城市逐渐就丧失了生命力。

中国的城市化要"去车化"

当今的世界，有 36 亿城市人口。到 2030 年，这个数字将达到 50 亿，占当时世界人口的 60%。中国在这一全球性的城市化大潮中，又是一马当先，城市化，决定着 21 世纪中国的命运。

城市化是一种可持续发展的模式。一系列研究指出，人类集中在大都市居住，比起分散居住来，所消耗的能源、对环境的冲击都小得多，同时也更有创造力、产值更高，但是，这并不意味着每个城市都具备可持续发展的形态。大都市所造成的人口集中，无疑将对该城市坐落的局部地区产生巨大的环境压力：雾霾、拥堵、污染、水资源、住房等等，都是这些大都市必须面对的挑战。在城市普遍繁荣的时代，也不乏底特律这样的破产城市。

从宏观历史着眼，城市的性质和优势，都和高密度密不可分。20 世纪人类进入汽车社会，城市发展才开始偏离高密度的轨道，特别是在美国，郊区化的摊大饼式铺张发展成为主流，城市被掏空。虽然美国人口增长强劲，但许多重要的大都市，人口不增反减，汽车城底特律就是个经典。许多城市为了增加竞争力，在规划上为汽车提供了种种便利。无怪有人说，战后的美国，是想把郊区搬进城市，保证郊区人能一路开车进入自己在城里上班的办公楼。就这样，到了 70 年代，大城市全被车给堵满。但因为大量人口逃往郊区，城市的人口密度反而降低了。这颇为有力地印证了城市学家们的一句话：当你围绕着车来规划时，就会把车吸引来；当你围绕着人来规划时，就会把人吸引来。

到了 20 世纪末，这种模式已经走到穷途末路。"去车化"的大潮，从欧洲开始，渐渐也在美国这样的汽车王国登陆。道理明摆着：城市的复兴，意味着吸引越来越多的新人口，导致高密化的发展。但是，只要城市还是汽车社会，高密化就走不远，因为汽车是一种最浪费空间的交通方式。公路、停车场，侵蚀着宝贵的都市用地，推高地价、房价。抛开空气污染、噪音、拥堵、时间损耗、能源消耗等因素，汽车在空间上就可以把大量的人口挤出城市。所以，欧洲城市的"去车化"运动的一个响亮口号，就是"从汽车的占领中为人类收复失地"。

在美国，这一潮流也汹涌澎湃。比如，波士顿最近一直在讨论：波士顿是否能够成为一个无车的城市？虽然这个理念所引起的争论不可能一时了结，但真实的变化正在发生。其中，一个最有现实冲击力和象征意义的，大概就是 2013 年 11 月波士顿市政当局批准了"政府中心停车楼再发展计划"。

这个政府中心停车楼，本是波士顿 60 年代城市再发展计划的一部分。当时正逢汽车社会的鼎盛时期，一切城市规划都要围着汽车来进行。1968 年建成的波士顿政府中心，由市政厅、法院等几栋建筑组成，采取了现代建筑运动中风头正劲的"粗野主义"设计，即建筑不加修饰，突出钢筋水泥的逻辑，大板块、粗线条，直来直去。这种风格除了用于市政等公共建筑外，还用来建设巨型保障房高楼，大学校园中的大型建筑等。许多这样的建筑，特别是保障房高楼，因为导致了过多的社会问题后来不得不被推倒。在波士顿政府中心边上，也以同样的风格修建了一栋拥有 2300 个车位的巨型停车楼，这真可以不折不扣地说：城市时时刻刻把汽车放在自己的心窝上。

然而，"粗野主义"很快就在波士顿丧失了人气，不久前，政府中心还被网络评为"最丑陋的建筑"，政府中心停车楼，则更成为城市的心病。停车楼本来就毫无人味，白天大家上班把车停在这里，连个人影也没有。而如此巨大的怪物，正好坐落在城市寸土寸金的心脏地带，形成了"栓塞"：钢筋混凝土的硕大结构，一下子把生机勃勃的市中心切割成几块，使之彼此丧失了链接。我的学校就在附近，许多同事也到这里停车。有一次上班，我因常用的波士顿中央公园地下停车场爆满，不得不开到这里停车。结果，车停到三楼，半天才找到门摸出来。出门一看，原来不是进去的那个门，自己像钢筋混凝土脚下的一只蚂蚁一样找不到北，四下也不见人影。我办公室边上一栋摩天大厦，本是城市的地标，走到哪里都一目了然。但在这栋遮天蔽日巨怪的脚下，则什么都看不见，附近街区也全在其阴影之下。我往左走了一段，觉得不对劲，又调过头往右走，最终到了一个路口总算碰到人可以问路。走到办公室，足足用了 40 多分钟，再想想天黑下班还要步行到这里，实在不免心惊肉跳。

城市最大的魅力就在于人：到处是店铺、餐馆、戏院、住宅、办公室、健身房……熙熙攘攘。郊区的魅力，则在于一片田园风光。但是，如果你不幸落到这栋车库脚下，则会感到掉进了一个钢筋混凝土的监狱，阴风习习，鬼气森森。停车楼给汽车提供了方便，但把人全隔绝起来，周边街道一下子都荒凉起来。因为很少人愿意穿过这个地区，城市的血脉就这么被斩断了。

如今的再发展计划，则要终结这一汽车时代的遗产。更为重要的是，这种再发展的主要推手是市场，而非政府。这栋波士顿市中心最大的停车楼，其实是私人拥有。拥有者制定了22亿美元的再发展计划，把停车楼拆除一半，代之以公寓、办公楼、商业用房，另外保留的一半，则用新建的公寓楼和商业建筑挡住，这样，临街的建筑全是有人气的窗户。这一新开发项目的经济收益，远高于被拆掉的停车楼所带来的收益。经过翻新后，城市的"地气"就又接上了，周边地区的商业活动立即会活化起来，熙熙攘攘的人群会再度充满街道。

如此雄心勃勃的再发展计划，绝非仅仅取决于一栋建筑的所有人的商业战略，而必须在市民中形成共识、获得市政部门的批准。事实上，各种市民团体，多年来一直不遗余力地游说，要求拆除这栋停车楼。要知道，在现有的条件下，波士顿市区停车紧张就是个长年的痼疾。我在这里工作九年，从来没有在路边找到过停车位。附近的停车场也动辄爆满，停车费飙高，1小时20美元很常见。这一再发展计划，则不仅把现有的市中心最大停车场削减了一半，取消了1000多个停车位，而且代之以812套公寓、196间饭店客房、110万平方英尺的办公面积，以及若干餐馆和店铺。也就是说，剩下的1000多个停车位，恐怕还不够新住户用的。对于我们这些在波士顿市区工作、依赖汽车通勤的人来说，等于净失了2000个左右的停车位。这对一个仅60多万人的小城来说，当然影响巨大。

另外，我们还应该注意到，在这个再发展计划之前，已经有许多停车楼被拆除，只是规模小一些，没有这次这么大的冲击力。至于小停车场被取消，就更是司空见惯的事情了。比如，2006年，早在"无车城市"的辩论兴起之前，波士顿地区一个停车场和周边的破旧办公室建筑就被推倒，代之以42套经济适用房建筑，新住户中仅4家有车。开发商称，如果遵循传统的城市规划给公寓配置停车位，造价就会高得多，在这里盖不了几套房子。总之，只有车让路，人才可能进来。

要知道，波士顿至今仍以公交落后、依赖汽车而著称，在西方"去车化"的大潮中属于"晚辈"、"新进"。领先的城市，走得要远得多。比如有欧洲"最可持续发展的城市"之誉的哥本哈根，人口 56 万多，和波士顿相当接近，但汽车在市内很难立足，公交则四通八达，保证所有居民距离公交在 400 米的距离之内。与此同时，390 公里的自行车道，使 50% 的居民得以通勤上班。另外，哥本哈根有所谓"绿浪"交通信号体系，保证自行车的畅通无阻、永远不必被红灯阻止，骑车成了"王道"。以我在波士顿工作的经验看，虽然我的办公室坐落在中央公园边上，属于最为方便的地点，但是，在驶入中央公园的地下停车场前，车速就慢如蜗牛，必须在前方车辆的尾气后面耐心等待；而从停车场门口走到办公室，也不止 400 米的距离，比地铁站距离办公室的距离远一倍。汽车占据巨大的空间，再方便也无法将这样的距离削减。

中国的大都市，目前都被拥堵、雾霾所困扰，不得不对私人车加以限制。但是，中国的都市化，迄今为止仍然没有提出"去车化"的明确目标，汽车销量还是年年看涨。关于增加市区停车位的计划，也在不停地推出，和西方发达国家的都市潮流背道而驰。再看看城市的密度，北京每平方公里高达 11500 人，上海为 13400 人，哥本哈根 7000 多人，波士顿为 5000 多人。上述数据虽然因衡量标准而有出入，但大致反映了各城市的密度。真以"国情"论，人口密度越高，公交的效率就越高，汽车社会的发展空间就越缺乏。从这个角度上说，中国大都市的汽车化，连起步的条件都不具备，怎么还能发展？其实，早在 2011 年，北京的居民就开始抵制在家门口兴建立体停车场的工程，为什么现在市政部门还在设法增加停车位？

汽车，已经使中国城市的生态环境和居住条件进入了紧急状态，而城市化，又是中国 21 世纪发展的必由之路。只要经济继续发展，城市的密度就还会不断提高。如果没有明确的"去车化"战略，中国的城市就将被窒息。

高密度城市的优势

中国大城市的拥堵、高房价，造成了种种城市病。于是"有机疏散"的呼声应运而起，然而，最近美国的一系列研究，为我们提供了反证。

以最近"美国聪明发展"（Smart Growth America）组织所公布的研究为例：密集型都市圈的居民，比起铺张分散型都市圈的居民来，经济机会更多、社会流动性更大，也更健康、人均寿命更长。比如，生于贫困的孩子，在密集型都市圈中脱贫变富的可能性比在铺张分散式都市圈要大得多。最密集的和最铺张分散的都市圈之间，人均寿命竟然差三年。

这一研究覆盖了221个都市圈，每个都市圈的人口都在20万以上。所列的最密集的前五位都市圈是：纽约、旧金山、迈阿密、加州的圣安娜（Santa Ana）、底特律。最铺张分散的前五个都市圈是：亚特兰大、纳什维尔、加州的Riverside-Bernardino、密歇根的Warren和北卡的夏洛特（Charlotte）。值得注意的是，败落的底特律被列入最密集的都市圈行列，比较繁荣的亚特兰大则是最铺张分散的都市圈，这引起网上不少人对研究结论的讥笑，但这也从一个侧面证明：研究的取样并非主题先行，专找对自己有利的案例。当然，我们还应该注意，如果以都市圈为单位，那么底特律都市圈内的几个卫星城市早就喧宾夺主，不仅人口都比底特律大，经济也相当繁荣。所以，底特律如果作为都市圈进入密集城市的行列，未必会给这个群体减多少分。

那么，密集的标准是什么？一共有四项：第一，住房和工作职位的密度；第二，商业和住宅建筑的混合程度（混合得越多越好）；第三，在市中心和其他中心区域（如水滨地区）商业和住宅建筑的密度；第四，街道的便利程度，包括街区长度（街区越短越好，那意味着更多的人行横道）和四道交叉口的数量（越多越好，因为多意味着街道之间的联系密切）。

显然，当住房和工作职位密度高时，同样面积的区域内不仅人口多，机会也多。商业和住宅建筑的混合，使工作地点和居住地点及消费、娱乐地点进一步拉近，每个居民在既定的距离内，就有更多的工作机会和消费设施可以选择，一下子活化了城市的经济生活。因为工作和生活地点的距离接近，城市也更为步行化，人均机动车数量减少，省去了城市空间，使人口和工作岗位的密度进一步提高。

当然，密集型城市必然带来高房价。比如旧金山近来就房价飙涨，只有14%的住房是当地中等收入家庭可以承受的。这就使许多低收入阶层难以立足，但是，旧金山的就业机会的增长，在过去三年达10%，比全美水平高一倍多。另外，如果把交通费用拿来平衡一下，在密集地区的生活费用往往相对还低一点。比如，在铺张分散型的佛罗里达的Tampa，居民56%的收入用来支付住房和交通开支。但在密集型的城市西雅图，这一比例仅为48%。

《纽约时报》2013年6月发表的一篇报道，涉及到同样的问题。该报道聚焦于亚特兰大，全美贫富分化最为严重的城市之一。在这里，穷人难有出头之日，为什么？其中的一大原因就是过于分散。一位幼儿园的临时工，每天的通勤时间大约四个小时，和工作时间几乎差不多：要先乘一辆公交大巴，换两次火车，再换一次大巴。这就等于收入减半。许多穷人，因为没有车，公交不便，有能胜任的工作也鞭长莫及。由来自哈佛、伯克利的几位新锐经济学家领衔的一项研究揭示，地理成为决定社会流动的重大原因。在东北部、西部、大平原地区等密度比较高的都市圈，如纽约、波士顿、匹兹堡、西雅图、盐湖城等，社会流动都比较高，但在东南和中西部，如亚特兰大、夏洛特、孟菲斯、辛辛那提等地，社会流动则很小。当然，另一个因素是贫富的混合程度。贫富混居越充分，社会流动性就越大。

可见，密集型城市，或高密度城市，并不是一件坏事。铺张分散性的发展，则不仅浪费大量土地资源、拉长了交通距离、增加了能耗，而且也制约了居民生活与事业的发展。

高层的死而复生

纽约世贸中心双塔大厦在"9·11"恐怖主义袭击中燃烧倒塌的镜头，已经成为人类现代史中永恒的记忆，同时也引起了人们对高层建筑的普遍批评。

确实，"9·11"之后，关于"恐高症"的报道充斥媒体。有些在大都市高层办公楼里工作的白领，本来都习惯于从窗口俯瞰众生、欣赏着远处飞机的起落；但一夜之间，那些如常起落的飞机都如同直奔办公室而来的飞弹，让大家惶惶不可终日。"9·11"后的一周内，James Howard Kunstler 和 Nikos Salingaros 就发表一篇题为《高层建筑的终结》的文章："谁还会舒畅地在 110 层的高楼里工作？或者 60 层？甚至 27 层？我们预言不再会有人兴建超高塔楼（Megatower），已有的也注定会被拆掉……唯一保留超高塔楼的将是些第三世界国家。这些国家还在疯狂地进口工业世界的那些小古董，而没有认识到这些建筑所造成的危害。"

时隔十多年，结果如何呢？"9·11"确实使超高建筑一度停工，但半年后就出现了需求反弹，市场也迅速回应。其实更大的冲击也许是 2007 年的房市崩解以及随之而来的大衰退，现有的房子都被放弃，谁还会再盖高层？然而，虽然世界经济还远未走出大衰退的谷底，房市依然萎靡不振，但超高建筑似乎率先复苏，形成一股全球性的高层热。不仅如此，这种高层热比起过去来又发展出新特色。第一，高层中的住宅建筑越来越多；第二，高层豪宅越来越多。

《华尔街日报》在 2012 年 8 月 17 日的周末版上，花了整整两个版面对这一现象加以报道。其中有一个数据非常令人惊奇：在 2000 年，世界前一百个最高的建筑中，有 85 栋是办公楼，很少有住宅楼。但是，2012

年世界前百栋高楼中，办公楼仅 41 栋，住宅楼成为主体，这本身就是一个非常有意义的转型。从纽约的帝国大厦、芝加哥的 Willis Tower，到在"9·11"中倾覆的世贸中心，摩天大厦主要是商业办公楼，私人住宅很少会盖这么高。

之所以如此，是因为高层住宅一直声誉不佳。以"住房是居住的机器"为号召的著名法国现代主义建筑大师柯布西耶（Le Corbusier），曾以汽车社会为中心构想出未来城市的乌托邦：市中心是钢铁与玻璃结构的摩天大厦，除了办公楼外，还为精英阶层提供住房，中下阶层则居住在城市边缘或卫星城中，在他后来修正的城市蓝图中，则所有人都居住在高层中。这一乌托邦虽然并无机会在现实中复制，但柯布西耶的城市理念影响甚大。特别是战后，西方各国城市面临严重的住房短缺，一些保障性住房的建设接纳了柯布西耶的理念。结果是灾难性的：这些大型保障性公共住宅把穷人隔离，使之成为犯罪的渊薮，许多不得不被拆掉。另外，像多伦多在 1959—1976 年间兴建的圣詹姆斯城，号称是"城中之城"，由 18 个 16 到 33 层的住宅楼构成，有将近 7000 多套住房，旨在给那些在城市起步的单身提供可承受的住房。但虽然设计容纳 1.2 万居民，实际则居住了 2.5 万人，是加拿大最密集的居住区，并带来了拥挤、贫困、犯罪等一系列城市病。总之，人们一想起城市高层，就会联想到贫困、犯罪，中高产抛弃城市涌向郊区，也是对这种现代都市主义的排斥。所以，到 60 年代初，本对柯布西耶非常敬仰的雅各布森出版了《美国大城市的生与死》，抨击柯布西耶式的现代主义对城市的破坏。

自雅各布森之后，分析高层城市败落的著作汗牛充栋。在此不妨仅撮其要：本来，城市是一个有机的人文聚落，三教九流、五方杂处、功能繁多。城市使这些多元的因素和功能连接起来，这种连接性，乃城市之动力所在。现代高层建筑，则创造了城市规划中的"数学单一性"，即把城市中的各种成分、功能分割、集中，把传统城市经过长期演化而形成的社会脉络斩断。比如，一栋摩天办公楼，一下子就创造了庞大的办公空间。这就要求把分散在各处的公司都集中在一处，把其他功能排斥，形成非常单一的空间。本来住在附近的清洁工，被驱赶到郊区。他或她和工作场所之间的邻里纽带已经丧失，形同路人。办公是一个中心，购物要到另外一个中心，住宅又是一个中心。这些庞大、单一的地区，无法像传统城市那样彼此有机地连接，必须依靠庞大的公路体系，进而带来拥堵。另外，摩天大厦隐天蔽日，彼此之间构成是都市"大峡谷"，制造了让人难以站立的"高层风"，等等。更有一些城市学家指出，摩天大厦节省的土地有限。比如东京是世界上最密集的大都市，但在90年代以前，基本是以中低建筑为主体。摩天大厦除了证明现代技术的可能性外，实用价值很低，无非是炫耀性的城市地标。纽约帝国大厦有些俯瞰城市风光的观览厅，当初也是因为租不出去才设置的。其实即使作为地标，这些摩天大厦也未免过时。有人不无讥讽地说，拿1920年的建筑在21世纪当现代化的象征，究竟算是前卫还是后卫？这也难怪，"9·11"事件，使许多人觉得高层建筑可以盖棺论定了。

然而，市场则有着另外的指向，不仅摩天办公楼热度不减，从90年代开始，摩天公寓的需求也越来越看涨。东京自90年代开始放宽规划法，使高层不断拔地而起，改变着城市景观。纽约、伦敦等西方大都市则更为热闹，而且以豪宅型为主导。纽约金融区的76层摩天公寓Frank Gehry已经迎来了第一个住户，一套月租可达6万美元。在曼哈顿中城区马上拔地而起的One57大厦，高达90层，可以俯瞰纽约几乎所有的地标。其中89—90层的一套越层公寓已经以9000万美元售出；另一套在78—79层的，则以1.15亿美元预订出去。即使在房市极为萧索的佛罗里达，迈阿密的一栋计划2016年入住的57层摩天公寓，各套售价也在400—2000万美元之间。伦敦的The Shard高达1016英尺，为英国最高的住宅，年底完工，其公寓售价也可达5000万到8000万英镑之间。

这些发展都说明了什么？首先，自90年代的高速增长期开始，西方发达国家特别是美国的居住格局就发生了变化，中高产大量从郊区返回城市。其中金融、高科技，以及医疗业在城市地区比较集中，需要全天候的卷入，早出晚归的从业者需要就近安居。这些行业所创造的新财富，已经使传统财富相形见绌，制造了一个超级富豪团体，把市中心的房价抬起来。在这种情况下，市中心的地皮紧缺到极点，开发商除了向高发展已经别无选择。也就是说，就地创造的新财富，非摩天豪宅不能承载。第二，全球化的展开，使纽约、伦敦等一流国际都市成为巨大的赢家，这些摩天豪宅买家就体现了这一点。比如，曼哈顿的 One57 虽然开出上亿的天价，但至少有十套的买家来自中国。多伦多的摩天豪宅 Trump Toronto 有 60% 卖给了外国人。第三，过去几十年高层建筑留下许多经验教训，新的技术进步使得对过去的缺失有了矫正之可能。比如，在规划上，高层设计越来越注重功能的混合，饭店、公寓、办公室、健身房、娱乐和购物中心等集中在一个建筑中。生活在一个自足的建筑中，又可以从自家窗口俯瞰世界中心都市，甚至拥有高层花园，这些都增加了摩天豪宅的魅力。当然，在经济低谷时，摩天豪宅如此之热，多少也说明了人们对这些发达国家经济远景的信心。

但是，高层使城市的各种功能和成分隔离、集中的问题，并没有完全解决。摩天豪宅更像是西方日益加剧的贫富分化的一个写照，日后这些庞然大物是否和当初的郊区化一样，会创造一种新形式的贫富隔离呢？另外，庞大的摩天大厦耗资巨大，缺乏灵活性，容易形成泡沫。一旦经济陷入低谷，需求不足，大量的居住和办公面积就会被闲置，对当地经济会形成巨大冲击。这些，都是未来城市必须面对的问题。

创意是最好的租金

有人称这是新硅谷，有人称这是世界上最有创意的一平方英里（2.59平方公里）的土地。这里是麻省剑桥镇查尔斯河畔附近的 Kendall Square，夹在麻省理工和哈佛之间，与波士顿的麻省总医院等医疗中心隔河相望。十年多以前，这里主要被麻省理工的实验室和几个制药及软件公司占据，属于单一的技术开发区，与外界相对隔绝，如今，则已经转化为高科技的麦加。截至 2011 年，有 150 家生物和信息技术公司汇聚此地，外加麻省理工东端校园的一系列建筑设施，包括 Sloan 商学院和麻省理工出版社书店，人口越来越密，房价越来越高，各种文化及服务设施也随之而起，成为相当前卫的酷街区。其建筑设计频频获奖，其居住、工作、游玩混体的理念，又把公园、溜冰场、农产品市场、船坞等五颜六色的生活情调，融入实验室、办公室群中。走进地铁站，向东乘两站就到了波士顿市中心，向西乘两站就到了哈佛。谷歌、微软、雅虎、亚马逊、Nokia、Novartis、Biogen 等大公司，为在这里抢到一块地盘，几乎不惜任何代价。

世界最有利润的大企业都集中到这么一块小地方，无疑会带来空前的经济繁荣。许多人预测，这里也许会取代硅谷，成为世界高科技的中心。然而，Kendall Square 的火爆也在当地唤起了强烈的危机感，剑桥镇刚刚通过新的区域规划条款，成为美国第一个要求开发商为创业者提供廉租办公室的社区。

廉租住房大家都很熟悉，那是保障房的一种，意在辅助社会弱势阶层。廉租办公室则有些匪夷所思，既然开了买卖要赚钱，天生的职责就是创利，还有什么资格向社会要房租补助？这种事情发生在高科技领域就更奇了。我有位从事 IT 业的工程师朋友夸口说："我们这行最接近自由市场模式，从来没有工会，没有最低工资线，公司解雇你容易，你跳槽也容易，大家自生自灭。无论是公司还是个人，全靠自己的竞争力吃饭，政府管得最少。"

但是，在 Kendall Square 这个高科技的心脏，政府要管了。剑桥镇刚出台新规，批准了麻省理工在自己拥有的土地上建造 100 万平方英尺（将近 9.3 万平方米）的办公用地、实验室、公寓住宅和零售店铺的计划，但是，5% 的空间必须是低租金、租约灵活，并有 Wi-Fi 等先进服务系统的办公场所，日后该镇将要求所有开发商遵守同样的规则。一位叫 Lelund Cheung 的镇董解释：这 5% 的低租办公用房，是给雇员不足 10 人的创业公司预留的。另外还有 5%，则给雇员 10 人以上的中型公司预留，加起来实际是 10%。除此之外，如果开发商愿意预留出 20% 的廉价办公空间，就会获得扩张 10% 的建筑面积的奖励。这套政策，来自于保障房建设法规。在美国，特别是波士顿这种高密度、高房价的地区，区域规划法非常严格。新建筑往往都限高、限规模，以保证市政设施的承受力、生态的平衡以及邻里的生活格调。开发商建保障房，利润自然下降，缺乏动力。所以，政府往往批给建造保障房的开发商一些额外的建筑面积作为奖励，使他们能够通过比别人多建而捞回损失。剑桥的办公用房政策也如出一辙：你能拿出更多的比例作为廉租办公室，就容许你多扩张些建筑面积补回损失。

虽然不少开发商对此新政还缄口不言，但主要受之约束的麻省理工则态度十分积极，宣布将在新建设规划中留出 10% 的廉租办公室给年轻的创业者。其出租的办公室面积也有着丰富的多样性，从 200 平方英尺（不到 18.6 平方米）到 5000 平方英尺（464 平方米）不一，保证大大小小的企业能够"混居"。

为什么会如此？因为要保持这个高科技中心的创造优势。这个新硅谷要取代老硅谷的话，首先要看看老硅谷的问题。众所周知，远在西岸的正牌硅谷，二战后崛起为世界 IT 业的心脏，如今仍然在创新中领先。但是，其问题也逐渐暴露出来。这个问题，说到底就是所谓"成为自己成功的受害者"：硅谷的成功带来了空前的繁荣，吸引大量高科技公司和人才汇聚，导致该地房市飙升，最后成了住不起、工作不起的地方。结果，许多创业者宁愿绕开硅谷。Kendall Square 近十年来的繁荣，也产生了同样的问题：这地方太火爆，房价太高。

常识告诉我们，房价高说明有人支付得起，这是市场逻辑。硅谷也好，Kendall Square 也好，不管房价怎么高，谷歌、微软、苹果等巨无霸也不差钱。支付不起的，主要是那些小企业、那些刚刚走出校门的创业者。如果政府放任房价的市场逻辑，很快就将使大企业把小创业者挤走，使 Kendall Square 重蹈硅谷的覆辙。

大鱼吃小鱼，小鱼吃虾米，本是市场竞争的现实。如果大企业在市场上把小创业者挤走，难道不说明大企业更有效率吗？这种弱肉强食、优胜劣汰的竞争，不是能让最强的企业生存下来吗？可惜，现实远不是那么简单。看看 IT 业的崛起的历史就明白，当今叱咤风云的几个关键性企业，几乎全是从小小的"个体户"开始。苹果创立时，乔布斯还是位20 岁出头的"屌丝"，微软是两个毛小子在车房里鼓捣出来的，谷歌则为两个研究生所创建。如果让这些创业者一开始就和那些巨无霸式的企业拼办公室租金，大概没有几个能够存活下来。高科技的创意，不仅多从小企业开始，而且往往仰仗小企业维持。事实上，当微软、苹果、谷歌等做大后，都面临着创意危机，往往要通过收购最有创意的中小企业来保持竞争力。我认识位美国人，在自己地下室开公司，家门的牌号下打了个公司的小招牌，实则光杆儿司令一个。后来接了麻省理工一家小公司的活儿，项目完成后被对方"收购"，成了正式雇员，地点就在 Kendall Square，但刚刚上班，那公司就被谷歌收购了。

也许有人会说，盖茨、乔布斯们从来没有享受过租金优惠。未来的创业者，为什么就不能回到自己的车房中去发家呢？不错，一个地方的高租金挡不住创业者，但是，有两点大家不得不考虑。首先，如今已非盖茨创建微软的时代。IT 业已经相当成熟。高科技的新边疆，往往取决于多学科高密度的互动，比如编程专家、外科大夫、生物工程教授、时装设计师，乃至投资人等每天面对面的交流。这种高密度的创意，特别有赖于 Kendall Square 这样的都市环境，硅谷那种郊区式的科技园已经略逊一筹。另外一个因素就是竞争，现在早已不是硅谷一手遮天的时代，Kendall Square 的竞争者也多得是。哪里条件好，创业者们就去哪里。波士顿地区本来是美国的知识心脏，有着哈佛、麻省理工等一系列名校，吸引了大量高科技企业，也是金融和医疗中心。但是，因为房价太高，名校的毕业生往往在本地留不下。近年来波士顿有着强烈的危机感，要挖空心思为新毕业的年轻人提供都市的立脚点。

这也是麻省理工对剑桥镇的这个新政特别主动热情地配合的原因。该校毕业生创业的人越来越多，给这些创业者在校门口留下起步的廉价"摊位"，无疑是帮助毕业生们成功的有力手段。更不用说，这些创业者从小到大，成功后往往会就地按照市场价格租用高档办公空间，维持着城市的繁荣。《波士顿环球报》为此发表社论，不仅大赞剑桥镇的远见，同时还提出要尽快解决"廉租房"的问题，让创业者降低生活成本。

剑桥在 Kendall Square 的新政，是 21 世纪创意都市在探索可持续发展中迈出的重要一步，对中国的城市化也有诸多启发。高科技所创造的繁荣，造就了高房价，提高了城市生活成本和准入门槛。而城市生命力的核心，是包容而非排斥。要持续繁荣，就要持续包容，不断地把提高了的门槛再砍下去，不断给新一代提供丰富的机会，让他们能从最卑微的地方起步，最终登上世界的顶峰。这就像我们的肌体一样，旧细胞不断衰老、死亡，被新细胞取代。如果新细胞的生成过程受阻，肌体本身就难以自存。

中国当今的城市化，则往往是反其道而行之。记得 90 年代初，我在北京的家居门口有许多小摊小贩小门脸。比如一个洗相铺，就几平方米的一个柜台，柜台后一张布帘将半个屋子遮住，那里勉强摆下一张双人床，是三口之家的生活空间。这样的夫妻店本来生意火爆，但一夜之间被拆迁得无影无踪，代之而起的，是高档办公楼、大购物中心、豪华公寓楼……如今，这种以投资为动力、以拆迁为手段的城市化，使得年轻人越来越难以在城市立足，成为蚁族、屌丝。有些人似乎觉得光有户口门槛还不够，在那里拼命鼓吹房价门槛、教育门槛，仿佛城市之首务，就是将人拒之门外。这种弱肉强食的竞争，扼杀了都市"新细胞"的生成，创新社会又从何谈起？不久前《华尔街日报》发表文章指出，2007年，中国创造 1 美元的增长，需要 1 美元的债务，如今创造 1 美元的增长需要 3 美元的债务。出口和制造业放缓，热钱流进房地产。中国银行的贷款，有三分之一给了房地产，贷款的抵押也是房地产。这样下去，房价会越来越高，创业者会越来越没有生存的空间。丧失了创意之后，增长会越来越依靠投资来驱动，而投资的效率，则越来越低。这样的繁荣，还能持续吗？

城市健康的新概念

　　不久前家里来了位小客人。她在美国一所著名的寄宿学校读书，放假学校关闭，就跑到我家来寄住一周。彼此熟悉了，才发现她作息时间极不规律，经常不吃早饭。问她是怎么回事，她说：在学校功课忙，常常熬夜晚起；餐厅又离宿舍太远，要穿过一个大运动场，再走过教学楼，最后才能到餐厅；早晨起晚了，赶着上课匆匆忙忙，索性早饭就不吃了。

　　这是建筑环境影响健康的一个经典案例。少小离开父母监管到异国他乡读书，孩子维持有规律的作息时间已经很困难。让孩子走这么远的路吃早饭，就是变相鼓励他们放弃。不吃早饭，一天精神受影响，中饭晚饭前饥肠辘辘，容易过食，长此下去，可能引起肥胖、内分泌失调等等健康问题。其实，把建筑的位置换一下，孩子们的行为模式就会有相当大的改变。比如，食堂和宿舍连接起来，孩子们早起后必须穿过食堂出门，这样即使匆匆忙忙，也能顺便吃几口东西。可惜，这所学校是19世纪建成的，当时人们对于建筑环境与健康的关系并没有什么意识，在规划校园时恐怕也不会考虑这么周到。

　　这个例子，也帮助我们理解城市建筑环境的"健康影响评估"的意义。这一概念，十几年前在欧洲发足，现在已经渗透到美国，世界卫生组织和欧盟都制定了有关规范和指导性原则，各学科的专家也纷纷对此进行研究，论文已经汗牛充栋。许多建筑，已经自愿实施了"健康影响评估"的标准。这种标准经过不停的试验修改，恐怕会成为法律，将塑造21世纪的城市。

　　所谓城市建筑的"健康影响评估"，在理论上属于环境对健康的影响之范畴。近年来人们慢慢认识到，影响人的健康的环境，并不仅仅限于自然环境，更包括人造环境。特别是在发达国家，绝大多数人口生活在都市中，受人造环境的影响绝不比自然环境小。

更重要的是，自然环境是先天的，你无法调换太阳和月亮的位置，你无法把热带变成温带。人造环境则是"人造"的，可以随着人的意志而变换，改进的余地也就更大。

让我们举个例子。我第一次在横滨乘坐"透明电梯"的经历，可谓终生难忘。这种电梯，其实在大都市很普遍，电梯四面都是玻璃幕墙，与外界融为一体。特别是晚上乘坐，在电梯急速上升的过程中，能够一览城市夜景，好不壮观。记得我当时坐了一次还不过瘾，又回去再体验了一次。许多大型商业设施，就靠这样的前卫设计吸引顾客。但如果你不想乘电梯，想爬楼梯如何？这些豪华建筑中的楼梯，往往像个放大了的烟筒，四面全封闭的钢筋水泥，有的甚至连装饰性的墙都没有。这样的楼梯间当然没人用，独自走进去往往感觉还挺恐怖。

读者也许觉得这样的例子太极端，其实，这是因为大家去豪华商业设施时从来都是用电梯，很少试过楼梯间，这也是整个 20 世纪建筑设计的意图所在：鼓励大家享受现代的电梯，楼梯只是为了应付防火要求的摆设而已。结果呢，每天一个大城市的电梯承载着几百万甚至上千万人次的客流，这些人避免了爬楼梯，体内将积累过剩的卡路里，卡路里迅速转化为脂肪，超重的身体使人更懒得动，体型继续膨胀，最后是各种疾病，是心脏手术，是坐轮椅，要求特别护理……如果把一个城市电梯所造成的卡路里堆积相加，马上就能换算成惊人的发病率、死亡率，以及可怕的医疗账单。

建筑环境的"健康影响评估"，就是要在各种科学和社会科学研究的协助下，理性地规范城市建设，使之做到"健康效益最大化"。比如，许多建筑，现在都一反上述那种 20 世纪的思路。楼梯间抢占了那种豪华透明电梯的位置，不仅有自然采光，而且能够透过玻璃幕墙远眺外部的风景。电梯则从中心位置移到很隐蔽的角落，感觉远不如楼梯舒适。这种设计，就是鼓励大家爬楼梯。仅仅这么一个小小的设计变动，就会在不知不觉中改变大量人口的健康状况。

建筑塑造着人类的生活，也塑造着人类的健康。在过去，健康似乎属于私人领域的问题，大家可以自由决定自己的生活方式。但是，如今除了美国外，西方发达国家基本上都是全民医疗保险，你的健康之好坏，是公众来埋单的。特别是近年来医疗费用猛涨，已经成为巨大的公共财政负担。在医疗高度市场化的美国，有些保险公司已经开始或正在开始按体重制定医保价格。如果医疗保险完全属于公共领域，那么一个大胖子的体重就不完全是他自己承受，也不仅仅是保险公司的负担，你作为纳税人也要在财政上承担，这就使建筑环境对人的"健康影响"成为公共领域的问题。

　　那么，建筑环境的"健康影响评估"具体是怎么进行的呢？我们不妨看看美国的一个例子。

　　建筑环境的"健康影响评估"主要是欧洲在上个世纪末的创意，1999年才登陆美国。如今，美国完成或正在进行的"健康影响评估"不过200个，而且有150个是在最近四年的事情。在科罗拉多丹佛市中心附近，一个占地17英亩的保障房再开发项目，就是用全新的标准进行设计建造。

　　这一全新标准，包括绿色标准和"健康影响评估"的标准。比如，建筑采用了先进的生态材料，用地热和太阳能解决了建筑内60%的电力。同时，自然采光的中央楼梯力图把住户从电梯那里吸引过来。邻里的菜园，则鼓励居民自己种菜，食用健康食品。

　　典型的"健康影响评估"分六个步骤，主要是确定建筑对健康的负面影响，然后寻求办法降低这种影响。这本身不仅需要各种专家卷入，而且要求居民积极参与。丹佛这个保障房计划的"健康影响评估"，包括140多个社区居民的会议，12个指导委员会的会议，接受了550条建议。在这个过程中，专家们介绍其他社区"健康影响评估"的宝贵经验。比如，西雅图的一项有9年历史的保障房计划，就已经显示了"健康影响评估"的积极作用。那个社区居民的哮喘病发病率一直偏高，最终设计这一保障房工程的公司，求助于医学研究团队，修建了60套"呼吸舒适的住房"，所用的技术包括以硬木地板代替地毯、高效空气过滤系统、低过敏性花粉的花园绿地设计。2010 年，华盛顿大学公共健康学院对这一住房计划进行调查，发现这里的急诊和急救室访问次数降低了 67%，无哮喘症状日增加了 61%。

如今，同一家建筑公司对丹佛的保障房计划进行"健康影响评估"。在评估过程中发现，这里的 55% 的拉美裔居民体重过重，75% 血压过高，40% 因为健康问题难以正常工作。为了改变这一局面，丹佛负责保障房的部门决定通过再开发，用 800 套保障房和商品房混合的建筑替代现有的 250 套保障房。目前已经建设了 100 套老人公寓，并马上再建 190 套。这里的居民目前的平均年收入是 1.1 万美元，远在贫困线以下，该计划的目标是吸引年收入 3 万到 10 万美元的阶层进驻。

这一计划的现实基础，是此地靠近轻轨车站、大学校园和艺术区，是个好地段，能够吸引高端的住户。同时，一系列研究数据显示，影响居民健康的不仅是建筑的物理环境，还包括社会文化环境。集中型的保障房，其实就是穷人扎堆，最终形成穷人的文化，而在穷人文化中生活的居民，健康状况往往非常恶劣。

由此可见"健康影响评估"之复杂。有学者研究，"健康影响评估"来源于三大潮流：环境健康、健康的社会观和健康平等。环境健康比较容易理解，比如空气、水质、绿化、生态多元性等传统的环保概念，都属于环境健康的范畴。健康的社会观则和人的行为模式密切相关，比如，崇尚步行、骑车，还是开车，这都属于社会性的范畴。一个社会是否给居民提供足够的步行道、绿道，这类公共抉择最终会受社会观念的影响。如今西方越来越多的大城市，在新住宅区的建设中，不是像几十年前那样规定最低数量的车位，而是限制最高数量的车位，这正体现了这种社会观的转型对环境的实质性影响。健康平等，则注重保护弱势阶层的基本健康环境。众所周知，弱势阶层因为经济资源有限，干什么都因陋就简；特别是在住房问题上，一般都被排挤到比较差的地段，房屋质量也比较糟糕。弱势阶层的健康指标，如人均寿命、各种疾病的发病率等，和中高产都有相当的距离。这种健康分化，在欧洲特别是北欧非常小，在美国则十分明显。在美国，"健康影响评估"往往是从保障房这种低收入阶层的生活环境开始，也是因为这个领域乃问题之所在，改进的潜力最大，这和中国某些人主张"廉租房不能修私人厕所"的逻辑正好相反。在西欧，则保障房和商品房的混居成为主流，往往是企业高管、医生、律师和领救济的家庭住对门，住房规格相当，大家彼此并不知道对方的"家底儿"，贫富差距即使有也不外露，穷人不仅享受着富人的环境，而且生活得相当体面，自信心比较足，这成为西欧的国民健康指标远高于美国的原因，也降低了全民的医疗费用。

　　总之，"健康影响评估"将塑造21世纪城市的发展，空气、水质、绿化、生态多样性的保障，将成为城市的基本环境目标。同时，城市的设计规划必须鼓励健康的生活观念和行为，为步行、骑车提供更方便的场所，让那些不健康的活动受到限制，至少是为自己的行为埋单。开车不仅污染环境，而且损害自己的健康；在全民医保的国度，就等于提高了全民的医疗成本。这也怪不得，在西方发达国家，全民福利越彻底，这种所谓"个人行为"或健康习惯就越成为公共问题。丹麦、瑞典、荷兰等国都开始逐渐将机动车排挤出城市，哥本哈根地区甚至率先建成了自行车高速公路。至于健康平等，西欧则为世界提供了典范，贫富混居，使得全民分享健康环境。有研究表明，即使是富人阶层之间横向比较，欧洲人的各项健康指标也比美国的好。改善穷人居住环境的健康条件固然难能可贵，但贫富隔离的居住形态不管怎么改善，也仍然不如西北欧那种贫富混居所创造的健康平等更有效率。

走向自行车的都市

瑞典模式——走出拥堵的都市之一

20世纪，特别是战后，柯布西耶"住宅是居住的机器"的哲学塑造了城市化的进程。大面积的旧城区被拆迁、开发，汽车成为城市的灵魂。这也是近几十年来城市病的最重要根源之一。进入21世纪，人们已经觉悟：人应该生活在生态之中、社会之中，而不是机器之中；汽车社会让城市窒息，破坏了传统，侵夺了人的生存空间；当务之急是要恢复城市的自然生态结构和社会脉络，把喧宾夺主的汽车赶出城市。

可惜，即使人们获得了这种思想上的共识，怎样赶走汽车，在现实中还有诸多政治和技术难题。毕竟，汽车社会在发达国家已经扎根快一个世纪，既得利益盘根错节。用一些评论家的话说，现代都市每一寸土地都被各个利益集团所盘踞，你想盖栋房，修条人行道，甚至在公园里开辟一块遛狗的地方，都要像NBA比赛中抢攻篮下一样，要用胳膊肘把对手撞开，冲突在所难免。这也难怪，几年前纽约市长布隆伯格试图对进入曼哈顿地区的机动车加收8美元的拥堵费，最终被州议会所封杀。伦敦的拥堵费已经有了快十年的历史，但2011年1月西区新扩的收费区被迫取消。旧金山对于拥堵费问题还处于研究阶段，即使诸事顺利，最早也要等到2015年才有实行的可能。2005年，波士顿的一位地方政治家提出了征收拥堵费的设想，结果被广泛嘲弄。

不过，在这种政治僵局中，拥堵问题日益加重，并不断引起公共危机，乃至拥堵费问题不断再度浮现到公共讨论之中。最近《波士顿环球报》发表了一篇Derrick Z. Jackson从斯德哥尔摩写来的长文，提出了"瑞典模式"，希望以此激励波士顿成为美国第一个征收拥堵费的城市。虽然我对波士顿是否能够追踪"瑞典模式"并不乐观，但"瑞典模式"本身，则确实为我们提供了一个先进的城市理念克服既得利益的范例。

斯德哥尔摩人口 82 万，包括大都市圈则有 200 万，早在 60 年代，拥堵就成为令人头疼的城市病。1975 年，新加坡率先征收拥堵费，在此之后，斯德哥尔摩也开始讨论这种可能性。但是，这样的构想被公众作为变相征收而加以谴责。用环保人士的话说，瑞典毕竟是沃尔沃和萨博汽车的故乡。另一位主持健康与环境的市政官员也说："征收拥堵费是一种很好的政治自杀方式。"

然而，随着环境主义运动的展开，绿党从无到有，在 2002 年终于在议会赢得了一定数量的议席。在任何党都没有赢得多数票的情况下，谁和绿党结盟谁就获得了组阁的多数。绿党正是利用这一"封王者"的地位，把征收拥堵费作为讨价还价的筹码强行塞进政府的议事日程。

当政者很明白，拥堵费的征收，是少数环保激进主义者最大限度地利用议会政治所提供的空当，把自己的意志强加给了大多数人，怨声载道甚至民愤汹汹是不可避免的。所以，在政策的实施过程中必须精心策划，以求迅速转化民意，否则拥堵费绝对没有前途。

为此，政府确立 2006 年 1 月 3 日到 7 月 31 日为拥堵费的试行期，并为了这七个月的试行进行了周密的准备：购置近 200 辆大巴加强公交，开辟大量自行车道，安置众多自行车停放设施，此时，公众反对拥堵费的比率高达 75%。试行前一天，街道上还满是汽车。但是，等第二天早晨起来试行开始，在交通高峰时刻，瑞典人自己也吃了一惊：街面安静、车流稀疏顺畅。到试行期结束的时刻，交通量减少了 22%。那些极力反对拥堵费的店主们大喜过望：多少年来，送货车第一次准时到达！当然更不用说，二氧化碳排放减少了 2%—3%，市中心的排放减少了 14%，其他污染物质也大大减少，空气质量明显提高。有人推算，这一政策所创造的洁净空气所延长的当地 200 万人口的寿命总计达到 300 年。

然而，也正是在大家刚刚尝到甜头的时刻，试行到期，一夜之间斯德哥尔摩又被堵得水泄不通。居民们这才发现，自己已经无法忍受过去那种生活。于是，选民在9月举行全民公决，虽然其他地方的老百姓反对，斯德哥尔摩居民以微弱的多数支持拥堵费，最终使政府把拥堵费以拥堵税的形式固定下来，使斯德哥尔摩成为世界上第一个由选民直接投票确立拥堵税的城市。2007年，拥堵税制度正式推行。

斯德哥尔摩的拥堵税看似不高，高峰时期为20瑞典克朗，非高峰期为10到15克朗，大致相当于1.5到3美元之间。在城市18个入口通过摄像扫描记录过往车辆牌号，每月底直接给车主账单。有研究表明，这样微薄的拥堵税，对于大多数真需要开车出入城区的人来说是可以接受的。在那些因为拥堵费而从街面上消失的车中，有一半属于不必要的出行，比如购物或者游玩，车主算入拥堵费后自动放弃了无关紧要的出车，自己甚至没有意识到放弃了汽车出行。拥堵税实行6年，虽然经济在发展，车辆仍然比拥堵费前少20%。如今进出斯德哥尔摩市中心的人，有78%乘坐公交。

斯德哥尔摩治理拥堵的成功，体现了北欧民主模式巨大的优越性：当大多数人都成了既得利益者时，少数人的远见，通过宪政程序，非常有秩序地转化了大众，没有强奸民意专制威胁，也没有暴民政治之扰。要知道，当大多数家庭有车时，你要限制车的使用，等于侵犯了大多数人财产的价值。但是，6年下来，许多车就自动折旧淘汰，车主面临新现实不会再买，既得利益集团缩小，自行车和公交的利益集团就会占优。美国的选举政治，表面上生龙活虎，其实则一直被两党垄断，第三党根本没有独立扮演政治角色的可能，更不用说第四党、第五党了。大多数选民，并不觉得这两党能代表自己，最后只能在两个坏的选择中挑一个坏的程度低一点的，就这么"被代表"了，难怪美国的选举投票率比较低。在北欧的议会制度中，老百姓如果觉得现有政党不足以代表自己，就会立即组成小党，这些新兴小党很快就能抢占议席。由于北欧民主经常演成少数内阁，即执政党没有议会多数，必须和小党结盟，这就使小党能够把自己的政治诉求及时输入到权力中。老百姓觉得这样的民主"有用"，参政意识高昂。如果用生命科学打个比方，你在北欧式的民主中看到新细胞不断生成，这体现了机体的生命力所在，是美国那种僵化的两党制很难比拟的。

另外，瑞典的国民素质更是令人惊叹。当少数人通过宪政程序获得了试行拥堵费的机会时，75%的老百姓站在了反对立场上，即使在美国，这么不得人心的措施也可能出现法不治众的局面。大家不要忘记，当今美国总统奥巴马，当年读哈佛法学院时，违章停车的罚单一个也不支付，直到十几年后要选总统前才付账。如果瑞典人都有这种"哈佛法学院素质"，月底寄过去的税单大家都说邮局没送到，或干脆赖账，这个制度就很难实行。但是，瑞典人尊重宪政程序，虽然自己觉得那是个恶法，也知道绝大多数人都认为那是恶法，依然照章遵循，使头晚还车水马龙的街道第二天一大早就清静下来，展示了拥堵费的魔力。

这样的政治制度和政治素质，是很难一夜之间移植的。但是，"瑞典模式"至少证明了一点：只要给人们提供了足够的公交和自行车方面的选择，一点点拥堵税就可以说服人们放弃汽车，进而提高绝大多数人的生活质量。这对于全世界，都有着巨大的示范效应。

纽约的探索——走出拥堵的都市之二

欧洲的城市，大部分在汽车社会来临前就已经形成。美国则是个新大陆，并且是把世界带进汽车社会的国家。其城市设计，没有欧洲那么多传统负担，可以更为忠实地遵照汽车的逻辑来设计、发展，所以，美国的汽车既得利益集团比欧洲强得多。虽然人口密度远不及欧洲，但大都市往往比欧洲都市更为拥堵。其僵化的政治过程，也使得大规模的"绿色交通"难以起步，乃至在公交体系、自行车道等方面，都远远落后于欧洲。根据得克萨斯交通研究所（Texas Transportation Institute）对全美439个都市区的调查，在2010年，拥堵把美国人的汽车旅行或通勤时间延长了48亿小时，多消耗了19亿加仑的燃油，仅这一燃油费用就高达1010亿美元。更不要忘记：2010年还属于经济低谷，一旦经济反弹，交通活跃，拥堵将更为严重。

面对这样的挑战，美国许多城市也开始模仿欧洲。可惜的是，在美国的政治结构和利益框架中，征收拥堵费多半难逃布隆伯格在纽约市的命运：在利益集团的反对下，连拿到议会投票表决的机会都没有。大幅度地强化公交，又必须加大公共投入，最终要落实到加税，这往往等于政治自杀。所以，最普遍的另类选择，就是修建自行车道。

在美国城市修建自行车道，并不意味着铺路搭桥、修建那种和机动车隔离的路线。事实上，大部分所谓"自行车道"，不过是在马路边缘地带画出一条白线、标记出自行车使用的路段而已。这道白线的费用，自然比大兴土木的基础设施建设要小得多，不至于造成过大的财政负担，可以渐进式地推动。比如，今天在某条干线上画出自行车道，如果很受欢迎，那就再找几条公路去画线。这样，自行车道的扩张，经常在不知不觉中进行。近几年来，纽约、旧金山、芝加哥、奥斯汀、华盛顿、波士顿等都市，都经历了自行车道的扩张，就是著名的汽车城市洛杉矶也有自行车道。

然而，即使是这种渐进型的改造，在汽车社会也会引起激烈的反抗，纽约也许是这方面最好的典型。首先，纽约市长布隆伯格是个非常规的政治家，他资产高达 220 多亿美元，是美国第 11 号富人。这使他不必依靠两党既得利益，可以自己掏腰包竞选。他当市长前是民主党人，转为共和党后当选市长，2007 年又脱离共和党成为独立人士，并于 2009 年赢得了市长的第三任。他的特立独行和在企业界的信誉，说服了对两党都怨声载道的选民：他具有领导现代都市的远见。当然，他本人是个自行车的拥护者。刚上任时手下主管纽约市交通部的总监 Iris Weinshall，是前市长朱利安尼在 2000 年任命的。在她任内，纽约市增添了 200 多英里（360 公里）的自行车道。但到了她任内的最后一年，纽约自行车道的增长率不足 10 英里，基本处于停滞状态，显然她认为自行车道已经足够了。由于手下负责自行车的主管指责她压制自行车道的发展，她于 2006 年愤然辞职，2007 年布隆伯格就以另一位女强人 Janette Sadik-Khan 把 Iris Weinshall 取代。

Janette Sadik-Khan 是位激进的自行车主义者，她上任后增修了 250 英里（400 公里）的自行车道，把百老汇的几个地段改成步行街，取消了几百个停车位，开通了欧洲式的摄像监控快速公交大巴专用道。结果，自行车的使用量倍增，纽约市的交通死亡率比20世纪任何一个时期都低。她甚至还说服布隆伯格在时代广场和曼哈顿中城区的许多地段禁止机动车，即使是她的反对者，也不得不承认她卓越的成就，《纽约杂志》2009年把她与《美国大城市的生与死》的作者雅各布森相提并论，《纽约时报》也对她进行通版的报道。很快，她就成为世界城市规划界的风云人物。

如此雷厉风行的措施，当然不可避免地要触犯既得利益集团。开车族进城找不到停车位，店主门前的马路被设为步行道或自行车道，给运货车卸货带来重重困难……Janette Sadik-Khan被描述为把少数自行车精英的理念强加给大众的铁腕独裁者。2011年3月，反对运动到达顶峰。被Janette Sadik-Khan取代的前任交通总监Iris Weinshall，在沉寂多年后突然出来领导了一场法律诉讼，其直接的导因是她所住的街Prospect Park West也被画出自行车道。这一诉讼挑战政府的"独断专行"、对环保和公共评议过程的忽视，甚至说交通署的数字灌水，所谓交通安全改善之说完全不靠谱儿。

虽然这场诉讼现在还看不到结果，其背后的政治力量不可小视。Iris Weinshall不仅长期主管纽约交通，而且是纽约参议员Charles E. Schumer的妻子，有着通天的政治纽带。另外，布隆伯格三任期满后的市长位置的竞争，现在已经悄悄地开始，其中一位角逐者已经提出在自行车道的问题上回到"渐进主义"的说法，让自行车友们颇为震怒。

这些反对力量，当然相信自己有着广泛的民意基础。在他们看来，在自行车数量有限的情况下，自行车道、步行道扩张过快，其回报的边际就将递减。这大概也是在任内建设了200多英里自行车道的Iris Weinshall在卸任那年几乎停建自行车道，如今又开始领导反自行车道的诉讼的理由之一。同时，纽约交通本来就有严重的拥堵问题，少数人使用的自行车道挤占了大多数人使用的机动车道，让大家连停车位也找不到，造成了公共资源分配的不均。如果布隆伯格和Janette Sadik-Khan继续强加于人，则会适得其反，激发起民众反自行车的情绪。

对这些，布隆伯格本人并不担心，他本是生意人客串政治家，不按政治的常规出牌。纽约市长本是两任的期限，但他到两任结束前以自己的业绩为本钱提出修改成法，多给他一任用来对付金融危机，居然得手。如今三任眼看到期，不可能再连任，用不着害怕得罪选民。他2008年的8美元拥堵费的计划被州议会封杀后，就倚仗Janette Sadik-Khan的能力铁腕扩张自行车道。他的雄心，是以2030年为远景建设"可持续发展"的纽约。规划这样长远的目标，当然不能以选民眼前的利益为基准，恰恰相反，基础设施建设上的"冒进"往往是城市转型的先决条件。少数人享用的畅通无阻的自行车道如果老是挤占大多数人使用的拥堵不堪的机动车道，那么大多数人就会放弃机动车。不过，如果这种"冒进"超出市民的承受力太多，则他一旦卸任就会人去政息。所以，民意的走向依然是关键。

2011年8月，《纽约时报》的民调显示，虽然布隆伯格在6年的时间把255英里的机动车道改建为自行车道，66%的纽约居民仍然支持这样的政策，反对的只有27%，另外7%没有意见，这为2013年的市长选举提供了重要的民意参照。更重要的是，目前只有三分之一的成年市民拥有自行车，有一半的人称他们的邻居中没有任何人拥有自行车。那些拥有自行车的人，只有一半一周骑一次以上，市交通署正在紧锣密鼓地推出公共自行车计划，但40%的居民根本不知道这究竟是怎么回事。自行车如此不普及，大家对用自行车作为日常交通工具如此无知，为什么还要支持自行车道？理由无非是环保、健康和安全，看来纽约人眼界相当开阔。这也加剧了公共自行车计划的紧迫性，一旦越来越多的人开始使用自行车，纽约就真有望把过剩的汽车踢出城市。

美国的自行车运动，不具备北欧那种迅速组党获得政治权力的"议会道路"，但纽约依赖布隆伯格这样一位例外的政治家，在加收拥堵费失败后探索出一个以自行车道为先锋的"纽约模式"。这一模式的成功，对美国城市的自行车化无疑具有更大的示范效应。

波士顿的挣扎——走出拥堵的都市之三

波士顿在拥堵中的挣扎，为我们提供了美国都市发展的另一个侧面。

波士顿人口大约 60 万，和纽约无法相比，但包括郊区的大波士顿地区，则有 459 万人口，为美国第 10 大都市圈。在这个大都市圈中，居民只有 12.2% 乘坐公共交通上班。虽然波士顿乘坐公交的人次在全美排名第 6，但按照 Siemens 和《经济学人》的"绿色城市指数"，其公交质量在北美 27 个主要都市圈中仅排名第 17。尽管近年来整备高速公路体系的工程 Big Dig 已经耗资 150 亿美元，波士顿地区的通勤者平均每年有 47 个小时被堵在路上，拥堵的总耗油费用高达 24 亿美元。

情况可能还在恶化。在截至 2012 年夏天的财政年度，已经超载的波士顿公交系统的乘客人次首次突破 4 亿，说明人们利用公交的意愿加强。但是，公交系统从 2012 年 7 月起全面调价：地铁与公共汽车联合月票从 59 美元调高到 70 美元，通往郊区的通勤列车票价则上涨 20%—30% 不等。原因：财政危机。公交系统在财政危机中挣扎了 12 年，依然是暗无天日，仅仅维持现状，就需要至少 1.6 亿美元的公共拨款，可惜找不到钱。

这就陷入了典型的美国式困局：用 150 亿美元修高速依然解决不了拥堵，大家无奈，却不会拦着政府投资。谁不开车呢？但给公交追加 1.6 亿维持现状就困难了，毕竟上班族乘公交的只有 12% 多一点。如今越来越多的人想利用公交，乘坐人次突破历史纪录，本是个发展的大好机会。但缺乏公共财政支持，公交不仅不能扩张，反而不得不削减服务。这次涨价虽然搞得民愤汹汹，但媒体在涨价当日去地铁采访，发现通勤者的情绪与其说是愤怒，还不如说是舒了一口气：幸好是涨价，而不是大幅度削减服务。

我住在远郊，开车进城，单程要花一个小时出头的时间。波士顿中央公园地下停车场大概是最便宜的地方，23 美元。如果乘公交，则一小时一班的通勤列车票价 10 美元，地铁 2 美元，来回就 24 美元，比停车费高，而且还需要开车 15 分钟到通勤铁路车站，时间消耗大得多。开车到近郊的地铁终端换乘地铁进城，大概是效益最好的，可惜近郊地铁终端的停车楼，2733 个车位，7 美元的停车费，早晨过了 8 点半根本找不到地方，其他终端也大同小异。当然，公交的需求增大，又无钱扩张，只能越来越拥挤。幸好我在大学教书，每周仅需进城一两次上课，课时自己安排，多是上午 11 点出门，晚 8 点以后离校，躲开了交通拥堵时间。有几次因特别安排早出门，虽然已经到了 10 点钟，但进城的高速依然堵得水泄不通，原本一个小时出头的路，又要延长 40 多分钟。可见，如果每天高峰时间上班，公交和开车都不是个好办法。

波士顿所面临的局面，已经不是什么人们不愿意乘坐公交的问题，而是缺乏必要的公交服务。在这种局面下，如果扩建地铁，或者哪怕是扩建地铁郊外终端的停车场，都会大大减缓甚至解决拥堵问题。但是，草根民主就必须忍受没完没了的扯皮。搭便车是人之天性，公交许多人要享受，拥堵谁也不愿，但要说服大家为之纳税则难上加难。波士顿没有布隆伯格那样的强人。罗姆尼当了一任州长，心思就跑到选总统上了，还口口声声说在麻省已经没有什么可干的了。有魄力的改革，只能在民间慢慢讨论。

最近《波士顿环球报》对"瑞典模式"的讨论，也正是在这个背景下展开的。其设想是在波士顿市区征收拥堵费，用所得款项支持公交的扩张。在过去两年，伦敦就从拥堵费中获得了相当于 5 亿美元的收益用来改善公交，波士顿为何不能效仿？如果几块钱的拥堵费改善了交通，一个管道工减少了在用户间奔走的时间，每天可以多收入 85 美元；上班的父母可以按时到幼儿园接孩子，免除了 25 美元的迟到罚金，这何乐而不为？

可惜，拥堵费在波士顿地区获得公众的支持，恐怕还需假以时日，但是，公共自行车计划则推行得出奇顺利。2011 年 7 月 28 日，在运动鞋商 New Balance 的赞助下，经营公共自行车的专业公司 Alta Bicycle Share 在波士顿市内设置了 61 个公共自行车站，投放 600 辆自行车。这仅限于人口 60 万的市区，在规模上大致相当于在人口 2000 万的北京投放 2 万辆自行车。使用者可以支付每年 85 美元的会员费，或一天 5 美元的使用费，半小时之内的使用则是免费。波士顿比纽约更依赖汽车，如果有 40% 的纽约居民不知道公共自行车为何物的话，波士顿人是否会有效地利用呢？结果，一年下来，公共自行车的使用率比预计的高出一倍，超过 35 万人次，支付年费的会员有 7625 人，公共自行车总旅程达到 35.5 万英里（将近 57 万公里），共燃烧了将近 160 万卡路里，减少了将近 24 万磅的二氧化碳排放，而且没有出现任何交通事故。于是，剑桥等几个已经和波士顿连为一体的近郊城镇，已经规划将这一系统延伸到自己的区域。当然，私人自行车也越来越多，自行车道更是不断扩张。按照这个趋势，用不了多久，自行车交通网就会在波士顿地区扎根。

不过，再好的自行车体系，也只能是作为公交的补充。即使在波士顿这种自由派的大本营，公众自觉不自觉地把大公交等同于大政府，导致了公交发展的停滞。自行车体系这类渐进的改革固然可喜，人口放弃远郊汇聚于城市的趋势也会舒缓交通的压力，但是，如果公交不大幅度扩张，也不征收拥堵费，所有这些，怕都还是不足以应付经济反弹后的拥堵。

城市：欧洲的世纪——走出拥堵的都市之四

美国人面对欧洲，依然是一副"日出之国对日落之国"的气概，觉得 21 世纪已经板上钉钉是美国世纪，并拿出人口规模、经济总量、军事实力、大学水平、创新能力等一系列证据，在美国人的词汇中，"欧洲"几乎成了贬义。罗姆尼攻击奥巴马，就称之要把美国变成欧洲的社会主义。不久前《纽约人》上发表一篇文章攻击布隆伯格推动自行车的"激进"政策，也说他要把纽约变成阿姆斯特丹那样的欧洲城市。这里需要提一下，纽约市最早的欧洲名字，恰恰叫"新阿姆斯特丹"，是 17 世纪荷兰殖民地"新尼德兰"（今日之纽约州）的首府，那时阿姆斯特丹则是世界的金融之都。

然而，21 世纪又是个城市化的世纪，欧洲则是这一时代城市化的领袖。到 2050 年，预计全球四分之三的人口将居住在城市，这大约是 64 亿之巨的城市居民。美国式的汽车城市，不仅无法放之四海而皆准，即使在美国本土也行不通了。因为这种城市模式，把汽车变成了人的衍生物。地球的生态能够承受 64 亿城市居民，却无法承受 64 亿城市居民外加 64 亿辆汽车。

最近，以"美国例外主义"或美国优越论为基调的《华尔街日报》发表一篇书评，综述了三本关于世界城市的新著，开头一句，竟是"美国越来越欧洲化了"，这主要体现在美国的城市比半个世纪前更安全、更健康。其背后的一个关键因素是：不管美国人如何自大，面对欧洲优越的城市生活，不得不慢慢地学习、接受。

雅各布森 1961 年出版的《美国大城市的生与死》，其实就宣布了美式城市化的死亡：大片旧城区被拆迁重新发展，成千上万的小生意被这一"现代化"过程扫荡一空，城市丧失了原有的文化和社会脉络，功能越来越单一。她并非一位反汽车主义者，并不认为汽车是万恶之源，但是，她指责当时主流的城市规划是围绕着汽车的功能展开，而不考虑城市的功能，以为解决了交通问题就解决了城市问题。那是一个中高层纷纷逃离城市的郊区化时代，战后数千亿美元的城市开发，打造的是一座座废都。当汽车主宰了以后，轮轨等公共交通就自然没落。在 1950 年代，乘火车从芝加哥到明尼阿波利斯需要 4 个小时，如今则需要 8 个小时。2008 年，美国最后一个生产列车车厢的工厂关闭，现在的铁路客运硬件，要全套从欧洲进口。

欧洲的城市发展，则几乎已经达成了全民共识，轮轨公交、自行车渐渐成为城市交通的中心。在自行车的天堂丹麦，大雪过后首先清扫的是自行车道，然后才轮到机动车道。自行车的优先地位还被所谓的"绿浪"技术所保护，即沿途信号灯协调，使主要干线一路绿灯、畅通无阻。在哥本哈根的自行车干道 N. rrebrogade，这种"绿浪"信号灯帮助 30 万辆自行车以将近 20 公里的时速行驶并在 2.5 公里之内不被红灯所阻，开车进城则可能走 200 米就要等红灯。在阿姆斯特丹，"绿浪"确保自行车 15—18 公里的时速而不遇红灯。最大的手笔，大概还是从哥本哈根到

Albertslund 的第一条自行车高速公路。据《纽约时报》的报道，这条将近 18 公里长的高速，仅仅是哥本哈根周边地区 26 条自行车道中首先通车的。设计者们发现，一般自行车旅行都在 5 公里以内，怎样让人们骑车距离更长？怎样让郊区的人骑车进城？答案是统一规格、畅通无阻的高速。于是，哥本哈根和周边 21 个地方政府合作，建设一系列自行车高速，最长的超过 22 公里。

在哥本哈根及其广阔的周边地区，已经有一半人口骑车上班上学。丹麦人计算出：以自行车代替汽车旅行不到 10 公里，就减排 3.5 磅的二氧化碳，节省了相当于 9 美分的医疗开支，而最重要的还是幸福感。别忘了，丹麦是世界上幸福指数最高的国家。用一位当地居民的话说："每天骑车半个小时，你不由得自我感觉良好！"即将修建的从哥本哈根到西北部城市 Fureso 的自行车高速，将穿过一片美丽壮观森林，实在是神仙路。可惜的是，在森林里，晚间是一片漆黑，于是，两地政府合作将给这条道装上太阳能照明系统。在这样天国般的环境中，你还能拒绝自行车吗？这也难怪，在丹麦，中程旅行如果开车的话，没到目的地你就会感到自己的愚蠢，而用拖兜自行车接送三个孩子，用自行车运货，已经成了家常便饭。一位加拿大观察家指出：为什么丹麦人那么爱骑车？不是他们早餐吃的与我们不一样，不是他们特别环保，而是自行车已经成为这里最快速、最方便的交通手段。我这位住在波士顿地区的人也艳羡不已。从我家到办公室，有 60 多公里的路，我这位极端耐力运动爱好者，一直幻想着骑车上下班。可惜，虽然波士顿郊外有许多自行车道，但无法从家连通市中心，市区的自行车道也不过是公路边的一道线而已，安全感很差，夜间自行车专用道照明更是天方夜谭。

像丹麦这样的城市化模式，已经成为 21 世纪的理想。用哥伦比亚的波哥大市长的话说："在民主社会中，如果每个人在法律面前是平等的，那么，在公交大巴里的 100 个人，就有权享受一辆仅载一个人的汽车的 100 倍的公共空间。"汽车不仅让人们丧失了生活质量，在道德上也处于被审判的地位。所以，美国的城市现在也开始了欧洲化，是这种欧洲文明，使美国的城市安全得多、舒适得多。

美国城市的欧洲化，还有另外一个原因。在以汽车主导的摊大饼式的郊区化破产后，美国的中高层逐渐回归在六七十年代被他们遗弃的市区，那种都市贫民窟和郊外富人区的格局正在改变甚至逆转，摩天豪宅在市中心的崛起就见证了这一点。众所周知，在美国这样的社会，汽车很平民化，自行车反而往往是中高层的宠物。这些中高层回归都市，自然把自己的习好也带来，所以，迟早美国的大都市会形成足够大的自行车利益集团。21世纪自行车取代汽车成为都市的时尚，已经并非什么天方夜谭。只是我们要担心的是，美国这样贫富分化的社会，在这样的逆转中，是否矫枉过正，进而创造富裕的都市和贫困的郊区？在这方面，美国可能永远赶不上均富的欧洲。

自行车正在塑造西方的生活时尚

我住在波士顿远郊的一个 6500 人的小镇，这里很少商业设施，日常购物都要到镇外的超市。镇中心仅有一个小店，摆着些日常用品，镇民临时少了点油盐酱醋可以到这里就急。店里货架稀疏，有喝咖啡的社交空间，楼上则不时办些画展，环境雅致、宁静，但有时不免让我感到疑惑：在这种典型的乡村慢节奏中，小店怎么会有生意维持？

直到最近，我才对小店有了再发现。我迷上自行车，总惦记着骑一次 Century，即 100 英里（160 公里）的长距离。体力不是问题，只是新手上路，换胎技术不通，万一半路上车带瘪了怎么办？于是开始寻找当地自行车俱乐部，希望有搭伴成行的机会。周末经过镇中心小店，不时看到一群骑车人在那里聚集，有一天终于忍不住好奇，停下车去问他们的来历。一位热心女士说："店里就有我们的信息。"随即带我进门到了柜台前。我这才发现，好久不来，这冷清的小店热闹了许多，也变了许多。柜台上摆了一辆时髦的自行车，旁边还有许多自行车用品，我要的有关信息就摆在这里。原来这些骑车人属于波士顿近郊一自行车咖啡店办的俱乐部，这里也成了他们的一个据点。

这段偶遇让我眼睛一亮。自行车近来在西方发达国家大盛，媒体一直将之描述为一个都市现象。如今，都市的自行车热居然蔓延到我们这离波士顿四五十公里的远郊，恐怕用不了多久，这里安静的乡间生活就会为此增色。

想想也不奇怪。自行车迷们最大的享受之一，就是到乡间远途，来回一次动辄上百公里，至于那些竞技型的自行车狂们，里程就更长了。然而，这样的旅行有个很难解决的矛盾：在人口稀少的远郊骑车不必和汽车抢路，躲开了尾气，领略着纯净的自然风光，但这也意味着长时间处于前不着村后不着店的境况，一旦有些小事故，如车带瘪了等，随身带的家伙不够，就十分狼狈，况且四五个小时的自行车旅行往往需要中间略微吃些东西。我们镇中心的小店，在这样的境况中正好扮演了"接济站"的角色。即使没有事故，这些俱乐部的车队也要到这里停下来休息一下，补充些热量，等待掉队的同伴。本来小店很少生意，特别是周末，开也不是，关也不是。如今一下子活了起来。我们镇的小店是如此，其他地区的小店又如何呢？如果我知道其他偏远的小镇有这种"接济站"，我就不必为安排一次160公里的旅行忧心忡忡。如果远郊到处是自行车队，那些已经快濒临绝种的乡间小店，岂不会通过扮演自行车的"加油站"而起死回生？

不久前《波士顿环球报》的报道，则从另一侧面描述了自行车向乡间的蔓延。波士顿远郊的一位妇女，开始向"汽车是远郊必须的交通工具"这一概念挑战。她本来酷爱铁人三项，但一直苦于找不到时间锻炼。有一天她突发奇想，决定骑车买菜。这要求她骑负重大的购物车，每周往返三次，总计在100公里上下。最后算下来，省下许多油钱，运动量足够，减肥效果甚佳，并经常享受乡间景色，自觉得没有再给地球添乱，心理获得大满足，甚至购物也变得精打细算，减少了许多浪费。

所有这些，仅仅是西方自行车热的一个片段：自行车正在成为一个生活方式，一种时尚。特别是对于那些领导时尚的 IT 精英们，自行车几乎成了必备的"酷"行头：自行车不仅宣示着自己的健康和精力、漫无羁绊的潇洒、绿色的环保理念，而且提供着真实的方便。比如，在拥挤的市中心，你突发奇想，需要和朋友讨论，用 iPhone 约好会面的咖啡馆，骑车转眼就到。如果是开车，则不免转着圈子找停车位，等见到朋友时，脑子里热乎乎的创意也怕是凉了。

自行车经济，跟着这种新的生活时尚崛起。要知道，自行车虽然看似简单，却有着巨大的市场潜力。几千美元的公路赛车，不过属于普通型，利润边际相当大。另外，山地车、漫游车、购物车、都市车、BMX小轮车、双人车、雪地车等，各种名目层出不穷，技术日新月异。许多车迷，自行车不止一辆。就连我这个才几个月的新手，居然也买了山地车、混合型和公路赛车三种。

最近《华尔街日报》报道了一位31岁的荷兰小伙Sjoerd Smit，典型的雅皮士。作为一位训练有素的工业设计师，他早年的理想是设计一级方程式赛车，觉得那是"工业设计的顶峰"。但毕业后自己的时尚和设计理念迅速转型，觉得汽车已经不够酷，终于成为自行车设计师。他最近的作品，是在城市青年中日益流行的固齿自行车（fixed gear bike或曰"死飞车"）。这种车只有一个固定挡速，脚蹬齿盘和车轮之间的传动也是固定接合，脚蹬和车轮必须同时旋转，在运行中骑车者没有停蹬的选择，因为脚蹬停等于自动刹闸，这样，固齿轮闸就省去了闸皮、闸线等装置，创造了最极端的简洁。Sjoerd Smit的一个创意是把链锁隐藏在车的横梁中，以解决城市自行车被偷的问题，并把横梁制作得特别粗壮醒目，骑起来如同个飞行的棒子，非常之酷。他领衔设计的公司，设在荷兰的阿姆斯特丹。荷兰是伦勃朗的故乡，也是当今工业设计的"超级大国"，培育了不少像Sjoerd Smit这样能把工业设计和雕塑结合起来的"美学工程师"。而由荷兰、比利时、丹麦等国组成的西北欧，如今都迅速演变为自行车王国，并逐渐把汽车挤出都市。Sjoerd Smit这样的设计精英放弃一级方程式而倾心于自行车，正是见证了这种生活时尚的转变。专家预计，自行车的全球市场规模，到2015年可达777亿美元（另一说是在2018年达到604亿美元），当然，这个数字会随着时尚的变化随时更新。不过有一点我们可以肯定，一个"后汽车时代"正在来临，自行车将重新塑造西方发达社会的生活和时尚。

世界自行车市场的规模，大概在上个世纪末萎缩触底。西方发达国家早就演化为汽车社会，自行车是小众体育用品。仍然把自行车当成生活必需品的发展中国家，如中国、印度等，则在此时开始步入汽车社会，使自行车的需求萎缩。

然而，到了本世纪，自行车在西方再度成为生活时尚，导致自行车市场看涨。具有讽刺意味的是，许多工业分析家看好中国和印度等发展中国家，在未来的自行车市场扩张中，将扮演领军角色。

这些工业分析家为何作出这样的预测？一个理由，就是发展中国家总是近乎照本宣科地模仿西方国家的生活方式。西方人开车，于是中国人、印度人也要开车。你要不让他们开，他们会很生气：凭什么只准你开？为什么我富了就不能享受你的生活？如今，西方的新一代对汽车的热情大减。许多分析家预测，西方的汽车市场已经饱和，甚至可能已经触顶，未来几十年将走下坡路，西方汽车业把希望全寄托在中印等发展中国家的身上。君不见，如今中国已经成为世界最大的汽车市场。自行车业同样会走汽车业的老路：在西方热起来，发展中国家跟着赶时髦，最终市场份额取西方而代之。

另一个理由，则是这些发展中国家不能承受的现实：中印乃人口高密度的国家，生态承受力有限，再加上社会管理水平低下，汽车的普及虽然远未达到西方的程度，就已造成严重的城市拥堵和空气污染，这将逼着这些国家寻求新的发展模式，最终恐怕还是要回到自行车上来。

然而，自行车市场在中印重复汽车市场的历程，却并不那么容易。

汽车和自行车之间的关系虽然未必是"你赢就是我输"的零和游戏，但城市毕竟是人口高密度地区，空间有限，一山难容二虎。从发达国家近年来的发展看，汽车和自行车确实呈现出此消彼长之势。以欧洲为例，许多城市扩展自行车道，压缩市内的停车位，提高停车费，甚至干脆加收机动车进城拥堵费，许多道路，也改成机动车禁行区，开车越来越昂贵，越来越不方便。美国是汽车最普及的国家，汽车的既得利益最大。但纽约、波士顿等城市，也纷纷把原有的汽车道改为自行车道，甚至对市内公寓住宅的停车位也进行了压缩。之所以能做到这一点，关键的因素在于新一代把 iPhone 等作为青春时尚，不像半个世纪前那样把开车作为成人礼。在中印等发展中国家，汽车则仍然被广泛地视为身份的标记，很难想象，在未来几十年内汽车时尚会退潮。也很难想象，在汽车被膜拜的时代，自行车热会卷土重来。

不过，通过积极的社会运动和有效的政策手段，自行车的复兴并非没有可能。西方自行车热大致有三大因素：健康意识的提高、对环境危机的关注和油价的高涨。这三个因素，照样可以在中国起作用，只是需要社会和政府良好的互动。

首先，西方近几十年来参与性体育、极端性体育大为盛行，如马拉松等等极端性运动，如今已经成为时尚，长距离自行车不过是这种参与性极端体育之一。看看中国最近的马拉松热就知道，中国在这方面跟得挺紧。从马拉松到长距离自行车，只需顺水推舟即可普及。第二，近年来PM2.5问题已经给全社会带来了强烈的危机感，汽车社会的路走不通，已经是越来越明显的事实。第三，当世界经济恢复后，油价不可避免地会进一步提高，开车的成本会显著增加。

但是，即使有着三大因素的推助，自行车在中国的复兴，还必须仰仗强有力的社会运动和政策措施。这里最为紧迫的问题是空气，城市空气恶化当然和车太多有关，同时也和中国的燃油标准太低有关。政府能够采取的最有力措施，就是把燃油的排放标准、汽车的节能标准都提高到世界最高的水平（即欧洲的水平）。这些标准的提高，一是降低了污染，二是增加了燃油和汽车制造的成本，使油价车价全面升高，开车越来越贵，许多人不得不放弃汽车。这样一来，不仅车少了，每辆汽车的排放也少了，可谓一箭双雕。

其次，则是城市管理的欧洲化，即在发展轮轨等公交的同时，不仅征收机动车进城的拥堵费，而且全面压缩市中心的停车位，大幅度提高停车费用。欧洲一些城市，在市中心的住宅区干脆取消了停车位。这一来是因为市内过于拥挤，二来是市中心本来很方便，公交多，没有开车的必要。实在喜欢汽车的，可以搬到远郊。只是这些远郊居民要开车进城则开不起，只能使用地铁等公交手段。当然，对公车更要严格管理，各单位的公车必须有严格的规定，配额必须经过居民的听证会分派。另外，城市各干路都要严格地留出封闭性自行车道，切实保障骑车者的权利和安全。

有了这些措施，空气污染得到缓解，民间就有能力掀起推广自行车的社会运动。比如北京到天津之间，上海到苏州之间，广州到深圳之间，都可以举办长距离自行车比赛。甚至可以考虑从北京到上海甚至广州的国际自行车赛，以及登长城自行车赛、大运河自行车赛等，这些赛事，当能大大推动自行车的时尚。

中国由汽车社会回归自行车社会，实乃可持续发展之必需。否则，中国的崛起，将被名副其实地窒息。

可惜，在自行车业强劲的复兴中，中国作为传统的自行车大国，除了给国外的厂家代工外，几乎毫无创新可言。不错，20 年前，比起汽车业的规模来，自行车显得太寒酸了。在发达国家自行车属于小众产品，在中国则属于开不起车的贫困象征。于是，为了"迎头赶上"，一切都为汽车业开路，乃至不问汽车是否符合中国的生态环境。城市里的自行车道纷纷被汽车所侵占，汽车所造成的拥堵、污染已经使中国的城市不堪重负，中国产的汽车在国际上则不登大雅之堂，说是要在美国登陆，喊了快十年，至今仍没有下文。同时，数亿的自行车人口及其消费潜力被白白放弃。

如今，自行车在发达国家渐渐由小众市场演变为大众市场，产品、服务正在迅速形成体系。丹麦率先建设了自行车高速公路，骑车通勤在北欧渐成主流，并在全球有着巨大的示范效应，美国利用过去废弃的铁路线改造的自行车专用道则如同蜘蛛网般地蔓延。健身意识和环境意识的高涨，油价的攀升，都刺激着自行车的复兴。中国守着数亿的骑车人口，但在过去 20 年不断蚕食着自行车的基础设施。

开车会成为穷人的标志吗

在狄更斯的《匹克威克外传》风行英伦之时，如果你说将来富人多是瘦子，穷人多是胖子，谁都会觉得你异想天开。脑满肠肥、大腹便便，是那时典型的富人形象。如今呢，肥胖症席卷发达国家，而且在这些国家中，穷人中的肥胖症最为严重。走进富人区，则苗条的人明显多起来。可见，未来往往在我们的想象之外。那么，在现今这个开法拉利车耀富的时代，如果你说日后开车的多是穷人，富人反而很少开车出行，人们同样会认为你太不靠谱儿。但是，这种预言，是否会像贫富的胖瘦一样兑现呢？

《经济学人》不久前有一篇报道，提纲挈领地展望了汽车的前程：目前地球上有十亿多辆汽车。仅 2011 一年，就增加了 6000 万辆新车。预计到 2020 年，世界汽车拥有量可能翻一番。在主要由发达国家构成的"经济合作与发展组织"成员国中，步行以外的旅行，有 70% 靠的是汽车。欧盟的汽车制造与服务业，雇用着 1200 万人，即 6% 的就业人口。美国则有 800 万人靠此业谋生，占私营企业工作岗位的 4.5%。在发达国家，除了偿还房贷外，交通是最大的一项开支，而这一开支的主要成分就是汽车。毫无疑问，汽车，是世界经济的命脉。

不过，未来汽车拥有量的增长，将主要集中在发展中国家，发达国家的汽车拥有量已经到顶，甚至有可能下降。在 20 个发达国家，汽车旅行里程呈饱和状态。英法德日的汽车旅行里程，从 1990 年开始就下降。美国算个例外，但在本世纪初也已经触顶。发达国家从总体上看，汽车旅行里程在 2004 年触顶，自 2007 年开始下降。如果以人均汽车旅行里程来衡量，则在 2000 年就触顶，2004 年开始下降，当然，这几年的大衰退压抑了汽车的使用。但是，汽车旅行里程下降的趋势是从大衰退以前就开始的，在本世纪，发达国家的人口一直在增长，汽车总旅行里程却没有增加。

根据对人口社会学的初步分析，我们能够颇有信心地推断这些现象是一个长期的趋势，而非一时经济波动所造成的短期失常。婴儿潮一代的前锋，即1945年出生的人，已经67岁，这是发达国家第一代大部分人都开车的。如今开车的退休老人比任何时代都多。六十几岁的英国人中，79%有驾驶执照。美国60—64岁这个年龄层的人中，有90%以上开车，这比任何年龄段的比例都高。这代人是最痴迷汽车的一代，他们年轻时，汽车象征着自由、财富、美国梦，是不能不追的新潮，汽车难以和他们的生命分开。然而，他们恰恰是马上要退场的一代。

新一代则大异其趣，这代人考驾照的年龄普遍偏晚。有研究表明，驾照拿得晚的人，一般开车比较少。英国一项研究揭示，快30岁时领到驾照的，比起年轻10岁就开始开车的人来，开车要少30%。在德国，年轻的有车家庭在1998—2008年间从20%增加到28%，但开车的却少了。大家买了车，但越来越多的时间是放在那里，偶尔才用。2001—2009年间，美国16—34岁年龄段年收入7万美元以上的阶层，公交使用增长了100%。当然，网络的流行，也使许多开车出行成为不必要，网络购物越来越成为主流。在英国，六分之一的零售是在网上进行，美国也达到了二十分之一。有研究表明，美国18—34岁这个年龄段以网络代替汽车的比例比任何年龄段都高。也许同样重要的是，年轻人越来越把汽车当成一个俗不可耐的日常工具，而不是什么"美国梦"的象征，不是非追不可的时髦。

另一个潮流，则是城市化。在发展中国家，城市中刚富起来的中高层是汽车的主要消费者。在发达国家，农村地区最依赖汽车，城市则更靠公交、自行车、步行。比如，美国300万人口以上的城市中，无车家庭的比例自90年代以来就不断升高，目前已达到13%；但在农村，只有6%的家庭无车。"经济合作与发展组织"估计，在发达国家，城市人口占总人口的比例，将从2010年的77%上升到2050年的86%，这意味着将把快 10% 的发达国家人口从对汽车的依赖中解救出来。

特别需要注意的是，21 世纪发达国家的城市化，和 20 世纪大为不同。汽车在 20 世纪的城市化中扮演了核心的角色，战后的美国代表着一个非常典型的模式。城市的发展围绕着汽车来演绎，城市化变成了郊区化式的铺张发展：中高层移居郊外；市区空洞化：贫困、高犯罪率和破败的学区，形成难以根治的城市病。为汽车服务的高速公路，则成为基础设施的骨干，使白领阶层得以在郊区的"睡城"和都市中心办公室之间每日远距离通勤，最终导致公路不堪重负，严重拥堵。21 世纪，随着中印等新兴经济的崛起，石油资源供不应求，油价持续攀升，使这种以远距离通勤为核心的居住形态成本陡增，同时，拥堵也使郊外中高层的生活质量大打折扣。面临这些挑战，欧洲城市首先开始了去汽车化的进程。哥本哈根、阿姆斯特丹等城市，大力扩张自行车道，强化公交体系，同时减少停车位，增加停车费。伦敦、斯德哥尔摩、米兰等城市，以不同的形式征收进城的拥堵费。美国也在讨论类似的计划，这次美国房市崩解后的复苏，清晰地显示了郊区化的没落和城市的复兴：城市中心和近郊的房价迅速反弹。比如，最近一年多来波士顿市内的租金连创历史新高，纽约市区特别是曼哈顿地区也房价飙升。与此相对的，则是所谓"远郊的死亡"。有观察家指出，有钱人开始返回城市，他们对开车感到厌烦，希望在工作地点附近居住。这样的潮流如果继续看涨，那么城里的高房价就可能把穷人挤走。

当富裕的国家渐渐疏远汽车、富裕国家中的富人渐渐回归城里、把穷人挤到郊区时，富人少开车、穷人离不开车的现象，就不再是什么天方夜谭了。

城市飞车

记得小学五年级时，同学们都特别喜欢一位语文老师。当时还是"文革"时期，虽然早已经开始"复课闹革命"，但教学依然很不正常。这位老师别出心裁，面对不想读书的孩子，干脆每天上课给大家讲抓特务的故事，闹闹哄哄的课堂一到语文课就变得鸦雀无声，大家聚精会神听他一个人说书，算是当年学校的一个奇迹。他曾提起，自己年轻的时候，骑车上班往往和素不相识的骑车人展开赛车。只要一个小伙子高速骑车从后面超过自己，得意地在前面打一个"倒轮儿"，那就是炫耀"你不是老子的对手"！谁能受此胯下之辱？于是两人奋力拼比，如果大家上班正好同道，可以这样赛半个多小时的车，最后双方都精疲力竭……

此乃北京自行车时代的景观之一，其实恐怕还说不上是自行车时代。当时汽车少，自行车也相当少，这么在街上骑车狂奔大概没有太大的危险，反而挺有锻炼效果。生活在汽车时代，呼吸着高浓度的PM2.5黑空气，这样的天真烂漫的日子似乎一去不复返了。然而，在西方发达国家，随着健身运动的普及和网络技术的跃进，城市郊区的各种路段，又开始变成了赛车场。

这股潮流从何而来？首先，各种GPS的导航技术越来越发达，蔓延到体育用品中。你骑车也好，跑步也好，都有相应的GPS便携导航设备，和一般手表尺寸相当，不仅能够定位，还可以记录你行程中海拔之起伏、心率。如果是自行车的话，连功率也能记录下来。运动完后，这些信息就可以输入到计算机中分析。渐渐地，有些网友开始把自己运动路线的记录上传到网上，其他网友则可以把这些资料再下载到自己的导航设备中，参考其路程进行锻炼。

在这个过程中，商机出现，有个叫 Strava 的网站，干脆为网友们提供一个比赛的平台。如果你在某一路段骑车，有详细的成绩记录，就直接将之上传到网上，成为这个路段的纪录。结果，马上会引来许多好事者竞争：你 10 分钟骑完这段 5 公里的上坡？我要 9 分半完成。大家你追我赶，还可以按照年龄、性别分组。任何一个路段的纪录保持者，被称为"山大王"（KOM, King of Mountain），这是从环法中借用的词汇。女子组的纪录保持者，则称之为"山女王"（QOM, Queen of Mountain）。许多人为了称王称霸，训练得格外玩命。特别是你称王后，一旦纪录被别人打破，网站会马上通知你：对不起，王位已经被篡夺。不用说，这又引起新一轮的竞争。

我在这个网站上输入自己小镇的名字，发现我们这一 6500 个居民的地方，居然首页出来 10 个骑车的路段。其中一个我骑车经常经过的 3000 米左右的山坡，已经有 500 多人在那里比试并晒出自己的成绩资料：时间、坡度、输出功率、心率等等。我未必要和他们去公开拼比，但既然常去这段路，哪天就会拿块表记录一下这段路的成绩，对照一下自己在这 500 多人中算老几。

陷入服药丑闻的七届环法冠军阿姆斯特朗，早就上了这家网站，成为某些路段的"山大王"，只是一直用的是笔名。不过，最近他在公开承认服药后，突然在这个网站公开了自己的身份，立即拥有一大批粉丝。更有意思的是，他在主流媒体中竭力表示忏悔，但在这里则大言不惭。他虽然没有声称自己是环法冠军，但介绍中称自己的前队友、朋友等等，都说他赢得过七届环法。《华尔街日报》分析说，阿姆斯特朗身败名裂后，收入来源基本丧失，这种社会媒体，也许是他复出的新战略。不过，当我读到《华尔街日报》的报道后再上网站去所寻，阿姆斯特朗的名字又消失了。不知是阿姆斯特朗本人改变策略，还是网站本身怕引来麻烦。

其实，网站已经惹来了官司。该网以"山大王"、"山女王"为诱惑，激励了许多公路车战，自然会导致交通事故，有一路段，确实死了人。据说当时那位骑车人正以不可思议的速度冲刺，和汽车相撞。再查网站记录可以看出，要在那个路段当"山大王"，你骑车的速度必须超过该路段机动车的限速标准，这不是鼓励人们违反交通规则吗？所以死者家属提出诉讼。网站在为自己辩护的同时，也当机立断，把一些路段标记为"危险"，并停止在那样的路段上排名封王。

有些著名的路段，则炙手可热。比如，纽约中央公园的10公里环线，已经有6万人在网上晒成绩，园内另一上坡路段，则有近10万人晒成绩。布鲁克林大桥不足2公里的路段，骑的人虽少，但王位争夺则相当激烈。许多人担心，这家网站将改变城市自行车通勤的文化，导致满城飞车，引发一系列交通隐患。

不过，这些忧虑，以及随之而来的官司，都很难阻止这一新时尚的蔓延。有关网站会进行相应的调整，但恐怕还是会越来越人气。不仅如此，对自行车安全的忧虑，反而会促使各大城市扩张自行车道，特别是那些和机动车隔离的自行车道。在丹麦、荷兰、比利时等地区，自行车要普及得多。各种路段，有成千上万的人在网上晒成绩，自行车早已坐稳了主流的位置。再查谷歌地图的导航，不仅提供汽车交通图，也提供自行车和步行的线路。非汽车化，在西方发达国家已经开始，并且渗入了社会生活的各个角落。

车位战与城市的未来

自行车和汽车的对决

进入本世纪以来，西方发达国家的城市有强烈的"去汽车化"的倾向，自行车卷土重来，成为时尚，在这方面，欧洲城市尤其开风气之先。相比之下，在素有世界第一"汽车王国"之称的美国，2010年每千人就拥有769辆车，汽车早已成为全民的"既得利益"。很难想象，自行车能够攻破汽车这一既得利益集团的壁垒。

然而，最近几年局面迅速改变，影响最大的，恐怕还是纽约市长布隆伯格强力推行自行车的政策。众所周知，布隆伯格并非传统政治家，而是企业界涌现出来的亿万富翁，不受选举政治的思维羁绊，向来铁腕治理，无所顾忌，敢于逆风而上。他有自己的基金会，在全球推广自行车，影响遍及中国、印度、越南等第三世界国家，成为世界自行车潮的风云人物。不过，由于汽车利益集团盘根错节，他在纽约施展拳脚时连连受挫，但也是屡战屡败，屡败屡战，终于搞出了大动静。他先试图在曼哈顿等中心地带征收机动车进城的拥堵费未果，随即用自行车对汽车进行围堵：在公路上画出大量的自行车道（减少了公路的面积），取消了许多路边停车位。最近，他又投放公共自行车。几年之内，城市面貌就明显改观。这一系列激进的政策，引起许多拥有汽车的居民抗议，称骑车人不守交通规则，给交通带来许多混乱，公共自行车亭也碍手碍脚、影响市容卫生，等等。甚至有开始兴讼者，试图阻止布隆伯格的自行车野心。但布隆伯格也不示弱，《纽约时报》甚至报道他曾威胁一家碍事的企业：等老子市长卸任，会在生意场上把你们搞垮！

在波士顿地区，同样的战争也已经展开。比如在近郊的阿灵顿镇，政府计划把主要干道中的一条机动车道改成自行车道。这条干道地处从该镇通往哈佛、MIT所在的剑桥镇和2号高速公路的要冲，一直是拥堵的瓶颈。这么一改，机动车的拥堵当然更是火上加油。于是，开车族们到镇公所大闹，最后通过镇民投票以微弱的优势否决了这一计划。但镇政府并不善罢甘休，仍然准备寻求合法渠道推行改建工程，拥护者们也在征集签名造势。

以上种种争议，最近几年一直持续不断，双方互有攻防。但是，大趋势相当明显：开车族处于守势，自行车派咄咄逼人。这在一个绝大多数家庭都拥有汽车、骑车主要还属于消闲运动的国度，可谓一大奇观。这说明相当一批开车族都希望限制汽车，哪怕这样做给自己带来诸多不便。

2013年，这一对汽车的战争在波士顿地区又掀波澜。春天时，一位建筑师为哈佛附近的闹市Allston设计了一栋公寓楼，其中的一个理念石破天惊：没有停车位。其实，这样的设计在欧洲早就被接纳，许多市中心的公寓住宅不设停车位。一来城里公交方便，各种设施密集，没有必要开车；二来也是市内用地紧张、拥堵严重，必须限制汽车的使用。可惜，美国不是欧洲。虽然Allston是波士顿城区内非常宜于步行、公交也相当方便的地区，这一设计还是引起轩然大波，当地居民纷纷抗议，使这一设计最终没有被采用。

开车族刚刚才守住一城，但马上又失一地。波士顿再发展署（Boston Redevelopment Authority）最近批准了在市区查尔斯镇的一栋公寓楼建设，这栋楼的设计，是54套公寓，43个车位，即平均一家还没有一个车位。这下子使周围的邻居万分不安：这里是寸土寸金之地，本来大家已经为了车位头疼，现在门口要盖一栋新公寓楼，住户们居然一家摊不上一个车位。新住户找不到车位，情急之下自然会到周围的街道上乱占停车位，大家往日的安生日子过不成了。于是，这些人又开始集结力量，试图推翻市政府的决定。双方在《波士顿环球报》上，也为车位问题打得炮火连天。

这场战争，不会短期结束，不过，"去汽车化"在美国已经成为一个积极的理念，被越来越多的人所接受。美国有个著名的"步行分数"网站，把邮政编码敲入，就可以查看一个地区的步行得分、公交得分和自行车得分，最高分是100分。如今，步行分最高的前5名，是纽约（85）、旧金山（85）、波士顿（79）、芝加哥（74）、费城（74）。公交最好的前5位分别是纽约（81）、旧金山（80）、波士顿（74）、首都华盛顿（69）、费城（68）。自行车分数最高的5个城市，分别是波特兰（70）、旧金山（70）、丹佛（70）、费城（68）、波士顿（68）。这些城市，都是自由派的大本营，居民环保意识强烈，教育发达，经济繁荣。自行车要战胜汽车，首先要从这些地方开始。

车位：政府在给谁当保姆

布隆伯格治理纽约，早已世界闻名。他是企业界出身，拥护自由经济，2001年从民主党变身为共和党、竞选市长成功，随即成为共和党内的一颗政治新星。但是，他在环保、移民、堕胎等一系列社会文化政策上，与共和党主流发生尖锐的冲突，2007年脱离共和党成为独立人士。在2008和2012年，都有他将竞选总统的"谣言"，可见在全国政治中也是位举足轻重的人物。共和党对布隆伯格最大的批评之一，就是他要把政府变成"保姆"，什么都管。比如，他对于纽约市出售的软饮料的规格都进行限制，不准出售大瓶软饮料，意在帮助人们减肥。这在保守主义看来，政府的手伸得实在太长，乃至要管起人们的吃喝来。他限制汽车、鼓励自行车的一系列政策，也被称为政府的"保姆"行为。

波士顿在这方面，则是与纽约平行的一个战场，特别是两个城市都面临市长的更替，自行车和汽车问题成为市长选举的核心议题。最近为了新公寓楼的停车位问题，《波士顿环球报》把正方和反方的观点用同样的篇幅刊出。其中最有新意的，是哈佛大学经济学教授、《城市的胜利》一书的作者Edward Glaeser的文章。他一直旗帜鲜明地要求限制汽车、发展公交，但是，这次他几乎是以奥派那种小政府的理念，颠覆了所谓限制汽车是保姆政府行为的理念。

争议的核心，是波士顿市内一栋新公寓楼的建设，其设计是54套公寓,43 个车位。车位太少，是居民抗议的主要内容。Edward Glaeser 指出，43 个车位不是政府规定的车位上限，而是下限。也就是说，开发商愿意建多少车位就建多少车位，政府不会对多建车位进行管制。但是，政府规定开发商至少要建 43 个车位，比过去要求的下限降低了许多。这其实是政府去除管制的步骤，是政府少当保姆，怎么能够反咬一口，说这是政府急于当保姆呢？

Edward Glaeser 进一步阐述，最低车位的要求本身就很荒唐，早就该取消，让市场来决定一个建筑应该有多少车位。事实上，恰恰是那些纯粹根据市场的供需来操作的开发商，最不喜欢修建停车位。道理很简单：停车位太占地方，用那些地方盖房，效益好得多。当然，有些富人，希望住在密集的市中心，同时拥有两个车位。他们也可以用自己腰包的力量，要求开发商满足自己的需求。但是，那样盖出来的房子，价格要高得多，一般的人宁愿买便宜得多却没有车位的房子。

因此，在 Edward Glaeser 看来，美国城市车位的紧张，其实是对汽车进行社会主义式的保姆照顾的结果。他举出苏联的例子，称在那种计划经济体制内，政府控制价格，鸡蛋黄油都必须廉价供应。结果呢？是需求太强，供给不足。这就是所谓的"短缺经济"：你把任何一种稀缺资源的价格人为压低，结果都会是短缺，车位也是如此。

在中世纪的莱茵地区，有些"强盗领主"逼迫过往商人缴纳过高的买路钱，于是后来公权介入，修建了公用的通衢大道。这种免费服务，在汽车时代到来之前并无大碍，但汽车普及后就造成了资源紧缺。因为一个私人车占用的路面空间比一个行人至少多 50 倍。大家都有了车后，公路就成了稀缺资源，怎么还能免费？更重要的是，汽车即使不用，也会占据相当的空间，这表现在停车位上，在这个意义上说，汽车等于第二套住房。传统的高密度城市，突然每个市民都通过买车低价或免费获得了第二套房的用地，城市用地当然紧张。1920 年，洛杉矶市中心曾经禁止停车，结果惹怒了开车族，禁令只好取消。

20 世纪 30 年代，路边停车计时器在俄克拉荷马被发明。这本来是限制路边停车的新技术，但是，因为汽车已经成为全民的"既得利益"，市政部门不得不人为地压低停车计时器的收费标准，使之无法根据市场的供需而浮动。许多没有停车位的房子，住户也被分配了免费或低价的路边停车位。结果，许多波士顿居民一年难得用几次车，但自己的车永久占据着宝贵的都市空间。加州大学洛杉矶分校的 Donald Shoup 教授早就主张利用市场杠杆提高停车费，但碍于既得利益集团的威慑而无法实施。

为市内建筑物设置停车位数量的最低线，其实是二战后的新事物。当时大家盲目地欢呼汽车社会的到来，一切城市设计都围绕着汽车来进行，于是每盖栋楼，都有着关于最低车位数量的规划条例，造成了免费的停车位泛滥，鼓励大家都买车。当然，最终还是羊毛出在羊身上。城市空间迅速缩小，地皮紧缺，导致房价飙涨。这背后的现实是，买不起车的穷人，等于为买得起车的中高层的车位埋单。

最后，Edward Glaeser 呼吁主张自由放任的市场经济的奥派人士和环保主义者这两派传统宿敌联手，共同努力取消政府在最低停车位数量上的管制。可以说，这是对汽车宣战中的一个理论创新。

车位战：从波特兰到波士顿

波士顿目前已经成为美国都市车位战的前沿，但是，最先挑起这场战争的，是西海岸人口大致相当的城市——俄勒冈州的波特兰。

如上所述，在美国的城市中，波特兰是对自行车最友好的城市，同时，波特兰也被反复评为"最绿的城市"（即最环保的城市）、"最酷的城市"、"最宜居的城市"等。波特兰人口年轻，运动盛行。这里是耐克公司的总部，阿迪达斯的北美总部，李宁有限公司也在这里安营扎寨。更奇的是，这座人口不足 60 万的城市，居然汇聚了多达 40 家的自行车制造商。另外，波特兰是酿酒的中心，有"卡拉 OK 之都"的称号。"让波特兰保持她的怪异"，成为当地人的口号，城市之酷，由此可见一斑。

当今波特兰的这番独特风貌，还要溯源于上个世纪 70 年代，当时正好是郊区化、汽车社会的顶峰。波特兰市民发现越来越多的地皮被汽车占据，在这个关键时刻，波特兰采纳了俄勒冈州长 Tom McCall 所推动的

"都市增长边界"（urban growth boundary）的发展战略。所谓"都市增长边界"，就是一种反摊大饼式郊区化的集约型发展模式：都市设定发展边界，在边界内推行高密度的发展，边界之外则留给低密度的发展，包括保护耕地和自然资源。波特兰当时提出的口号，是绝不做第二个洛杉矶，因为洛杉矶完全被汽车所占据，是美国最为污染的城市之一。

"都市增长边界"的发展模式一直争议不休。比如，有研究表明，"都市增长边界"这道"红线"一画，扭曲了土地市场。有研究表明，在俄勒冈州，在紧靠"都市增长边界"之外的农地，其土地价值仅为边界之内邻接土地价格的十分之一，因为这条线使农地丧失了开发价值。另外，波特兰的"都市增长边界"内，还包括两万英亩的空地。这样的限制，自然减少了城市的供地，造成房价飙涨。

然而，也正是因为寸土寸金，城市只能走高密度的道路。波特兰公交发达，轻轨闻名于世，并高度步行化、自行车化，经济也相当繁荣。从人口的增长看，波特兰 1970 年人口比起十年前来增长了 2.7%；采纳"都市增长边界"的发展战略后，1980 年人口十年增长率成为负值，-4.2%。但是，到了 1990 年，这个增长率一下子反弹到 19.4%，2000 年达到 21%，2010 年为 10.3%，成为美国人口增长最快的城市之一，有研究预计，这样的势头在未来十年还会保持下去。似乎越限制用地，人们越愿意来寻求发展机会，可见其经济的竞争力。另外，采取"都市增长边界"发展战略的几个城市，如科罗拉多的 Boulder，华盛顿州的西雅图、加州的圣何塞、明尼苏达州的双城等，发展势头都相当不错。

也正是在这一发展模式中，波特兰几年前修改了规划法，开始了没有车位的住宅楼的建造。2012 年夏天建造的公寓楼，有将近三分之二没有停车位。一位专家指出，无车位的公寓大受欢迎。因为许多居民不拥有车，也不需要车，他们享受着便利的公交、自行车和步行。一套小小的公寓，有没有车位，那就意味着月租是 750 美元还是 1200 美元。居民自己会选择，不取消车位，很难把房价降下来。

可惜，这套政策受到许多居民的反对，市政当局不得不让步，重新制定了最低车位数目的规划条例。但是，接下来仍有开发商推出无车位的 50 套公寓楼的方案。另外，许多反汽车人士，指责市政府在"聪明的发展"这条道路上后退，使波特兰丧失了前卫城市的领导地位。有人分析指出，这一逆转，反映着一个更为复杂的现实。波特兰是年轻人的城市，汇聚了众多的自行车爱好者。但这些人到了三四十岁，成家立业，又开始买车。如果居民楼没有停车位，大家就开始争夺路边停车位，使整个地区的居民生活都受到了影响。不过，在波特兰，环保势力根深蒂固，最后鹿死谁手，现在尚未可知。

波士顿在这方面，远不如波特兰走得远。但是，当波特兰后退一步时，波士顿则前进了一步。目前，在市内许多地区，平均一户只享受0.75 个停车位。城市规划者指出，在过去五年，人口增长不少，但机动车登记数量则下降了 14%。20—35 岁这个年龄段的年轻人，不喜欢车，买不起车，愿意用公交、自行车。同时像 Zipcar 这种刷卡按小时出租的汽车网点也遍布城市，这其实就是"公共自行车"的汽车版。都市居民偶尔需要用汽车，就步行到附近的网点刷卡使用，不必按日租车。这比拥有汽车要便宜得多，为什么还要建那么多停车位呢？

与此同时，首都华盛顿的规划者，也提议在高密集的住宅区取消停车位下限的规划条例，但在七月份又突然宣布仍然维持停车位下限的条例。这一方面反映了反对力量的势力，一方面也说明不止一个城市的规划者在考虑取消停车位的问题。车位这个天经地义的权利，正在受到强烈的挑战。

未来都市的结构

当今的发达国家已经进入后工业时代，而汽车是工业化时代的交通工具。这也怪不得，如今最有竞争力的城市，大多在向"去汽车化"迈进。

《经济学人》的 Intelligence Unit 对世界主要城市到 2025 年为止的中近期竞争力进行了评估，列出了城市竞争力的全球排名，前 20 名依次如下：纽约、伦敦、新加坡、香港、东京、悉尼、巴黎、斯德哥尔摩、芝加哥、多伦多、台北、苏黎世、阿姆斯特丹、华盛顿、哥本哈根、首尔、洛杉矶、旧金山、波士顿、法兰克福。看看这些城市就知道，伦敦、新加坡、斯德哥尔摩等都是对机动车征收拥堵费的城市，阿姆斯特丹、哥本哈根是自行车之都，纽约、香港、东京、巴黎、苏黎世等，则是世界上公交网络最为密集的城市。即使是洛杉矶这种汽车城市，也推出了公共自行车体系，力图改变自己的形象。

这一趋势背后的逻辑，远非仅仅是环保等要求。以往人们总喜欢把环保、节能等等诉求和经济发展对立起来，事实上，"去汽车化"的核心动力，还是经济竞争力。

高密度、年轻专业人士聚集的城市，往往是最有创意的城市。特别是那些大学城，已经成为经济的引擎。但是，城市一繁荣，就会产生大量就业机会，吸引大量劳动力。人多地少，房价就会飙高。特别是那些大学刚刚毕业的年轻人，在城市经济上是不可或缺的生力军。这些人事业刚刚起步，精力和创造力超人，对生活要求简单，工薪不高，往往还欠了一屁股学贷。他们没钱买房买车，支付不起高租金，他们所需要的，是在城市中立足创业。那么，城市怎么利用有限的空间、为日益增长的人口提供低价的住房，就成了持续发展必须面临的挑战。在这种局面下，一个有竞争力的城市很难再补贴汽车来占用年轻人才所急需的居住空间。

如今，即使是反对无车位住宅区的人，也不得不承认，"去汽车化"至少是良好的发展目标。他们只是争辩说，没有汽车，照顾老人、接送孩子等实际生活问题难以解决。在公交体系不完备的情况下，这样的政策就更不能操之过急。

问题是，老人和孩子，都属于被扶养人口。城市要维持其竞争力，不能置劳动人口而不顾，而以被扶养人口的需求为核心来设计。俗话说，巧妇难为无米之炊。没有劳动人口的创造，哪里有扶养老幼的资源？更不用说，取消车位数量下限，不是不准建车位。付得起钱的人可以要车位，市场也会满足他们的需求。但这种需求不能让别人来埋单，特别是不能让买不起车的穷人来埋单。

敬老爱幼，是文明社会的普世价值，但是，敬老爱幼能否以更有效率的方式进行呢？城市是工作的中心，特别是年轻人工作的中心。人们需要早晨 8 点半到达办公室，不能住太远，也受不了拥堵，最好的方式，是通过步行、自行车或公交准时到达工作场所。他们在城市汇聚，自然抬高了房价。汽车要和他们抢占空间，至少要在没有补贴的情况下平等竞争吧？

其实，美国的城市发展中的郊区化，并非一无是处，至少能够同时满足上班族和老幼等非劳动人口的需求。上班族挤在市中心，希望抑制房价、降低生活成本，自然应该让他们选择没有车位的低价住房。老人需要车接车送，为什么不可以迁往郊区？本来已经丧失了劳动能力的人，为什么要和自己的车一起，占据寸土寸金的工作场所，挤得年轻人没有地方立足？难道在与世无争之年，不应该退避到世外桃源中吗？实际上，郊区的医疗体系很完备，空间也大，生活环境更好，在这里被社会扶养，会大大减轻社会的负担。

如今 20—35 岁的人口，最不喜欢汽车。他们是美国版的城市蚁族，有精力步行、挤公交、骑车。有人说，当他们成家立业、有了孩子后，还会买车的。这确实不错，不过，从以往的经验看，人们往往也正是在进入这一人生阶段时，喜欢迁往郊区。事实上，早年美国的许多精英学校，就喜欢建在郊外，这一来是给孩子们提供一个安静的读书环境，二来也降低了教育成本。如今，美国的好学区，大部分还是在郊外。这些当了父母的人，可以在郊区用汽车照顾孩子的生活，同时每天使用通勤列车上班，或开车进城，支付贵一点的停车费。这样，还是能够为城市减少不少负担。

纵观城市历史就知道，当今的大部分城市，都是在汽车时代以前发展起来的步行城市。像北京二环以内的城区，上海的老城区，都应该是生产中心，除了警车、消防车、救护车、邮政车外，完全可以用公交体系代替私车。一旦私车从市中心消失，大量的路面和停车位就可以用于住房建设。市内工商业所必需的运货车，也可以大部分限制在夜间进城运货，就如同当年马车半夜进城淘粪一样。老人、儿童、学生等非生产人员，实在没有必要在生产的中心和劳动人口争夺黄金地皮，自应向城外疏散，由此也能享受更为宽裕的空间。

总之，车位在后工业时代的城市中正在过时，未来的城市设计和规划，必须回归无车时代的基本原则。

美国郊区的"自行车狂"

　　自行车在西方发达国家复兴，已经是持续数年的新闻了。中国作为昔日的自行车大国，有 13 亿人口，但至今仅北京、广州、上海、杭州、苏州、深圳、株洲等几个城市有公共自行车。相比之下，德国、法国人口不过是中国的十几、二十分之一，却各有 30 多个城市设立了公共自行车体系。连以汽车大国著称的美国，自行车热也悄然而起。2013 年纽约、洛杉矶、旧金山、芝加哥、奥斯汀、哥伦布斯、盐湖城等，追随着华盛顿、亚特兰大、丹佛、波士顿、休斯敦等城市的脚印，设立了公共自行车体系，使美国拥有公共自行车的城市数量也超过 30 个。不过，迄今为止，人们的注意力还集中在市中心地带，毕竟，人口密集的地区，自行车旅行更加方便。郊区特别是远郊，则是汽车和高速公路的滋生品，似乎很难有自行车的市场。

　　其实不然，远郊不仅有"自行车热"，而且恐怕还有"自行车狂"。

　　我住在波士顿以西 50 公里左右的远郊，严格地说已经不是郊区，而是农村了。搬到这里，主要是因为喜欢田园风光和优质的学校，但进城上课则要开一个多小时的车。我是耐力运动的爱好者，一度幻想着能有通往城里的自行车道，这样就可以骑车上班了。这个想法曾经在微博上向国内网友抖搂过，引起一片讥嘲：来回 100 公里的通勤？痴人说梦吧，人还不给累趴下？

　　6 月 22 日，我第一次参加了当地自行车俱乐部的集体出行，主要节目是找当地的山坡一个一个地征服。每到爬坡时，大家就开始竞争，登顶时有全身崩溃之感。这样 4 个小时骑了 100 公里以上的路，总计爬高1000 多米，途中几次停下来等掉队的人。这样的经历，不仅证明了自己远程自行车通勤的体能基础，也见识了远郊农村的"自行车狂"。

远郊的"自行车热"我早就见识过。周末偶然开车出门，就发现路上的自行车比汽车要多。因为自行车和跑步的人太多，当地司机形成了礼让的习惯，甚至会停下来等我们过去。我因为刚搬来不久，买了公路赛车不过半年，路不熟悉，就加入了当地的俱乐部。上周兴冲冲地前往俱乐部参加周末出行，因为晚了十几分钟，估计大队人马已经出发，半路看到两个骑车人截住，问明他们是俱乐部的，就跟着一起骑。最后才明白，他们属于另外一个俱乐部，想不到这地广人稀的地方，自行车俱乐部居然有好几个。这次出行一共五六十人，到我们小镇中心商店歇脚时，居然看到上百人聚集。原来，是几个俱乐部的人都正好赶上此时来这里歇脚，而我们镇的人口不过6500左右，现在每个周末中午，这里就像有什么庆典般地热闹。

我们这次虽然是一次简单的俱乐部周末出行，但也是出师有名，名字叫"更野的野兽"。星期六大早晨起来要骑一百公里的车，难道不是"野兽"吗？而我们这4个小时，一路上碰到的是一堆一堆同样的"野兽"。本来，我觉得自己年过半百，算是长者了，但居然还有过60的，30到50岁的人是主力。这阵势，已经不是城里悠哉游哉的自行车通勤，而是挑战自己的体能极限。"自行车热"，由此也变成了"自行车狂"。

最近有一篇研究北美自行车复兴的研究指出，"自行车热"主要是在城市开花，特别是在大学中很盛。纽约、波士顿等大力修建自行车基础设施的城市，自行车的使用率提高特别快。但是，这一研究也揭示了相当令人意外的现象：一般认为，骑车受自然地理和人口密度的影响很大。气候温和、地势平坦、人口密集的地区，自行车最为流行。但是，北美的调查则揭示，自行车出行率最高的，居然是唯一有公路进入北极圈的加拿大育空地区，占所有出行的2.6%。这一地区比加州还大，人口才3万，其中两万多人聚集在首府白马市。其次则是加拿大濒临北冰洋的西部地区，同样是见不到人影的冰雪世界，但自行车占出行的比例高达2.1%，可见，自然环境远非决定性因素。北欧等寒冷地区领导着发达国家的自行车热，也证明了这一点，人文因素似乎更为重要。该研究还揭示出，美国的自行车占出行中的比例，在最穷的四分之一人口中最高，说明骑车仍然是买不起车的人不得已的行为。但是，在这个阶层以上，即在另外 75% 的人口中，则收入越高自行车使用得越多。自行车绅士化，成为中高产的生活时尚。

城市的密集性，当然有利于自行车的发展。但是，郊区一直是中高产的聚居地，在文化上恐怕更热衷于自行车，所以，郊区甚至远郊的自行车热也不可小看。哥本哈根已经建成了世界第一条自行车高速公路，为从郊区到市中心的自行车通勤提供了巨大的便利。美国最近 20 年来纷纷把过去废弃的铁路线改建为自行车绿道，渐渐连成了网络。谷歌的地图，不仅有汽车旅行的导航，也提供自行车旅行的导航，我从远郊农村到波士顿通勤的梦想未必是离谱儿的狂想。

未来的大都市圈，是否也会依赖自行车连接城郊呢？让我们拭目以待。

后汽车时代来临了吗

搬到波士顿的远郊已经四年了。由于厌烦都市，决意隐居，我没事从不进城。当教书匠的好处，在于每周只需去学校一两次，而且有四五个月是假期，上班走固定的高速公路，不必进入一般的城市街区。所以，对波士顿的都市景观，除了办公室边上中央公园那一块外，我四年基本没有领略过。不久前，哈佛有两位中国来的访问学者，大家约好吃饭。我从办公室驱车前往，一路穿过久违四年的都市街道，简直不敢相信自己的眼睛：比起四年前来，街道两侧的建筑并无变化，但恍如一个新城市。这难道是欧洲吗？满街都是自行车！

其实，这些变化我早就知道。我自己就是自行车迷，在乡间公路上驰骋50多公里乃家常便饭，不过，那是四顾无人的乡间。我在报纸上追逐自行车在美国都市的普及，早知道波士顿投放了公共自行车，建设了许多自行车道，骑车旅行数量比2010年增加了28%，等等，还写了不少有关报道和评论。但是，这些都是书本上的信息，再怎么准确详尽，也赶不上身临其境的震惊。

记得1994年刚来美国时，在纽黑文地区骑车，有时开车人会冲我吼叫，甚至有一次开车的伸出手来打我。当然，纽黑文是当时美国最为肮脏、危险的城市，但是，在那个年轻人密集的大学城，骑车居然被视为异类。美国人告诉我：别见怪，骑车要格外小心，司机都觉得公路是他们的，你不属于这里，那时也根本不可能找到自行车道。如今，美国都市风貌大变，至少骑车已经被接受了。这种现象不仅发生在波士顿，也发生在纽约、旧金山、波特兰等一系列都市。当然，比起欧洲来，美国的自行车热明显滞后。丹麦已经有了自行车高速公路，荷兰、瑞典、德国等欧洲国家，自行车都成为都市新潮。这就不免让人疑问：如果说汽车是工业化时代的象征的话，自行车的复兴，是否是后工业社会的标志？发达社会是否正在迈入"后汽车时代"？

2013年5月，《纽约时报》报道了一个非赢利组织U.S.Pirg的调查：在过去60年，美国人开车总量一直是逐年增长，但在过去5年多的时间首次出现了开车减少的现象，不管是以总量还是以人均来衡量。对此，有些人不以为然：这不过是大萧条以来最严重的经济危机所导致的暂时低谷，人们丢了工作，没有收入，自然就不出门了。但调查指出，这种下降是从经济危机前就开始的，与其说反映着经济周期，不如说体现了深刻的结构性变化。和汽车一同长大的"婴儿潮"一代，也是开车比例最高、占总人口比例最高的一代，开始了淡出历史舞台的过程。年轻一代，则更迷恋互联网、移动通信技术，iPad、智能手机是他们的时尚。他们对开车相对冷淡，拿驾照的年龄也在增高。一系列研究表明，拿驾照越晚的人，开车越少。另外，年轻一代都喜欢居住在都市中心，乘公交或骑自行车出行。智能手机的导航，又帮助他们在即使是相当陌生的都市环境中也能畅行无阻，这一改战后郊区化的大势。调查称，如果目前的趋势持续下去，那么一直到2040年，美国人的开车总量都会低于2007年的顶峰水平，虽然与此同时人口将增加21%。

这样的预测是否靠谱儿？如何解读？这多涉及未来的发展战略，乃非同小可之考量，实际上成为决定美国的基础设施建设和城市体系何去何从的关键。要知道，美国的基础设施，特别是交通体系，大量为二战后兴建，现在多有60年的历史，年久失修，而人口的迅速增长，更使之不堪重负，如今正处于更新换代或大规模维修的节骨眼上。美国的公路体系，长期依靠燃油税来支持。问题是，随着燃油效率的大幅度提高，一加仑的油跑的路越来越长，这等于恒定的燃油税要支持越来越长的公路。如果开车量减少，则更是雪上加霜，庞大的公路体系将缺乏资源来维持。

反对汽车的人士指出，开车总量的减少，正好是维持如此庞大的公路体系失去了理由。人们的生活方式和居住形态变了，应该顺应潮流，多发展轮轨、公交和自行车。但另有一派则对这一调查结果非常慎重，毕竟，调查主要覆盖的时段是前所未有的经济危机。所谓年轻人喜欢公交、骑车，喜欢都市生活等，也许是暂时现象。毕竟，失业率在年轻人中最高，他们缺乏经济手段买车。另外，就算他们现在喜欢都市，喜欢自行车、公交，但他们早晚要结婚生子，还是会搬到学区好、环境好、房子大的郊外，到时候不开车怎么办？况且，汽车业的发展突飞猛进，谷歌的无人驾驶汽车很快可能上市。许多已经丧失开车能力的老人，又可以开车了。长距离驱车上下班，也不再那么令人生畏了，到时候公路上又会繁忙起来。

可见，美国正处于十字路口。基础设施建设乃百年大计，要想到百年后的景观。困难在于，谁知道百年后会怎样？比如，如果建设了良好的都市基础设施，但都市人口在未来50年削减一半，都疏散到了郊区，那么这些基础设施就既维修不起，又拆不掉，成为巨大的浪费，这在战后郊区化的西方，是非常典型的发展。如今则可能面临相反的趋势。至少从房价上看，城市看涨，郊区看落，居住模式正在变化。如果信守战后的郊区化原则，投入巨资建设铺张的基础设施伸向远郊，最终人口都集中到城里，漫长的郊区公路没有人使用，这岂不是同样的资源浪费？

更深层的问题还在于，基础设施建设，往往塑造着未来的发展。50年代艾森豪威尔任内大修高速公路，使得城郊之间的交通极为便利，这被认为是刺激郊区化的关键性因素。所以，有许多人认为，如果现在的基础设施建设集中于城市的公交体系、自行车道，并限制汽车在市内的使用，就会刺激密集的都市发展；如果仍然大肆修建高速公路，为远郊提供更方便的设施，则摊大饼式的郊区化发展就会死灰复燃。

于是，这里就生出了一个谁劫持了谁，或谁要劫持谁的问题。汽车、石油既得利益集团声称，激进的环保主义者罔顾现实，处处给开车的人出难题，要兴建一系列没有人用的绿色交通设施，以实现自己心目中集约化发展的城市乌托邦。但环保主义者认为，现实明明是绿色交通设施供不应求，公交设施供不应求，人们在没有选择的情况下才不得不开车，怎么汽车和石油利益集团会倒打一耙？

在我看来，美国在上个世纪末就进入了后工业社会，但依赖的仍是工业化时代的基础设施。举例而言，乘公交、骑自行车等等，在白领中更为时尚。特别是骑自行车，在那些高科技、高知的专业阶层中更为流行。这些都是后工业时代崛起的阶层，人数越来越多，只可惜他们找不到足够的基础设施满足对自身生活方式的需求。像我这种住在远郊的人，做梦都希望有一条直通波士顿市内60公里以上的绿色自行车专用道。对于自行车迷来说，自行车训练非常耗时。如果上班往返能有120公里，则大致满足了一天的训练量。问题是，我们家周边最长的自行车绿道仅20公里长，而且并不通向城里。根据我对周边社区的常识来判断，如果修建这么一条从远郊通往市中心的绿色自行车道，肯定立刻会变得非常繁忙。

所谓年轻人喜欢骑车、喜欢都市，但结婚生子后会搬到郊外之说，也不过是推断而已。事实上，喜欢郊区化的婴儿潮一代和他们的父母，都非常崇拜汽车，现在的年轻一代则没有这种崇拜。看看欧洲就知道，不仅年轻人骑车，而且中老年人也骑车，甚至父母们拖家带口地骑车。有的家庭式的自行车，能全家四五口人一起承载，在城市里漫游相当安全。美国缺乏类似的基础设施，乃至骑车仍然是一种冒险性的活动，似乎只适用于年轻人。这恰恰说明了美国需要修改现有的基础设施，以使得热爱自行车的一代成家或年长后仍然能够享受自己的生活方式。

和汽车去战斗

最近,《纽约时报》头版刊登了一篇关于欧洲治理汽车的长篇报道,体现了美国对"欧洲模式"的复杂心态。学习欧洲,政治阻力太大,"不符合国情"。不学,人家的优越性又是如此显而易见。实际上,纽约、旧金山、波士顿等著名城市,都开始学习欧洲,增添自行车道,给私人车"找麻烦"。但是,在当地的政治中,也都遇到了重重阻力。面对欧洲,美国人总有些尴尬。

美国最终能否学欧洲,或者说学多少,这里倒是另当别论。但是,中国的"国情"和欧洲更加般配,应该学,而且只要有决心,也能学好。对于中国城市拥堵、污染等许多问题,欧洲都提出了切实可行的方案,实施多年后,正在取得显著的效果。克隆过来,未必会水土不服。

为什么这么说呢?欧洲人口密集,和中国沿海地区很像,适合集约化的发展,把公交、自行车、步行作为主要交通手段更容易些。美国地广人稀,发展公交效益低,步行、自行车就更有些鞭长莫及了。另外,欧洲的城市,大部分是汽车社会来临以前建成的,当初的城市构架并没有考虑到汽车的要求。在这一点上,中国也与之非常相像。北京、上海、广州、天津、杭州等大城市,都是前汽车社会的城市,即使是深圳刚刚开始建设时,私人车在中国也非常罕见。相比之下,美国除了东部等地区外,大量城市在 20 世纪崛起,其骨架是按照汽车社会的要求搭建的。如今突然取消汽车,在基础设施和居住模式上都有诸多适应性的困难。所以,学习欧洲,中国应该比美国快。

欧洲模式背后的逻辑其实很简单:一是靠市场杠杆,一是靠公共资源的管理。说白了,就是想方设法让人们开不起车,让开得起车的人多受些刁难。人性并不那么复杂：如果开车像是下地狱，谁还会开车？

先看市场杠杆。欧洲的油价相当于 8 美元 1 加仑，比美国贵一倍还多。在伦敦和斯德哥尔摩等城市，进城要缴纳拥堵费。十几个德国城市，则联手成立了"环境区"，只容许低碳的车进入，这意味着你必须买价位高的车。总之，开车的费用，在欧洲比在美国要高得多。

但是，仅仅利用经济杠杆，结果是只让有钱人开车。在中国，则可能导致私人开不起车，但公车横行，创造了新的社会不公。所以，合理地管理公路、停车位等公共资源，成为更重要的手段。欧洲人在这方面的措施，可谓无所不用其极。

这种公共资源的管理，目的就是找开车人的麻烦。比如，一些重要的、繁华的街区，机动车禁行。从维也纳、慕尼黑，到哥本哈根，大量街道禁绝了机动车，巴塞罗那和巴黎则把大量机动车道改建成自行车道。另外，停车位在迅速缩减，有些城市的路边停车位已经很难找到。苏黎世的一个新购物中心，规模为纽约布鲁克林的亚特兰大购物中心的 3 倍，但停车位仅为后者的一半，结果 70% 的顾客乘坐公交。哥本哈根的欧洲环境署所在的办公大楼，有 150 多个自行车停车位，仅有一个汽车停车位，那是给残疾人保留的。另外，交通信号系统也进行了修正，红灯越来越密集，你刚踩油门过了一个绿灯，马上要在下个红灯前刹闸。这些信号灯，往往又是路边的行人控制。人家想过马路，随手一按键钮，红灯就把车拦住。有些公交车辆，也伴有自动的信号系统。只要公交车一来，有关信号灯马上把私人车拦住，给公交让路。有的城市则做得更绝，比如苏黎世的某个繁华街区，干脆取消了人行横道。也就是说，行人可以随便乱穿马路。只要路上有人走，开车的就必须耐心等待。公路已经变成了行人的领地，机动车只有在人家行人有空时，才能小心翼翼地穿过去。这样，开车出行就会如蜗牛一样慢。一位苏黎世的居民抱怨，他的车，一般情况下一小时也就能开 20—30 公里，只能在城市边缘的一个停车位停靠，几乎变得毫无用处。

这些措施的结果如何呢？在过去十年，苏黎世大都市区的无车家庭从 40% 上升到 45%。更重要的是，有车的人尽可能不用车。瑞士议会

91%的议员乘公交上班。专家的计算表明，一个人开车所占用的城市空间为115立方米，而一个普通行人只占据3立方米。既然城市空间是公共资源，就不应该容许这么不平等的分布。

交通是地球废气排放的主要来源，其中私人车的排放占了其中的一半。欧盟都属于《京都议定书》的签约国，不控制私人车，就无法达到《京都议定书》所规定的排放标准，这就逼得欧盟国家加大控制私人车的力度。也许更为重要的是，世界卫生组织对于空气污染的微粒密度指标越来越严格，美国许多城市已经达不到这样的高标准。中国的城市，空气中的微粒密度则大多超出了危险线，居民实际上等于每天"吸毒"。人口稠密的欧洲，则指望通过这一系列措施维持良好的空气。

中国的汽车拥有率还远远赶不上欧洲，来自既得利益压力也不该那么大。为什么大都市制堵效果不明显？为什么政策力度远远赶不上欧洲？这些问题，实在值得我们全社会思考。

中国制造怎样变成中国创造

改革开放 30 多年，中国已经成为世界第二大经济体。然而，像瑞士等 GDP 总量不及中国十分之一的小国也是世界名牌一大堆。韩国这样后起的国家，在经济起飞 30 年时也早做出了世界名牌，中国在这方面则至今还是一无所获。世界上充满了中国制造，却见不到中国创造。

这一问题，已经被讨论了若干年，至今仍然见不到出路。多少年前就听说中国汽车要登陆美国，如今早过了预测的日期，却连影子也没有。李宁是举国体制打造的世界明星，用这牌子经营运动用品，其中包括许多技术含量并不高的服装，按说胜券在握，可惜李宁公司据说也陷入困顿。过去我们可以说自己一穷二白，竞争不过发达国家情有可原。现在是财大气粗，世界上的东西似乎没中国买不下来的，怎么创造不出自己的牌子？

最近我因为腿伤无法跑步，改练骑车，为此花了两千多美元买了辆自行车，开始了新的运动。这个生活方式的小改变，令我意想不到地顿开茅塞。我骑了一辈子车，一直到 34 岁出国为止，自行车都是我的主要交通工具。当时我们也都知道，中国是世界第一自行车大国。当私人车在中国崛起时，我就大声疾呼：要恪守自行车这种合乎中国人生活方式的绿色交通工具。但是，我的呼吁显然是螳臂当车了。中国的主流意见似乎认为：汽车才是现代化的标志，汽车才能拉动经济。各地政府在城市规划中，也纷纷给汽车让路，使得自行车在城市中无立锥之地。

殊不知，当我们模仿西方工业化国家大力发展汽车时，人家却纷纷抛弃汽车，《经济学人》最近的综合报道指出，西方最迷恋汽车的是婴儿潮一代，这代人正在开始退出历史舞台。新一代人对汽车热情大减，甚至许多人放弃汽车，一定要到只需靠公交和自行车的城市工作。预计未来几十年，西方发达国家汽车市场饱和，西方的汽车业只能到第三世界扩张。更重要的是，汽车业在西方已经有了百年以上的历史，基础雄厚，涉猎的技术广泛，中国想取而代之几乎不可能。从现在的情况看，中国发展汽车等于为人作嫁，使西方汽车公司在中国大发其财，自己能打入对方市场的品牌却一个没有。

与此同时，被中国放弃的自行车，则在西方悄然崛起。自行车热从欧洲蔓延到美国，越来越成为 21 世纪的城市时尚。其市场之大，利润之高，也让我吃惊不小。我这辆两千美元的车，不过是个中档公路赛车，而且是趁年底旧车淘汰大减价时买的，原价本是 2600 多美元。五千甚至上万美元的车也不少，最高级的自行车能顶一辆汽车的价了。还有，我发现波士顿地区的自行车迷很多，许多人不止一辆车。我外甥的邻居是一位越南裔的老太太，居然有五辆，最近正向邻居炫耀她两万多美元的一辆高档新车。当然，便宜的自行车更多，在沃尔玛的货架上，70 多美元就能买到一辆低档山地车。

我不是说中国一定能占领自行车市场，在高档自行车领域，技术含量是非常高的，发达国家占据着天然优势。但是，考虑到自行车产品在价位上惊人的跨度，中国在某一档次的产品上突破还是很有可能的。更重要的是，我这次骑车后，才发现自行车的产品远远不止一辆自行车。在新英格兰的冬天骑车，需要暖脚的鞋套、暖腿长袜、暖臂袖、手套等等，到网上订购这些产品，居然找不到中国的牌子，虽然大多数都是中国制造。

这让我想起了困境重重的李宁公司。如果是传统的运动服装，阿迪达斯、耐克等早已在世界市场上盘根错节，很难有空子可钻，这就像中国汽车和本田、福特死拼一样徒劳。德国中小企业家们有个说法，叫"不和大象跳舞"，专注于占领大象鼻子插不进去的缝隙市场。再看看自行车衍生产品的市场，真是充满了这种"缝隙"。像暖脚鞋套这样的产品，并没有被如雷贯耳的跨国公司把持。一双鞋套能卖几十美元，其实不过是个特别的袜子而已，除了用料外，并无太多技术含量，中国怎么可能连这种产品都发明不出来？

几年前，我曾写过一篇文章，称中国要注重生活方式的创意，而不是亦步亦趋地模仿发达国家的生活方式。当中国模仿人家的生活方式时，就需要供应这种生活方式的产品。但是，发达国家的企业毕竟对自己的生活方式理解更深刻一些，积累了雄厚的资本为这样的生活方式提供产品，这就是为什么中国人学着西方人开车，最终会喜欢上外国车。除了技术优势外，毕竟外国厂家对开车的生活方式理解得更精微细致一些。但是，我作为北京人，骑了一辈子的车，对骑车的甘苦很能体会，而且相信国内有大量我这样的人。如果我们珍视自己的生活方式，在自行车上多下下工夫，如果各地政府在规划城市发展时多考虑一下自行车的利益，那么就可能给中国的企业创造一个庞大的自行车市场。像暖脚鞋套这样的产品，本来就是中国北方骑车的急需产品。现在自行车在发达国家风行，特别是在美国的新英格兰地区、加拿大、北欧、英国等气候寒冷的区域已经相当普及。像鞋套这类缝隙市场，还是大有买卖可做的，怎么可以拱手送人？

亦步亦趋地赶西方的时髦，真可谓赔了夫人又折兵。"先生产、后生活"的发展模式，只能永远给人家做来料加工。生产毕竟是为生活服务的，中国模式，必须有自己的生活本位。

阿姆斯特朗：英雄还是骗子

获得七次环法冠军的自行车王阿姆斯特朗，在年初接受奥普拉采访时公开承认自己服药，完成了身败名裂的过程。然而，他远非一个像加拿大百米选手约翰逊、美国女子短跑选手琼斯那样简单的服药者，关于他的是非，仍然会萦绕在公众话语中很久很久。

阿姆斯特朗的罪责是毋庸置疑的。奥普拉采访以一系列"是还是不是"的审判式问题开始：你用了这个药了吗？你用了那个药了吗？那个是你干的吗？这个也是你干的吗？阿姆斯特朗一概供认不讳。自行车界人士说，他一手制造了运动史上最为复杂的服药和欺骗体系。这不仅仅涉及他自己，他对队友也施加压力，让大家跟着服药，并打压那些有不同意见的人。他其实在当年得癌症时就告诉医生自己服药了，但后来死不认账，并对质疑他的人采取高压，以攻为守，他成了服药文化的象征。

然而，就在这一采访播出不久，13岁的女儿的面书好友圈里，有人以一位刚刚因癌症去世的同学的名字发了一条评论，称对于那些癌症患者和幸存者来说，没有一个人作出的贡献比阿姆斯特朗大。我们不知道这条评论的作者是谁，但很容易猜出来。那位死去的女孩儿，是女儿学校里低两班的同学，她的哥哥姐姐也都在同一所学校里上学，她父亲就是学校的校长。以这位死去的女孩儿的名义发帖，几乎等于公开了自己的身份。大家都知道：这帖子十有八九是来自校长的家人。

众所周知，阿姆斯特朗1996年被诊断出癌症，当时的癌细胞已经扩散到脑子和肺部，按照常规已经无药可治。但是，他奇迹般地康复，并连夺七届环法冠军，成为美国英雄。他利用自己的感召力，建立了慈善组织"坚强生活"（Livestrong），帮助癌症患者，同时也成为指导人们从事耐力运动的组织。他当年是从铁人三项起家，环法之后再次投入铁三，游泳、骑车、跑步无不涉猎。我们这些耐力运动迷，日常训练有问题也往往到他的网站寻求指导，"坚强生活"已经渗入了美国人的生活。

最近有位读者投书《华尔街日报》，针对一篇称阿姆斯特朗为假英雄的文章，以亲身经历为阿姆斯特朗辩护：15年前我患了癌症，绝望中和"坚强生活"取得联系，阿姆斯特朗亲自给我回信，并推荐了自己的医生。经过他的医生的精心治疗，我痊愈了。阿姆斯特朗犯不上帮我这么一位默默无闻的陌生人，但他不仅帮我治病，而且向我展示了像我这样的癌症患者能怎么帮助别人。我不懂体育，无从判断服药是多么大的罪，这对我也无关紧要。但是有一点我知道：有没有阿姆斯特朗，对我和成千上万的癌症患者和幸存者来说意味着什么。15年前，当你被诊断出癌症时，几乎就是被判了死刑。而现在，许多癌症幸存者能够过着非常自我实现的生活。没有阿姆斯特朗，这一切都不可能。

阿姆斯特朗的一位前队友、2007年环法第三名和2008年北京奥运会铜牌得主Levi Leipheimer在《华尔街日报》发表文章《我为什么服药》，自述他13岁就有了环法梦，19岁就放弃了大学，离开家庭，到欧洲训练。但是，他马上发现，在这个行当中，不服药根本没有出路，连最基本的准入资格都无法获得。这就逼着你作出选择：是放弃自己的梦想，让多年的训练和自我牺牲都付之东流，还是服药继续一拼？他虽然没有明确地指责，但大致说出了许多人都相信的事实：在环法这一赛事，不服药几乎连参赛资格都无法获得。那些名头大的被反复地查，那些扮演支援性角色的队友，也必须服药，否则跟不上队伍，该自己领骑时没有力气。只是药检复杂昂贵，你要是比赛名列最后几名，没有人犯得上纠缠你是否吃药。

阿姆斯特朗就是这种文化的产物。他称自己并不知道这是多么不对，觉得这就和在瓶子里灌满水、给车带打足气一样，是比赛必需的准备。可惜，这番解释难以赢得大多数人的同情。论者指出，正是因为他这种大牌运动员带头干，才创造了环法的服药文化，再不打压，这一运动就丧失了存在的理由。如今，阿姆斯特朗丧失了所谓未来的收入。他现有的资产，也会被一系列的索赔官司所消耗。用他的话来说，当年身患癌症，走到了死亡边缘，这次几乎也差不多。只是有那次经历，对现在的求生奋斗有极大的帮助。

问题是：他能像当年战胜癌症那样再造自己吗？

底特律的破产

2013 年 7 月 18 日，底特律申请破产保护。底特律的故事，无疑将是历史教科书的经典。这场大戏怎么收场，至今还看不出来，但是，底特律破产本身，不仅体现了美国和世界经济的转型，也触动了政治、种族、法律，乃至城市发展等诸多的神经。底特律，仍然是一本还没有完全被打开的百科全书。

首先，底特律的破产是政府的破产，这在以强力限制政府权力为标榜的美国，也非常罕见。《纽约时报》指出，自 1950 年代以来，美国的市镇村落破产的数量，总共也就 60 例，也就是说，10 年才赶上一例。而美国的地方政府有将近 9 万个，这包括仅几十个人的小村落。快 9 万个政府，10 年才有一个破产，这在统计学上实在微不足道。

底特律当然不是个小村落，而曾经是美国第四大城市，人口在 50 年代曾经接近 200 万。即使现在人口缩水到 71 万多，也是美国第十四大城市。《华尔街日报》指出，在 20 世纪上半期，底特律对于美国来说就相当于 70 年代以后的硅谷。福特汽车生产线在这里创立，汽车城成为整个美国经济的龙头，其企业的管理、生产的组织，都为现代企业提供了典范。同时，工会也在这里崛起，汽车工会和雇主们达成的优厚薪酬和福利，界定了美国制造业工人的待遇水平。底特律，就是 20 世纪美国工业时代的一个缩影。

冰冻三尺非一日之寒。底特律的问题，用密歇根州长 Rick Snyder 的话说，是 60 年酿成的。不过，进入本世纪后，底特律危机愈演愈烈，特别是美国汽车业在国际竞争中失势，使得这个汽车城陷入消沉。到 1990年，底特律的人口仍然在百万以上。到 2000 年时跌到 95 万，也不过失去了 5 万人。但是，到了 2012 年，人口仅剩 70 万，四分之一多的人口消失。底特律本来就是以黑人为主的穷困都市，流失的人口，多是些有资源迁移的中产阶级。这些人如逃难般地迁出，留下了 78000 栋废弃的住房，城市税源锐减。但城市的骨架还在那里，基本的服务还需要维持，这就是底特律的财政赤字成为一个无底洞。财政上的窘境，更加速了人口的逃离，进一步导致税源流失，形成不可逆转的恶性循环。一位居民在广播里讲：她发现一位形迹可疑的人进入自己的院子，马上电话报警，但警方不来，这城市还能住吗？宣布破产前的底特律，五分之二的街灯已经熄灭，只有三分之一的救护车还在运行，许多地区连垃圾都没有人收。底特律的失业率是 2000 年的三倍，是全美失业率的两倍以上，凶杀率为 40 年来最高，在 20 多年来一直是美国最危险的城市之一。

到了 2013 年，底特律再也熬不下去了，只得和其所在的密歇根州的州长达成协议，让州政府接管底特律的财政，以换取州里的财政资助。州长立即任命了破产律师出身的 Kevyn Orr 监督底特律的财政。Kevyn Orr 估算，底特律的财政责任高达 180 亿美元，有专家估计要达 200 亿美元左右。他和底特律的债权人以及工会双边进行谈判，一方面希望债权人免去底特律的相当一部分债务，一方面希望工会在城市雇员的福利和养老金等方面进行削减。可惜，这些谈判全部破裂。最终别无他途，只能宣布破产。奥巴马的政府发言人立即表示，总统没有计划对底特律进行财政救助，唯一避免破产的路径就此堵死。

但是，宣布破产的第二天，密歇根州 Ingham 县的巡回法庭法官 Rosemarie Aquilina 判决，称宣布底特律破产违反了密歇根宪法，责令州政府收回。她特别指出破产将给那些领退休金的人带来不正当的伤害，并在 22 日举行听证。州长 Rick Snyder 表示将上诉。

论者指出，底特律破产，在美国历史上前所未有，日后的司法纠纷将会旷日持久，很难预料最终的结局。首先，美国地方政府破产不仅罕见，而且所涉及的债务也不大。在底特律以前，2011 年宣布破产的阿拉巴马州杰弗逊县，债务为 42 亿美元，这是最大的地方政府破产了。接下来是加州的橘县，1994 年宣布破产，债务 20 亿美元。2012 年宣布破产的加州 Stockton，债务 10 亿美元。底特律的债务可能突破 200 亿美元，这对金融市场将形成巨大的冲击。另外，底特律毕竟是座大城市，有两万城市政府雇员现在领取退休金，破产将直接威胁他们的生活来源。底特律政府雇员中，就有 40 个工会，势力相当大，所以，底特律也不是说破产就可以破产的。

这就是底特律面临的局面：想活活不下去，想死也死不了。这一大戏，才刚刚开始。

政府破产意味着什么

底特律的破产究竟意味着什么？目前很难看得清。因为底特律的破产是政府的破产，政府所涉及的领域无所不在。所以，底特律的破产不仅仅要考虑破产法，而且还被美国各种其他的法律网络所制约。

从破产法的角度看，底特律破产有三大后果：第一，城市破产，不能履行其对债权人的责任，底特律多年来在金融市场借的钱，也可以不还了，投资人损失惨重。第二，许多城市的雇员，其薪酬包含着各种福利，特别是医保和退休金，这些本是他们合法收入的一部分。城市破产后，市政府就可以不履行这些义务。这不仅仅是大量市政府员工被解雇，更意味着大量退休人员可能拿不到退休金。第三，破产意味着所有权的丧失。当自己的债务超过自己所有权的价值时，才破产。破产后，破产者的所有财产会被拿来拍卖，所得款项用来最大限度地抵偿债务、减少债权人的损失。按照这个理论，属于底特律的所有资产，包括政府建筑、基础设施、艺术馆、学校等等，都可以拿出来拍卖。

然而，除了破产法外，还有许多其他法律必须遵守。比如，底特律艺术博物馆，是美国第二大城市艺术博物馆，其收藏价值 10 亿美元。但根据密歇根州的法律，这些收藏无法用来进行破产拍卖。底特律的机场、一些公园，也属于此列。其他能够拍卖的，一旦进入拍卖程序，也会引来诸多司法纠纷。

宣布破产的一个主要目的，是可以摆脱对退休人员的义务。底特律要支付的退休金和相关费用，高达160亿美元。在185亿美元的债务中，有一半是用来支付退休福利的。破产后甩掉这一重负，底特律才有复活之可能。但是，如上所述，法官已经宣布破产不合法，接下来是一系列司法纠纷。

如果现有的资产无法如数拍卖，退休金又非支付不可，钱从哪里来？当然只能是借贷了。借贷的方式，就是发行政府债券。政府债券，一直属于没有风险的投资，所以利率很低，这意味着借钱的费用非常小。为什么政府债券没有风险？这全建筑在政府的金融信誉上。美国这几年屡屡上演债务危机，但美国政府的债券，一直保持着低息率。经济越是动荡，华尔街股市越是崩溃，投资者越赶着购买政府债券。像德国政府的债券，一度出现负息率，即你必须花钱才能购买到借给政府钱的机会。美国的各级地方政府，也都发行债券。如上所述，在将近9万个地方政府中，10年才赶上一家破产，而且破产者所涉及的债务都非常小，在统计学上几乎没有什么意义。所以，投资人对于政府债券一直抱有信心。

底特律这次不同。这次破产，涉及180—200亿美元之巨的债务。更重要的是，这次破产的一大目标，是让债权人吞下损失、免除大部分债务，这势必在金融市场上引起震荡。我们都还记得，不久前奥巴马和控制国会的共和党在债务上限问题上形成僵局，形成美国政府破产的危局，后来双方在最后一刻达成妥协。不过，在妥协前，人们已经开始讨论近在眼前的可能：如果国会不提高债务上限，美国政府在财政上弹尽粮绝，那么将怎么办？但是双方都放出话来：一旦走到那一步，政府哪怕不履行对公民在退休金上的承诺，也必须还债，绝不能在债务上违约。哪怕亏了自己人，也不能伤害外来的债权人。

为什么会如此？因为"有借有还，再借不难"，只有这样，才能维持政府的财政信誉。西方金融市场，自古都是如此。比如，文艺复兴时期欧洲的金融之都佛罗伦萨，赶上经济和信贷危机，出现了三大银行破产的危局。此时市政府接管，清理债务、变卖资产，保证投资人收回资金，哪怕自己的公民承受损失。这种先外后里的方法，使得佛罗伦萨保持了自己的金融信誉，日后迅速恢复。与之相对，不可一世的西班牙国王，则频频赖账。这种短期的不负责，导致日后债务风险剧增，利率飙升，成为西班牙帝国日后屡战屡败、最终衰落的重要原因。这样的金融规则，在几百年优胜劣汰的竞争中，浮现成为西方金融市场的主流。底特律要破这个规矩吗？这是让投资人提心吊胆的地方。

底特律：美国的希腊吗

底特律在破产前，就被称为"美国的希腊"。确实，两者有许多相似之处，甚至在经济规模上都非常接近。希腊的GDP，大致相当于大底特律地区（即底特律及其郊区）的1.5倍。克鲁格曼在《纽约时报》的专栏上抱怨，不管是希腊还是底特律，经济规模都甚小，按说并无大碍。可惜现在大家都谈希腊或底特律而色变，反而忽略了许多更有建设性的经济问题。

然而，经济规模仅仅是问题的一个面向。希腊和底特律之所以让人们恐惧，是因为其代表的问题具有相当的普遍性。人们担心欧洲希腊化、美国城市底特律化，这当然包含了在经济危机的恐慌中的过度反应，但恐慌绝非全无道理。

当 Kevyn Orr 从密歇根州长那里受命、整顿底特律财政时，他试图做的一件事，就是说服对底特律政府债券投资的债权人放弃自己的大部分权利，这自然激怒了投资人。政府债券本来是金融市场的保险柜，大家正是图保险才来投资的，谁甘心看着自己放进保险柜中的钱大部分蒸发？怪不得金融市场会为之恐慌。在宣布破产前，底特律的政府债券的息率，从2013年5月的8.39%飙升到6月的16%。相比之下，美国政府的国债息率，在金融危机的大部分时间，都维持在百分之二点多的水平。底特律目前的破产战略，还不仅仅是借钱无力偿还问题，而是不把投资者的利益放在首位。如果破产后变卖资产，得到的款项也未必首先支付投资人。事实上，在破产前一个月，底特律已经停止履行对投资人的金融义务。

一旦这种想不还钱就可以不还的先例被确定下来，那就不是一个底特律的问题。投资人对大部分地方政府的债券都要三思而行，保险柜就成了风险柜。投资人为什么要拿自己的钱冒险？当然必须有超高的息率。这样，地方政府发行的债券，息率就会飙高，大大增加其财政成本。其中，受影响最大的，恐怕是密歇根及其附近地区的城市。这里是美国制造业的腹地，在全球化的竞争中挣扎，一直没有恢复元气，许多城市大量依赖借贷，入不敷出。一旦利率飙升，政府的大量财政收入就会被用来支付利息，日子就更为艰难了。

　　《华尔街日报》在 7 月 22 日发表了题为《底特律之后，谁是下一个》的社论，点出一系列财政上危在旦夕的美国城市，其中包括加州的奥克兰、宾州的费城、与底特律邻近的芝加哥。这些城市，都陷入了底特律式的怪圈：政府长期借贷运营，但借来的钱主要用于支付政府雇员的退休金和医保等福利，难以投资于城市建设；于是，只能听任基础设施破败，并且不停地裁剪警察、教师，关闭公园等公共设施，导致教育质量、治安状况、社会文化环境的全面恶化，使得城市越来越失去吸引力。结果，中产阶级和企业纷纷迁出，税源枯竭。税源一旦枯竭，市政府万般无奈只能提高税率，进而加剧居民和企业的逃离，无异于杀鸡取卵。

　　《华尔街日报》一直是右翼的喉舌，未免言过其实。比如，芝加哥虽然大量解雇教师，但最近被评为世界最有竞争力的城市之一。不过，美国大量城市面临着底特律式的危机，确实也是个不争之事实。其中，小城市的危险最大。《华尔街日报》举出了底特律的郊区城市 Hamtramck。密歇根州长 Snyder 已经任命了紧急财政官清理该市的债务和财政，但一直无法解决其财政困局。

　　防止"底特律症"的传染，最好的办法还是执行金融市场数百年形成的规则，让不得不破产的破产，在变卖资产、清理债务的过程中，首先满足投资人的利益，先外后里。这是一剂苦药，但吞不下去的话，投资人的信心就会崩解。在这个各级政府都借钱度日的时代，这等于断了许多地方政府的活路。

　　在民主政治中，选民经常会不遗余力地捍卫自己的既得利益，不管这种利益会给社会带来什么样的长期危害。比如，退休的和要退休的人，辛辛苦苦干了一辈子，当然不愿意看着退休金这一晚年唯一的生活来源泡汤。他们人数多了，就形成巨大的选民集团，有着相当雄厚的政治力量捍卫自己的权利。如今美国最大的选民集团"婴儿潮"一代步入退休，他们人多势众，当然不是好惹的。在这种情况下，金融市场是对政治过程中大众集体非理性倾向的制约：你不能光让政府在自己身上花钱，花得太多，连政府也会破产，最后大家都断了生计。这种金融规则如果严格执行，政府在为削减退休金等福利和工会谈判时，也比较有砝码，可以对工会说：看看，如果你们不退让，不削减自己的要求，会把政府拖得破产。政府一旦破产，你们就什么都没有了。这样，双方就比较容易达成协议。

目前值得担心的，不是一个底特律的命运，而是这一金融上的制约，是否会被突破。

破产中的种族政治

底特律的破产，不仅是个财政问题，也是种族问题。底特律是美国最大的黑人城市之一，70万人口中，有82%左右是黑人，白人仅为10%出头。自不用说，底特律市长是黑人，政治被民主党所控制。底特律所在的密歇根州，总共900多万人，白人占79%左右，黑人仅14%上下。也就是说，该州的黑人，大致小一半集中在底特律。如今该州的州长是白人，而且是共和党人。虽然州长派往底特律整顿财政的紧急财政官是位黑人，但许多人仍然声称，这是白人共和党人领导的州政府对民主党的黑人城市见死不救、最终令其破产的大阴谋。

除了州以外，底特律本可以指望联邦的救援。在1970年代，纽约市也面临着破产的危机，最终是靠福特政府的联邦贷款渡过难关。金融市场之所以觉得政府债券比较安全，原因之一是在地方政府破产时，上级政府很可能出面救援。人们记忆犹新的是，底特律的两大企业——通用汽车和克莱斯特，都一度走到破产边缘。其中通用这一家企业，就从奥巴马那里拿到了 500 亿美元的联邦救助。最终 400 亿美元已经捞回，还剩下 100 亿。但通用恢复强劲，收回联邦救助的希望相当大。底特律的债务，不超过 200 亿美元，比起通用要的钱可谓小巫见大巫，怎么奥巴马救通用这样的私营企业，却对一个地方政府见死不救？

于是，有一种理论认为，像通用、城市银行、两房等机构，都是白人主宰的组织，出了事容易得到联邦政府的保护，有时保护还相当慷慨。但底特律是个黑人城市，一出事就变成了孤儿，即使奥巴马这位黑人总统也无能为力，他甚至还必须避嫌。底特律一申请破产，他的发言人就在第一时间表示总统不准备救援。

这些议论，虽然不绝于耳，但一直不居主流。《华尔街日报》特地发表文章对之讽刺挖苦，广为传播，颇有些幸灾乐祸之态。在是否救助底特律的问题上，种族因素绝非关键的理由。这里的要害，恐怕还在于里根领导的保守主义革命的政治遗产。

当年福特政府拨给纽约联邦贷款，使之免于破产，还是在里根革命之前。那时像福特这样的共和党人，为政也颇像民主党人，政府肯担待、管得相当宽。里根上台，则是以"政府不是解决问题的办法，政府就是问题本身"为口号，对联邦政府宣战。小布什号称继承里根的衣钵，以小政府为号召，但执政 8 年，联邦赤字攀升，政府从伊战到卡特里娜飓风救援等一系列大事上，表现得出奇无能，使人们对政府的信赖降到最低点。

奥巴马上台后，本应有开辟新局的机会，可惜，他从布什那里继承的，是大萧条以来最大的经济危机，不得不出台一系列经济刺激计划。虽然他的这些做法和布什并无本质不同，当共和党仍然捡起小政府的意识形态，对之大肆攻击，称他慷纳税人之慨。美国公众，也对于政府为何用纳税人的钱救助那些把经济拖入谷底的大企业难以接受，政府救助立即背上恶名。奥巴马的经济刺激计划出台后，在这方面的政治资本就已经用光。共和党则再逼一步，利用债务上限的问题反复和奥巴马摊牌。在这种情况下，奥巴马对于底特律就更是爱莫能助。可见，从福特救助纽约到奥巴马对底特律见死不救，和种族政治关系不大。最为关键的，是联邦政府的合法性及其权威有了本质的变化。当然，民主党和共和党之间的争斗也比 70 年代刻毒得多，使得政府的政策难以获得跨党派的支持。

除了这一重要素外，还有两个问题：第一，底特律是否如同通用汽车那样可救？其经济状况到底糟糕到什么样子？这在很大程度上，决定了奥巴马是否伸手。第二，即使是"种族阴谋"之说离谱儿，那么底特律为何成为一个白人州里的黑人孤岛？这本身反映了城市化中的什么问题？有什么后果？这些都是我们需要探讨的。

底特律是汽车城吗

底特律为什么会走到破产这步田地？最通行的解释，是美国汽车业衰落，底特律作为三大汽车所在的城市，自然每况愈下。哈佛经济学家 Edward Glaeser 在其《城市的胜利》一书中，把底特律作为失败城市的典型，称其败在依赖汽车这一单一产业。克鲁格曼则称，底特律不过是不幸地赶上了世界经济的不利周期，意思当然还是和美国汽车的命运联系在一起。

这些见解，当然都不无道理。如果我们看看大底特律都市圈就会发现，福特、通用和克莱斯勒三大汽车，是当地最大的雇主，各雇用了 5.5 万、4.1 万和 3.2 万员工，排在第四的是底特律公立学校系统，雇用 1.7 万多人，密歇根大学在 Ann Arbor 的主校区，则雇用了 1.6 万人，居第五。不过，破产的并非大底特律都市圈，这个都市圈人口达到 530 万，经济相当繁荣。2011 年的一项研究甚至显示：大底特律都市圈的就业人员中技术行业的比例高达 13.7%，几乎是全美最高的地区。著名的 Case-Shiller 房价指数也预计，大底特律都市圈到 2014 年时的房市将成为全美第三强的地区，吸引着大量国际投资人。另外一项研究显示，底特律大都市圈在 2010 到 2012 年间，是全美就业增长最大的五大都市之一。

破产的，是本来应该作为这一大都市圈核心城市的底特律市，即人口 70 万的城区。大底特律都市圈经济发展强劲，就业猛增。但是，四分之三以上的职位，出现在距离底特律传统城区半径16公里以外的地区。再看看底特律市区的主要雇主，第一位是底特律公立学校系统，第二位为底特律市政府，第三是底特律医疗中心，第四是一个非赢利组织，福特健康系统，第五是联邦政府，第六是另一家提供医保的非赢利组织Blue Cross Blue Shield，第七是Wayne State大学，第八是密歇根政府，通用和克莱斯勒排在第九和第十。也就是说，底特律市内的主要雇主，是各级政府部门、学校、非赢利的医疗机构，前十位雇主中最后两位才是生产性的企业。

一个以制造业闻名于世的汽车城，工作职位大多来自政府部门、学校和非赢利机构，那么谁来生产养活这些机构呢？这便是底特律的困局。最近美国汽车业反弹，其他企业也纷纷来到底特律大都市圈寻求机会，但底特律市迫于财政困顿，2012年把商业税率提高了一倍，仿佛是忙着关门。更糟糕的是，这种大政府，实际上是个瘫痪的、无法行使功能的政府，钱都用于和城市发展最无关的项目上。40％的政府收入都用于支付债务的利息和政府雇员的养老金，无钱照顾城市的基本设施。自2008年以来，市区将近70％的公园关闭。在这个犯罪率最高的地方，过去十年警力被削减了40％。

其实，底特律复兴的机会并非没有，毕竟，周边地区相当繁荣。市区内50美元、100美元的房子遍地都是，商业用房用地也相当便宜，兜底的人纷纷而至。不久前有报道说，在大量市民逃离的局面中，一些专业人士开始迁入，甚至出现黑人逃离、白人迁入的局面。其中一些收入不太好的艺术家，特别图这里的便宜。还有一些新企业安营扎寨，其崭新的门面，和城市如同垃圾场般的公共环境形成了鲜明的对照。

但是，底特律要想复兴，政府至少必须做两件事：第一，要提供优良的服务，目前则连最基本的服务都没有。到底特律房市兜底的大有人在，但是，如果真如网上传的"看房先买枪"那样，房子没有买好自己先"壮烈牺牲"了，谁犯得上到这里兜底？目前底特律警力严重不足，警方对报警的反应时间，是全美平均水平的五倍。人们基本的安全都没有保证，更遑论什么公园等娱乐设施了。第二，城市必须以优惠的税收政策鼓励企业创业、新居民定居，否则，高税收会把想来的人也给吓走。

底特律目前的死结也恰恰在这里。政府财政枯竭，负债如山，只能杀鸡取卵，不停地提高税率，直到把能缴税的企业和居民都赶走。这样收上来的税，也无法投入市政建设，宁愿放任市内的凶杀不管，也要裁减警力，把钱都用来支付过去政府雇员的退休金和越来越多的债务利息。这样下去，会把原本可以有的一线生机也掐死，只有破产，才能解脱这重枷锁。

底特律这台悲剧，最奇特的地方也正在于此。政府申请破产，法院宣布破产违宪，金融市场信心崩盘，找不到投资人陪着玩儿下去，联邦和州政府拒绝救助。这样硬挺着不破产，钱从哪里来？难道要看着城市活活饿死？

底特律的神奇时代：创新城市

听到底特律申请破产的消息后，我习惯性地翻开手边的 Colier's 百科全书查看底特律的词条。这是我刚到美国的第一年在纽黑文街头买的旧货，20 多册大开本精装，1950 年首版，日后每年都再版，我到手这套是 1974 年版，几乎无人用过，只花了两美元。事后发现，这本已经绝版的百科严谨周详，虽然当今科技日新月异，使许多相关条目已经不足为训，但在人文历史方面，还是颇有看头，至今难以舍弃。这次查看底特律的词条，当然知道其早已过时，然而过时的条目读来别有历史情怀。

这一词条也许是在 1950 年首版时写作，到了 70 年代初修订，但不管其着眼点是在什么时代，所描写的显然是底特律的盛世：美国四分之一的汽车都在这里制造。美国所有的汽车制造商，都在底特律及其附近地区设有总部。底特律还是世界上最为繁忙的内陆港口之一，大湖区的汽船和小型远洋船把大宗原材料运抵城市，再将其所生产的汽车、汽车零部件和其他工业产品运往世界各地。底特律独特地把大都市和小城镇的风情融为一体，当工厂换班时，其高速上的汽车川流不息，整个城市如同一架机器，底特律人曾以此作为工业化的骄傲。同时，维护精致的廊式平房，又给城市添了些小镇的韵味。另外，工业家们在这里建设的豪宅，构成了奇特的风景线，一度使底特律有着"西部巴黎"的称号。

在底特律破产的新闻噪音中读这段文字，颇有些"六朝粉黛无颜色"之叹。要理解这部城市传奇的终结，首先需要回顾这部传奇是如何开始的。

底特律因底特律河而得名，该河连接五大湖水系，特别是当几大运河修通后，这里向东连接纽约，向西直通芝加哥，向北又是进入加拿大的门户，同时还是南方黑奴逃亡秘密通道的重要中转和接收站。在整个19世纪，美国基本还是农业社会。不过，中西部的土地远较新英格兰地区肥沃。新英格兰地区逐渐转向工商贸易，粮食大量从中西部进口。艾奥瓦的谷物，经过底特律一路水运送到纽约。铁路开通后，这里又成为铁路和水运的枢纽。从1850到1890年间，底特律人口从2.1万人增加到20.6万人。

根据 Edward Glaeser 的分析，水陆运输枢纽所提供的技术创新环境，刺激了汽车的诞生。最早的蒸汽引擎多是在船舶上使用，另外，陆运需要大量马车，底特律也有着制造马车的悠久历史和庞大的市场需求。把引擎装到马车上，就是汽车概念的原型。结果，底特律汇聚了一大批发明家、企业家，寻求这方面的突破。在1900年这个关口，纽约的汽车制造规模仍然大于底特律。

但是，当时的底特律，活像20世纪后期的硅谷，集中了福特、道奇兄弟、别克等一批发明家。在底特律，你几乎每绕过一个街角，就能碰到初出茅庐的汽车天才。福特无疑是他们之中的佼佼者，他1880年来到底特律干船坞工作，见识到了复杂的引擎生产流程。

两年后，他回老家研制引擎，后投到大发明家爱迪生门下。他的汽车理念，据说受到了爱迪生的鼓励，终于在1896年于自家后院的工作室中造出了福特四轮车。这种车虽然用的是自行车轮胎，但时速已经达到32公里。很快，他成立了自己的公司，并不断改进车型，降低成本。1906年推出 N 型车，立刻热销，福特跃居汽车业的前几名。1908年，著名的福特 T 型车问世，折扣价825美元，相当于2010年的1.9万美元。五年后，他开始用流水线生产 T 型车，工业化大规模生产的流程从此确立。

用 Edward Glaeser 的话来说，城市是创意的摇篮。这主要得益于人口密集，各种人才有面对面互动的机会，资讯交流更加人性化。小企业和发明家云集，是城市竞争力的一个核心指标。19 世纪末 20 世纪初的底特律，恰恰是小发明家们的天堂。但是，正如后来的盖茨从自家车房起家而缔造了微软帝国、乔布斯从一个"屌丝"而统治着苹果王朝一样，福特这种在自己后院搞发明的小人物，很快就成为工业巨头，其他的小汽车发明家和制造商，也都纷纷变成了巨无霸。汽车一旦被发明出来，就迅速进入制造阶段，生产流程、规模经济、市场份额等等，就成了竞争的核心。小的不再美好，大才是王道，游戏规则开始变化。底特律，也随着汽车业的膨大而转型。

底特律的神奇时代：郊区化的展开

到 1920 年代，底特律已经工厂林立，成为美国名副其实的汽车之都。二战期间，底特律凭借其雄厚的工业实力，迅速转化为"民主的军工厂"，开足马力投入军工生产，从轰炸机到军车几乎无所不能，二战反而刺激了底特律的繁荣。二战后，美国大兴土木修建州际高速公路，汽车进入全民化的时代，底特律更是蒸蒸日上。在 50 年代，底特律人口超过 180 万，到达了顶峰。现在回顾，正如同密歇根州长所说，底特律走到破产的地步，是 60 年酿造的苦果。屈指算来，这 60 年的起点，恰恰是 50 年代的极盛期。可惜，当时的人们，很难意识到毁灭的种子早已播下。

研究郊区化的历史学家 Robert Bruegmann 指出，一般人总认为美国都市发展中摊大饼式的郊区化是在二战后全面展开。其实，这个过程在 20 年代就已经展开，而其主要动力未必是富裕阶层逃离都市，而是工业化的分散式发展，使郊区有了更多的工作机会，人口随之而至。1900 年，只有三分之一的制造业工作在中心城市以外。到 1950 年，这个比例接近 50%。以芝加哥地区为例，到 1935 年时，四分之三的零售业已经设在市中心以外。在两次世界大战之间的和平年月，美国的高速公路体系已经有了初期的扩张。到 1930 年代末端，那种"市中心—近郊—远郊"的基本格局已经清晰可见。

在这方面，底特律可谓一马当先。汽车生产厂占地广阔，在小规模生产时还能勉强在都市支撑，一旦生产规模扩大，都市就容不下这种工业化的庞然大物。1917 年，福特在底特律西南方的 Dearborn 地区建设了红河厂（River Rouge Plant），有 93 栋厂房，厂房总面积已经不用平方米来计算，而是 1.5 平方公里，并有自己的临河码头、160 公里长的专用铁路、自己的电站，甚至还有自己的矿石加工厂。这一独立的工业城，在1930 年代时的雇员超过了 10 万人。从此，这里成为福特的家乡，也是福特公司的总部。著名画家 Diego Rivera 在 1933 年以这一工业城为原本创造了著名的 27 幅系列壁画《底特律工业》，至今还在底特律艺术馆中陈列。

看看红河厂所在的 Dearborn 的人口历史，就颇能说明问题。1910 年建厂之前，这里的人口是 911 人。1920 年人口跃进到 2470 人！到 1950 年时，人口将近 9.5 万，相当于大半个底特律。1960 年顶峰时，人口超过 11 万。日后随着汽车业的分散化发展逐渐衰落，2004 年红河厂停止生产，2008 年被拆除。但是，Dearborn 的人口到 2010 年时仍然接近 10 万，在底特律都市圈中，实际上比底特律还大一些。事实上，目前在大底特律都市圈中，像 Dearborn 这样喧宾夺主、人口超过底特律本身的城市，至少有 10 个。

二战期间，急需的军工设施在拥挤的城内难以找到空间，纷纷建到郊外，而这些生产飞机大炮的工厂，需要良好的运输网络。于是，宽大的公路四通八达，把整个地区连为一体。战后军工萎缩，但汽车业高速增长，许多郊外的军工设施，被汽车业所利用，工业化越来越分散发展。

还必须指出的是，底特律除了一条底特律河外，基本没有什么天然屏障，从市中心向外拓展几乎不受任何自然地理的约束。这就为民用住宅的郊区化发展提供了便利。在 20 年代，当厂房遍布城市并包围了许多居民住宅、工业污染也越来越严重时，许多富裕的居民就开始迁往郊区，中产阶级接踵而至。也是在 20 年代，芝加哥大学的社会学家 Robert Park和 Ernest Burgess 以芝加哥为原型，总结了当时美国大都市的模式：核心地区是市中心，集中了各种商业设施；包围这一核心的一圈是过渡区域，为低收入阶层聚居，有着中国城、小西西里、贫民窟等等；再外一周则是逃避了破落市区的劳动阶层的社区；最外一圈，则是中高产的居住区。这一模式，虽然过分简单，日后被其他学者不断修正，但抓住了当时美国大城市发展的核心动力：市区贫困化，即使是劳动阶层，一旦达到小康，就开始向郊区移动。

底特律的黄金时代，大体也不出这一模式。城市本身人口增长强劲，但周边郊区的人口增长更为强劲，中心城市越来越丧失了中心地位。城市规划全不考虑既有的社区格局，经常拆掉旧区建公路，工人买得起自己造的汽车，开车上班。这无疑是自己为自己的产品拓宽市场，也成为底特律人的骄傲。1955 年，在通用汽车的推动下，有轨电车线被拆除，底特律至今也没有发展出地铁系统。最近有研究表明，穷孩子在公交发达的地区，向上流动的可能性比较大。在缺乏公交的地区，则在物理上就没有流动的可能。有时明明能找到个工作，但因为没有私人车而无法就职。底特律正是受着这种双重诅咒：郊区化使中高产争先恐后地逃离，穷人被困在城区，缺乏基本的公共设施向其他地方移动。

在某种意义上说，底特律与其说是汽车业没落的受害者，不如说是郊区化的受害者。毁灭的种子，在极盛时代就已经播下。这一点，在底特律的种族关系中反映得最为明显。

底特律：美国"最黑"的城市

底特律的黑人，占城市人口的将近 83%，成为美国最"黑"的城市。即使是有奴隶制和种族隔离传统的南方，也没有任何一个城市的黑人人口比例超过底特律。底特律的问题，在很大程度上是种族问题。

底特律从一开始就是多民族的大熔炉，吸引着大量移民。在 19 世纪上半期，这主要是白人的故事。德国裔、爱尔兰裔的移民聚集在自己的社区，后来东欧移民接踵而至。同时，底特律是南方黑奴逃亡的秘密通道的一个重要目的地和中转站，在南北战争期间，许多黑人开始涌入底特律。1863 年，南北战争还在进行时，底特律就爆发了针对黑人的种族骚乱，最后政府不得不出动军队弹压。

虽然底特律站在废奴一方，但对南部黑人的进入深感不安，其中最感到威胁的，是那些干粗活的穷白人。他们本来在劳动市场上就缺乏讨价还价的砝码，黑人的到来，等于给城市注入了大量廉价劳动力，使他们更加缺乏竞争力。民主党则以这些人为基础，主宰着底特律的政治，并通过自己的报纸频频煽动种族仇恨，称黑人是"埃及蝗虫"，侵夺了白人社区的资源，并大力鼓吹白种人优越论。这次种族骚乱，是因为一对白人和黑人女童声称在一家店里被店主性侵。其实两人事后承认一切都是自己编出来的，而且店主是西班牙和印第安的混血，按当时的标准属于白人。但阴差阳错，暴民们称那人有黑人血统，审判时在法院外群情激愤，秩序失控，警方被迫开枪，造成一位德裔男子死亡，顿时蔓延成全城暴乱。暴民围攻黑人聚居区，见黑人就打，黑人则忙不迭地逃跑，最终还是有位黑人被暴民打死，35栋房屋被纵火彻底摧毁。警察完全失去了对局面的控制，最终只能靠军队进驻，才算稳定了局面。

这仅仅是底特律种族冲突的预演。1943年6月，更大的种族骚乱爆发，持续了整整3天，最终被联邦军队弹压，但导致34人死亡，433人受伤，财产损失高达200万美元（当时的美元价格）。这场暴乱的因由，和上次大同小异。二战刺激了底特律军工的发展，人口一下子增长了35万。在新到达的人口中，有30万是白人，5万是黑人，多来自南部和阿巴拉契亚山脉地区的农村，一下子造成城市住房的紧张。当时市政府为白人和黑人都设置了公众住房，其中一栋黑人的公共住房建在传统的白人区内。这恐怕也是不得已，因为底特律本来是白人的城市。黑人到来，总要有地方住，住下来的地方肯定是过去的白人社区。但是，此举激怒了白人，他们集体抵制黑人进入白人区居住，并设置人墙阻拦已经缴了房租的黑人进入公共住宅。双方在这道防线上不时发生推搡等肢体冲突，火药味十足。当一家汽车厂招募了3名黑人到流水线上工作时，2.5万白人工人集体罢工。在抗议中，一些白人高呼："我宁愿挨着希特勒和裕仁（天皇）一起干活，也不愿意挨着一个黑鬼工作！"在这种氛围中，当一个白人水手的女友受到黑人侮辱时，就演变成了黑白全城大战。

不过，更大的种族冲突还在后面，那就是1967年7月持续了5天的种族骚乱，又称"第12街骚乱"，造成43人死亡，1189人受伤，7200人被捕，2000多栋房屋被毁，最后被联邦军队和密歇根国民警备队弹压。引爆这次骚乱的事件，发生在1967年7月23日凌晨3点45分。当时底特律警方突击检查在12街的一所无照开业的酒吧，发现里面82位黑人正在聚会，欢迎两位从越战归来的老兵，警察决定逮捕在场所有的人。如此大规模的逮捕引来大量围观黑人市民，他们开始向警察投掷玻璃瓶，最终演变成骚乱。这场骚乱的一大背景是，当时底特律居民中已经有30%是黑人，但警察中93%是白人，其中有相当大比例的警官怀有强烈的种族偏见。黑人对警察以黑人为目标、执法不公、暴力执法等等，一直心怀愤激。民权运动又使黑人社区有了权利觉醒，再难忍受这种不公的待遇。引发骚乱的第12街，本来是犹太人聚居地，在50年代成为黑人区，非常破落，人口密度是城市平均水平的两倍，犯罪率甚高。黑人在一系列城市改造中无从得益，反被挤在贫民窟里。所以事后有人分析，住房问题仅次于暴力执法，是引发暴乱的重要原因。

这场骚乱，成为美国战后种族冲突的经典，其规模和影响大概仅次于1992年洛杉矶的种族骚乱，被媒体反复报道分析，其中的经典报道还获得了普利策奖。可见，骚乱虽然平息，美国从政府到社会都意识到种族问题的严重性，并积极寻求补救措施。但是，大量的白人居民在骚乱后逃离城市，迁往郊区。到如今，将近83%的底特律人口是黑人，白人剩下了10%多一点。

黑人如何成为"城市种族"

在二战前，底特律的种族骚乱的原因比较简单，那就是赤裸裸的种族偏见。但是，1967年的种族骚乱虽然也和根深蒂固的种族偏见有关，却有着更为深层的社会和经济原因。

在20世纪，有大约600多万黑人从南方移居到北方，重新塑造了美国的种族地理。历史学家们称这一种族移动为"大移民"，又有人将"大移民"分为第一潮和第二潮。第一潮发生在1910—1930年间，共有160

万移民。第二潮发生在 1940—1970 年间，大约有 500 万移民。在 1900 年时，美国黑人 90% 居住在南方，而且主要在农村。到"大移民"第二潮结束时，美国黑人有 53% 留在南方，40% 居住在北方，另有 7% 在西部。另外，在大移民前，黑人主要是农村人口。众所周知，黑奴最早被运到美国，主要用于南部大庄园的农业生产，特别是后来兴盛起来的南部棉花种植园。在 20 世纪以前，黑人基本上是农业人口，"大移民"，则使黑人转化为"城市种族"。底特律和纽约、芝加哥等大城市，是"大移民"的主要接收地。

这些黑人移民北进，是被北方工业化所提供的机会吸引，另外也幻想着北方对黑人要比南方好得多。20 世纪初期，大量外来移民的进入在美国激发起反移民运动。国会通过一系列法案限制移民，结果使洪水般的外来移民成为涓涓细流。但是，此时正是美国工业化突飞猛进的时代，工厂急需人手，这就只能招募南部的黑人了，引发了内部移民，所以，黑人往往是从南部的农村直接进入北方的城市。大萧条摧毁了北方工业城市的工作机会，使"大移民"戛然而止。但二战爆发前夜"大移民"再度开始，战时军工的需求、战后的繁荣，使这股移民潮愈演愈烈。

和这些黑人移民直接发生冲突的，是北方城市中下层白人劳动阶层。因为这股愿意接受低得多的薪水的新劳动力的注入，使白人劳工的价值急跌。不过，这些白人的战略，在战前和战后略有不同。战前他们采取的是赤裸裸的种族歧视甚至种族迫害，比如拒绝和黑人一起工作，不让黑人住进自己的房子，或者对黑人进行种种骚扰。战后的政治氛围渐变，特别是 60 年代，民权运动风起云涌，华盛顿是民主党的天下，约翰逊的"伟大社会"计划，也把矫正种族不公作为重要的目标。在底特律，民主党人 Jerome Cavanagh 当选市长，试图改善种族关系。黑人开始拿到受工会保护的工作，有些进入了专业阶层，黑人中产阶级开始生成，底特律当时有两位黑人众议员、3 位黑人法官、13 位州议员，以及教委、住房委员会等重要部门的官员。约翰逊的"伟大社会"计划，投入大量资金用于改善城市的黑人社区。按说，黑人的境况正在好起来，底特律一度被视为改善种族关系的领袖。

可惜，政治上的进步和经济的转型在底特律的种族问题上难以相互配合。在战后的繁荣中，工业开始大步郊区化。在1946—1956年间，通用汽车在底特律地区注资34亿美元、福特25亿美元、克莱斯勒7亿美元，建设了25个汽车厂。但是，这些汽车厂都在郊外。有车的白人，纷纷抓住了这样的机会，而随"大移民"到来的黑人，都是在市中心落脚，买不起车，也只能望洋兴叹了。

另外，伴随汽车业而崛起的是工会。战后工会势力坐大，企业不敢轻易和工会发生冲突。工会内部，则执行严格的论资排辈的规则：先加入工会的资深工人，受到最为严格的保护，企业很难解雇。而刚刚参加工作的新手，在经济衰退时则是首先被解雇的对象。底特律的汽车制造商，除了福特外，在二战前很少雇用黑人，所以，即使战后黑人开始被接纳入工会，但资格都比较浅，一有经济危机就被裁掉。而底特律的汽车业经过战后繁荣后，偏偏震荡不断。首先是市内的汽车制造厂输给了郊外的新工厂，另外，大汽车制造商面临海外的竞争，畏于工会所逼出的高薪酬，开始向南部工业力量弱、劳动力便宜的地区拓展，最终导致底特律地区就业的流失。黑人在这个过程中，总是首当其冲。更不用说，黑人即使在汽车业中找到工作，往往也是最苦最累、报酬最少的工作。

在50年代，底特律黑人的失业率将近16%，白人则为6%。战后底特律丢失了15万个工作，白人乘着郊区化的浪潮一走了之，黑人则被困在市内。经过民权运动，白人已经不太敢像战前那样理直气壮地歧视黑人，自觉理亏，但暗自抱有一种惹不起躲得起的心态，一走了之。看看现在大底特律都市圈，10个人口8万以上的城市，大多都是白人区，而且颇为富裕。底特律的人口还达不到8万，名为中心城市，其实是个被抛弃的黑人贫民窟，各种资源基本已经被掏空。

郊区化：一个政治的理念

托克维尔早就观察到：美国的政治重心，不在华盛顿，而在镇公所。小镇居民到镇公所参政议政，管理地方事务，并影响地区和国家的政治，美国主要是这么治理的。现在联邦政府早已扩张了不知道多少倍，权力无所不在，托克维尔的观察也许不足为训。但是，以小镇为核心的地方自治传统，仍然非常强大。这从税收中就能看出来，许多联邦税收，如社会安全税等，属于纳税人的养老金，不是联邦政府的可支配性开支。刨去这部分，许多美国家庭最大的一笔税金，是以房地产税的形式支付给所居住的地方政府。所以，现在美国虽然有着强大的联邦政府，本质上还是个地方自治的国家，重心在下。托克维尔的观察，并没有完全失去效力。

郊区化，正是在这种高度自治的政治架构中展开的，而小社区的政治，也比较忠实于民主的理想。在近代以前，民主乃至共和的体制，被认为只适合于小社区的自治，大政体的归宿则是帝国。在古希腊，比如雅典城邦，实行的是直接民主，公民甚至可以通过抽签轮流坐庄，行使治理城市的权利或权力。这里的一个条件，是城邦规模有限，是一个面对面或近乎面对面的社会。许多人彼此相识，万事集体投票，主要公民一个会场能容纳，就好像邻居一起决定社区的事务。中世纪乃至文艺复兴时代欧洲的城市国家或自治城市，也往往是行会共和的形式，其人口大多不出几万人。直到美国的独立战争时期，美国的建国之父心中还有疑虑：民主政体怎么可以用来统治这么大的国家？这可是人类前所未有的试验。

民主政治要能治理大社会，就必须解决政治参与的难题。解决的办法有两个：一是代议制，一是地方自治。前者在中国受到的注意较多，后者则往往被忽略。像美国这样一个大国，自然不可能像古雅典一样所有公民都直接参政，大家只能选举自己的代表进入议会或白宫来行使政治权力，这就塑造了一个职业的政治阶层，产生了政治权力过大、政治腐败的机会。为了牵制政治权力，于是有了三权分立之类的系统。所以，无论是华盛顿的政治还是各州的政治，总是扯皮不断。地方自治，则更接近原始的民主理想。一个几千人的小镇，由居民选举的四五个人的委员会治理，这四五个人往往是义务性的，只拿象征性的薪酬。碰到大事，居民一起到镇公所表决，这就大大提高了政治参与的积极性。所以，越是大国，越要珍视小社区的政治价值。能够由小社区处理的事情，尽量都交给小社区自我管理，联邦和州政府无为而治。这仍然是美国政治的逻辑。

小社区的效率是显而易见的，美国的公立学校体制，曾经领先于世，靠的就是这些小社区的自治。每个社区，通过房地产税支持自己的公立学校。20世纪初美国有所谓"高中运动"，率先普及了高中教育，奠定了美国竞争力的基础。这并非联邦政府或州政府的宏图大业，而是小社区的邻居们自己鼓捣出来的。另外如公立图书馆、消防队、道路维修、公园和自然保护区，等等，也在小社区自治的范围之内。更重要的是，这些小社区为居民提供的不仅仅是直接参与政治的渠道，而且还有选择权。如果你在这个小社区积极参与政治，但仍觉得无力改变现状，心怀不满，那么你就可以搬到另外一个更为理想的社区。社区和社区之间一直处于这种竞争状态，并在竞争的压力下提高治理水平。

当然，现代传媒技术，就像现代交通技术扩大了人们日常活动的半径一样，也大大拓展了这类能有效运行的小社区的最大规模。美国的一些大城市就是例子，目前联邦政治陷入两党恶斗的僵局，但城市政治往往生机勃勃，乃至出现了布隆伯格这类敢于突破传统政治规范、励精图治的市长。只不过基层社区规模越大，直接政治参与的机会就越少，各种大政府的问题就越多。

理解美国的郊区化，离不开这种地方自治的政治框架。当一个城市越来越繁荣，成为三教九流、五方杂处之地时，许多居民就觉得自己对城市治理的发言权被稀释了，最终无力控制城市发展的方向。怎么办？搬到郊区，和志同道合、气味相投的人聚居在一起！所以，美国的许多郊区小镇，邻里亲和、夜不闭户，非常和谐、单纯，大家的社会经济背景非常类似。在许多居民眼中，一个郊区小镇就是个小小的乌托邦。

但是，底特律的发展，则体现了这种看起来相当完美的自治理性的另一面。当底特律的中高产不喜欢城市发展的趋势时，拔腿就走。于是，底特律这个中心城市，被一堆更为繁荣的卫星城镇包围，其中至少有十个城市的人口超过了底特律，大多相当繁荣富裕。跑得了的跑了，跑不了的只能留下，底特律就这样被郊区给掏空，成为一个垃圾场，这也促使我们对郊区化进行通盘反省。

郊区化的理想与现实

20世纪美国郊区化的发展，引发出种种社会问题，底特律只不过是其中一个极端的例证。最近几十年来，围绕着郊区化出现了大量社会学的研究，挑战了种种习见，也为我们思考城市化问题提供了诸多启示。

普林斯顿大学社会学家Eric Oliver在1999和2000年发表了两篇论文，是这些研究中的一个良好范例。其中一篇论文调查的是城市规模和公民政治参与的关系，所得出的结论印证了我们的常识：城市规模越大，居民参与地方事务的积极性就越小。城市越小，则政治参与程度越高。道理显而易见：城市扩大、人口增多，自然稀释了每个人的声音的影响力，最终大家有一个"参与也没用"的心态，索性少管"闲事"算了。

他的另一研究的结论，则挑战了我们的习见，因而也更为有趣。一般人认为，那些单纯、和谐、富裕的郊区，居民社会经济背景类似，气味相投，热心于公共事务，政治参与率高，治理更有效率，这是这些郊区越来越有吸引力的重要原因，也有一些个案研究，支持了这样的印象。但Eric Oliver根据全国城镇的聚合数据进行分析，得出了相反的结论：那些居民政治经济背景相似的中高产社区，政治参与率反而低。

这种现象背后的原因有两个。第一，当居民社会经济背景相似、气味相投时，大家对于公共服务的需求比较一致，没有什么好争的，于是也用不着政治参与。比如，在一个富裕社区，居民教育背景都比较高，都愿意支付更高的房地产税，保证有足够的资源提高公立学校的质量，那么相关的议案很容易被居民默认，没人愿意为这事去镇公所吵闹争执。第二，这种社区居民富裕，对公共服务的需求也少，比如很少有人需要救济。即使有，也是很少几户人家，对镇里不构成什么大不了的财政负担，没人会在乎。Eric Oliver进一步指出，在居民背景比较多元化的城市，因为居民对于公共服务的要求非常不同，进而引起了对公共资源的争夺。

这种争夺，自然要求较高的政治参与。所以，在那些五方杂处的城市，政治参与程度反而要高得多。

从 Eric Oliver 的研究看，单纯、和谐、富裕的社区，政治参与程度未必高，但治理则可能有效率。因为人们不参与的理由，是比较满意，没有什么牢骚，同时自己的公共需求少，与世无争，只管过自己的安生日子。相反，多元化的城市，政治参与程度高，可能产生高效率的政府，但也可能充满了争斗和扯皮，治理效率未必一定就好。总之，在这方面，很难通过某一理论模式来断定哪种社区的治理更有效率。

不过，从整体社会的宏观角度看，却有着相当令人忧虑的趋势。从 1960 到 1995 年，美国都市圈人口住在郊区的比例，从 35% 上升到 50%，随着这种郊区化而来的，是参与公共事务的比率降低和政治冷漠。自 1960 年以来，美国人的投票率持续下降，对政府越来越不信任，各种民间组织的人数减少。或者用另一位普林斯顿政治学家 Putnam 的话说，就是美国的"社会资本"正在迅速流失，直接威胁着民主的基础。

这些现实，促使我们从另一个角度检视郊区化背后的地方自治理念。我所执教的历史系，有位学生曾提交了一篇毕业论文，讲的是波士顿近郊 Brookline 是如何抵御被并入波士顿市区、保持了自己的社区认同的历史。当时反对并入波士顿的，是当地几个大户人家。他们动员选民，在一系列投票中表决维持本镇的自治。而主张并入波士顿的人，则指责几个大户操纵了当地政治，一般百姓其实很少参与投票，保持独立完全体现的是那些富裕镇民的既得利益。站在一百多年后的今天看，Brookline 和波士顿几乎水乳交融。波士顿的公交体系、下水道系统等公共设施，都覆盖了 Brookline。但是，Brookline 是个非常富裕的社区，一般人很难买得起那里的房子，其学区也是一流的，波士顿市区的城市病，几乎一点也没有染上。从 Brookline 的角度看，这完全证明了自立的好处。但是，从波士顿的角度看，Brookline 的大款们，靠波士顿发财，然后在 Brookline 买房子，自成一体，把房地产税都缴给 Brookline，逃避了对波士顿的责任。所以，有篇研究郊区化的论文，题目干脆就叫"拿了钱，赶紧跑"！

底特律就是这样一个景象，这个汽车城，是 20 世纪美国的引擎，产生了巨大的财富，但是，那些拿到钱的人，拿了钱就跑。郊区化，成为公民逃避自己的公共责任的一种居住模式，而汽车以及围绕着汽车而建构的基础设施，为这种逃避提供了再方便不过的条件。

郊区化与社会流动

郊区化，从表面上看是自由生活方式的体现：你喜欢去哪里居住就去哪里居住，有着无限的选择自由，最终气味相投的人聚居在一起。但是，越来越多的证据表明，随着郊区化的展开，"社会流动"越来越低。

"社会流动"（social mobility），特别是"向上的社会流动"（upward mobility），是美国社会文化中的一个关键词，也是"美国梦"的核心。众所周知，美国是发达国家中贫富分化最大的，美国人对于贫富分化的容忍度也基本上是最高的。在美国人看来，不平等并无关系，只要有着活跃的"社会流动"，即下层人不停地流动到上层，社会就是健康的。卡内基当童工起家，一天干 12 个小时，你可以说他受到剥削压榨。但是，他没过多久就成了世界首富，他当然不会抱怨美国对他这个童工不公平，而是感谢美国所提供的机会。可惜，近年来一系列研究表明：一向以"社会流动"迅速而骄人的美国，在"社会流动"的水平上输给了大部分发达国家。这不仅会使人们对贫富分化变得越来越难以容忍，而且也将影响美国的竞争力。

最近，由 Raj Chetty, Nathaniel Hendren, Patrick Kline, Emmanuel Saez 几位哈佛和伯克利的著名经济学家联手进行的《机会平等》的研究刚刚发表，引起媒体的普遍注意。这项研究，是基于对数百万人收入的分析，第一次以翔实数据展示了美国"社会流动"的地域分布，特别是各大都市圈的"社会流动"状况。结果表明，在东北部、西部和中部大平原地带的都市圈，"社会流动"都比较高。在南部地区，"社会流动"比较低。其实，中部大平原地区人口稀少，只有盐湖城、Des Moines、Minneapolis 等几个都市圈。大部分高"社会流动"的人口，都集中在东北部和西部地区。南部从佛罗里达到得克萨斯，"社会流动"都比较低，以东南部为最甚。在西雅图、匹兹堡、盐湖城、旧金山等城市，"社会流动"的程度和世界上最为平等的丹麦、挪威等北欧国家非常接近。最贫困的20%家庭的孩子，长大后进入最富有的20%阶层的机会都超过了10%。但在孟菲斯，这个机会是2%，在亚特兰大是4%，在底特律是5.1%。

这一研究的作者们非常谨慎，称他们的目标是揭示各种现象之间的关系，并没有解释这些现象背后的因果关系。不过，如此惊人的结果，不可能不隐含着种种尝试性的解读。

比如，这项研究最初的目的是为税收政策提供一些经验基础。结果发现，给穷人很大的退税和在富人头上增税的劫富济贫政策，对于增进"社会流动"只起到了微弱的助推作用。起最关键作用的，还是中产阶级的规模和分布。在其他条件都大致相等的情况下，那些贫困阶层散居在各种收入阶层混合的社区中的地方，"社会流动"比较大。另外，双亲俱全（即离婚率低）、学区好、参与宗教和各种社会组织多的地区，"社会流动"也比较高。另外，公交体系薄弱、通勤距离远、贫困家庭集中居住的地区，"社会流动"都比较低。

克鲁格曼在《纽约时报》的专栏中，把这一研究的结果直接和底特律联系起来。他声称，这项研究印证了其他研究的结论：不同的社会阶层居住分散、老死不相往来，导致了贫困阶层的永远贫困。要知道，底特律在美国100个大都市圈中的"社会流动"排名中居倒数第7位，这在很大程度上是因为汽车城是郊区化的先锋。《经济学人》的一篇报道指出，目前留在底特律的人口，有82%没有受过高等教育。城市扩张到了140平方英里的规模，足以把波士顿、旧金山和曼哈顿都包容进去。其中人口比底特律少几万人的波士顿，占地还不到90平方英里。亚特兰大，则在100个大都市圈的"社会流动"排名中位居倒数第五，比底特律还低。虽然亚特兰大目前相当繁荣，成为"阳光带"崛起的代表，但克鲁格曼警告，亚特兰大同样是个摊大饼式发展的都市圈，在不停地制造贫民窟，久而久之，就会有底特律式的问题。

《纽约时报》的相关报道讲得更加绘声绘色：亚特兰大地区一位幼

儿园的临时工，自己有三个孩子要照顾，月薪仅 1200 美元，在工作地点附近根本找不到房子租，只能住在郊外的贫民区，每天通勤近四个小时。另外有的家庭，只有一辆车，丈夫出去工作，妻子就得在家留守，无法打工补贴家用。也许更为重要的是，许多美国人找工作还是要通过关系和人脉。在贫富混居的地区，穷孩子总有更多的机会认识几个看着自己长大的中高产阶层的叔叔阿姨（特别是同学、好友的家长）。这些叔叔阿姨有地位和权力，认识他们在求职中往往成为关键因素。在亚特兰大这样的地区，穷孩子周围的叔叔阿姨全在贫困线上挣扎、自顾不暇，怎么可能指望他们？

Brookings Institution 最近的一项对美国 100 个大都市圈的研究揭示：自 2000 年以来，美国郊区的贫困人口增加了 37.4%，达到 137 万人，这一增长率比起城市贫困人口的增长率高出一倍多，也高于全国 26.5% 的水平。当然，郊区的绝对贫困率（10.4%）仍然比城市（19.5%）要低。但是，双方的差距在缩短，郊区化不仅伤害了城市，也开始伤害郊区。

郊区会终结吗

在被郊区掏空的底特律申请破产的时节，《财富》杂志编辑 Leigh Gallagher 的新书《郊区的终结》成为各大媒体引述、报道的对象。此书的基本观点是，美国的居住形态处在一个拐点上，汽车时代以来的大格局将被逆转，城市会复兴，郊区将没落。

此论的最大根据是：2011 年，在从汽车被发明出来的一百年左右的时段中，美国城市人口的增长第一次超过郊区人口的增长。这次经济危机，当然是这一转型的催化剂。在危机中，郊区房价下跌的程度远远超过城市。如今城市房价迅速反弹，郊区房价则依然疲软，郊区大势已去。

此书的一大贡献，就是讲述了汽车对郊区的改变。现代化初期的郊区，如同城市一样，都是镶嵌在公共交通的框架之内。郊区围绕着通勤火车站建设，房子都在车站周围聚集。人们下了车，就可以步行回家。车站周边成为步行者最多的地区，招来各种商业服务，相当热闹。社会学家 Lewis Mumford 写道："只要火车站和步行距离控制着郊区的成长，郊区就有其形式。"那时的郊区，是镶嵌在公交和自然中的有机聚落形态，让人心旷神怡。

二战后，开始承保私人公司的长期房贷，同时，《退伍军人法案》给数百万退伍军人提供了零首付的低息房贷。这些政策，都鼓励人们拥有住房，抑制了房屋出租的市场。Edward Glaeser 最近的研究揭示：85% 的独栋住宅是住户自己拥有的，85% 的多户型住宅的住户是出租的。当联邦政府的政策大力鼓励大家拥有住房时，人们更倾向于买独门独户的房子，而这种房子在城市难以大规模建设，只能到郊区发展。

汽车社会，也恰恰在此时生根。当人们有了车时，郊区就开始和公交脱节，大家开车直接到家，根本不需要列车通勤。靠火车站的地方，因为交通吵闹，往往成为郊区房价比较低的地区。另外，各郊区都推行了单一使用的区域规划法，即一个区只能是住宅区，不能有商业，另一个区则设为商业区，住宅甚少，城市或者传统郊区火车站附近那种混合使用的社区（即商店、住户、学校、政府部分等等聚集一地的形态）渐渐被替代。比如我居住的小镇，主要地区不准许建设任何商业设施，怕引来车流，破坏社区环境。全镇没有一个加油站，加油站都设在镇的几条边界之外。人们的生活和工作，在物理空间上被分割开来。

但是，这样发展的结果，是创造了许多与世隔绝、阶层单一的社区。郊区安静舒适，也相当枯燥乏味。对许多人来说，郊区真成了所谓"好山好水好无聊"。美国的电视剧《绝望主妇》等，都表现了这种百无聊赖的郊区社会生活。Leigh Gallagher 跑到电视上说，有的郊区，大家居住得太分散，到邻居家串门也要开车，公路边根本没有人行道，到了万圣节孩子们想玩传统的 trick or treat(不给糖就捣乱) 的游戏都不行。最后家长们想出办法，大家开车到一个地方，把车停靠成一列，让孩子们一辆车一辆车地去要糖。汽车和郊区把生活变得多么乏味，由此也可窥一斑。

应该说，郊区毕竟是养孩子的好地方。一个三四口或者五六口之家，家庭生活就很忙碌，社交的需求并不很高。但是，那些搬到郊区养孩子的婴儿潮一代，如今早已空巢。孩子飞走后，老两口待在郊区守着空荡荡的大房子未免太安静寂寞了，于是纷纷减少居住面积，向城里热闹的地方迁移。Leigh Gallagher 碰到这么一位妇女，放弃了将近600平方米的大房子从郊区搬到城里，住进了拥挤的街区，在邻居的厨房里聊天，说过去十年在郊区生活，从来没有进过邻居的厨房。当然，如今的年轻人结婚晚，单身的多，生育率低，更需要社交生活丰富的城市。

我们这些在郊区生活的人，对这番景象深有体会。我们三口之家，大家围着孩子转，忙得不可开交，其乐也融融，社交反而成为负担。许多类似的家庭，都是同样的景象。但是，老人则另当别论，整天坐在大房子里对着大院子，连说话的人也没有，那是什么滋味？许多老人纷纷迁走。至于单身，郊区则可能如同活地狱。我们有位邻居，是个相当英俊的单身男子，60万美元买了大房子，如今40多万卖不出去。他曾向一位朋友抱怨："这里找不到女人！"他守着一只猫过，可不久前那只猫仙逝。一次邮递员上门，问我们此人是否古怪。我们说从来没有打过交道。邮递员女士则称，刚让他签收个信件，出来开门时居然一丝不挂！我们听了目瞪口呆，大概此公闷得有些变态？

当然，此书没有分析的，是美国经济的转型。最早的工业，是在城市发足。但是，一旦进入大规模机械生产的现代体制，工厂大如城市，在空间上也只能到郊区扩展，底特律的发展就是一例。在这样的制造业格局中，郊区的工作确实比较多，郊区居民未必需要通勤进城，说不定在郊区离工作地点更近，当然不必绕开郊区的大房子挤到城市中了。但是，如今经济白领化，城市越来越成为创意的中心，有着许多职位。在这种情况下，城市生活就提供了诸多便利。

郊区真会终结吗？我看用"终结"二字未免言过其实。在地广人稀的地区，整个经济形态就是郊区式甚至乡村式的，郊区或者村落属于自然的居住形态，同样可以生机勃勃，中部大平原地区就是一例。但是，在沿海地区，经济生活本来就以城市为中心，过分的郊区化显然是一种扭曲的居住形态，如今正在经历一个比较大的调整。

成也汽车，败也汽车

底特律申请破产，这一 20 世纪汽车城的童话算是进入终局。当年美国第四大城市，何以走到这步田地？

人们首先想到的就是汽车。

在底特律的极盛期，通用、福特、克莱斯勒三大汽车公司，几乎包揽了美国市场上的所有汽车。如今，这三大汽车在美国的市场份额还不到一半，底特律作为三大汽车的首府，自然没有不衰落之理。

这样的过程是如何发生的？

1990 年，Michael Porter 出版了《国家的比较优势》一书，提出了"商业聚合"（Business Cluster）的理论，这一理论，又被克鲁格曼等人深化。所谓"商业聚合"，就是一些相关的企业及其供应商聚集一地，互相促进，形成区域的比较优势。汽车业汇聚的底特律，可谓是这种理论的经典。

同行中的企业难免彼此竞争，它们不相互回避，反而一起扎堆，究竟是什么道理？在工业化初期，地理因素显然至关重要。比如靠近港口和原材料产地，加上当地的优惠政策，自然会使得某类企业进行地域性的汇聚。底特律早年作为水陆运输的枢纽，就有此优势。不过，Michael Porter 指出，现代化进程提高了交通技术，降低了运输成本，上述这些地理因素不再具有决定意义。Guy Dumais、Glenn Ellison 和 Edward Glaeser 后来又提出，当这些地域企业聚合形成后，创造了一个庞大的劳动市场储备，即大量熟练工人汇聚一地，使企业很难离开某一特定地域。后来的硅谷等等，就属于这样的人才聚合。不过克鲁格曼等学者随即指出，技术革命可能使某些商业聚合变得过时。

在 20 世纪上半期，底特律享有这样的地域企业聚合之优势，简直是一手遮天，渐渐发展出对汽车制造这一单一产业的依赖。战后工会力量坐大，从资方那里争取了优厚的福利，也是因为靠着汽车工人的人才聚合优势而有恃无恐。资方只要看到汽车赚钱，也不在乎多给工人一些利益，主要目标还是搞好劳资关系，保证生产的顺利进行。既然汽车全是自己生产的，就具有价格上的垄断优势，给工人的福利自然可以转嫁给消费者，资方最怕的是工人罢工、生产中断。这样，底特律的工人，就成了贵族工人。

但是，很快日本、德国，乃至韩国的汽车制造业崛起，开始和三大汽车竞争，并引发了一系列贸易战。此时汽车工会成为贸易保护主义的中坚，执意要御敌于国门之外。日本、德国、韩国等汽车制造商，几经周折，决意到美国建厂。这样等于给美国创造就业，缓解贸易冲突。果然，当这些汽车制造商进军美国后，汽车的贸易战就很少听说了。

不过，这些外来的汽车制造商和三大汽车在底特律起家时的条件大为不同。汽车制造技术早就国际化了，不可能被底特律所垄断。交通运输技术的跃进，更使地理因素无足轻重。反而是底特律强大的汽车工会，让这些厂家望而生畏。惹不起躲得起，这些厂家纷纷南下，在中西部I–75和I–65州际高速公路一线，形成一个汽车走廊。其所在地区，全是工会力量薄弱的地区，而且生活费用甚低。

当然，这也仅仅是一个因素。首先，外国汽车厂纷纷南下，绕开了底特律。但这些外国汽车厂的高薪水平，和底特律并非天壤之别，如果计入生活费用因素，双方大致差不多，劳动力成本不应该是底特律衰落的决定性因素。第二，底特律的三大汽车，毕竟还占据着美国市场的小半份额，如今正在迅速反弹。这其实仍然是相当大的市场份额，不应让底特律如此破败。

Edward Glaeser 后来在其《城市的胜利》一书中，提出了底特律的吊诡。当年底特律崛起，是因为这座城市如同当今的硅谷，为创意的中心，这种创意，也恰恰是城市的精神实质。但是，汽车业一旦崛起，走上流水线的规模生产，就变成了扼杀创意的机器。因为流水线把工人都化约为机器人式的零件，只要跟着机器走就行，每天重复着机械运动，最不需要创意。一个城市过分依赖这样的流水线，创新人才自然也留不住。一旦汽车业开始衰落，这座本有得天独厚的工业优势的城市，居然创不出任何东西来弥补汽车业所丧失的领地。

　　如今的底特律，特别是底特律大都市圈，并非毫无生机，毕竟三大汽车仍然是瘦死的骆驼比马大，其反弹带来了局部的繁荣。不过，这里毕竟曾经有着垄断整个美国汽车市场的硬件设施，如今市场萎缩，缺乏新的行业填补。有报道说，许多非汽车行业，看中底特律的工业基础和便宜得出奇的房价地价，纷纷前来兜底，底特律也许会走向多元化之路而再度崛起。可惜，这些都还是远水解不了近渴，在这一切发生之前，底特律还要经受更大的痛苦。这也给日后的城市发展留下了教训：不管自己有多么大的地域产业聚合优势，在当今全球化竞争的时代，不可不留后路。城市的竞争力，还在于其多元化的人力资源。

美国第四大汽车的崛起

　　曾几何时，三大汽车是美国制造业的象征。有人把极盛时期的三大汽车和美国的军力、大学相比，其他国家要对之挑战，可谓是"想也别想"。然后，从上个世纪末开始，三大汽车就在日本、欧洲，乃至后来的韩国汽车业的竞争压力下节节败退，到几年前差点被经济危机所吞噬。要不是联邦政府拿纳税人的钱救市，恐怕多已灰飞烟灭。

　　如今，美国房市反弹、经济开始缓慢恢复，三大汽车大难不死后，也已经复苏。更重要的是，如今又跳出来了第四大汽车，即2003年才创立的特斯拉（Tesla）汽车。在2013年第一季度，特斯拉汽车第一 ici 创造了赢利，其基本售价6.24万美元的S型车，居然销售超过了同等价位的BMW和Mercedes。2010年刚上市时，特斯拉的股票价格不足20美元，去年还经常在30美元以下，今年4月也才跳上40美元，但最近已经超过了100美元，最高时几乎撞到115美元。

　　特斯拉究竟是何方神圣？这不是以底特律为基地的传统汽车制造商，而是以硅谷为基地的高科技产业，有汽车业中的 iPhone 之誉，生产的产品是电动型汽车。电动型汽车的理念早已不陌生，但是，其市场潜力一直不被看好。然而，特斯拉使电动型车真正有了市场竞争潜力。

　　《波士顿环球报》最近发表一篇评论指出：以往的电动型汽车，在性能上一直缺乏竞争力。比如，尼桑等电动车一次充电后的行驶距离仅75英里（120公里），而且过于狭小拥挤，难以成为家庭用车。特斯拉的一次充电行驶距离则高达300英里（480公里），而且充电仅用一个小时的时间。从静止状态到60英里（96公里）的时速，加速时间仅4.2秒。另外，车厢内宽敞舒适，可容纳五个成人，外加两个面朝后坐的孩子。即使不考虑环保因素，特斯拉也是一流的汽车。

环保当然是特斯拉的大卖点。人类每使用一加仑汽油，就向大气中排放 20 磅二氧化碳。美国环保署估计，交通废气占了人类二氧化碳排放的 29%。电动车的普及将使这种局面大大改观。以马萨诸塞州为例，54% 的电力来自天然气。电动车每行驶 40 英里（64 公里）排放二氧化碳 14.8 磅，传统汽车则是 35.3 磅。如果汽车用的电力全部来自再生能源，在理论上确实就是零排放了。当然，价格也许是最为关键的因素。现在的特斯拉汽车，即使扣除联邦的退税奖励，售价也在 6.24 万到 8.74 万美元之间，完全是豪车的价格。也怪不得保守的《华尔街日报》发表社论，称特斯拉汽车全靠政府扶植，没有市场竞争力。但是，《波士顿环球报》的评论指出，IBM 最早的个人电脑，1982 年售价是 1565 美元，相当于今天的 4400 美元以上，如今 200 美元以下的电脑，性能比它也要先进得多。但是，那款贵得荒唐的电脑，却引起了一场革命。

至于政府扶植的问题，其实已经让保守派们相当紧张。众所周知，奥巴马出台了一系列刺激经济计划，引起不少怨气；特别是针对绿色能源技术的许多补助和鼓励措施，几乎一无所成。我有位搞高科技的朋友，一向信守共和党立场，恨奥巴马几乎咬牙切齿。但即使他谈起此事，也对奥巴马不免有些同情："我反对政府在市场中瞎掺和，但是，就绿色能源这件事，奥巴马砸了那么多钱，按照美国的研究能力，怎么也应该有些成果出来，想不到居然一点都没有，这实在是运气坏得出奇。"然而，特斯拉汽车也许能成为一个亮点，最终界定奥巴马的遗产。近来许多学者指出，德国制造业之所以长盛不衰，一个原因就是有所谓"耐心的资本"：银行和企业有着深厚的传统纽带，把钱贷出去，并不立即要求回报，更多的是出于对企业经营者们的信心。这样，许多企业能够有个长远规划，屡战屡败，屡败屡战，经历了无数坏运气后，最终碰到一个好运气就成功。美国则是一切由股市定夺，一个季度的收支不理想，就可能引起股市的恐慌，资金失血，企业哪里还敢想得太远？当然，纳税人的钱和联邦的贷款性质不同，但是，如果花纳税人的钱耐心一些，最终有了战略性的收益，经济学能用简单的市场逻辑对之否认吗？

汽车：美国的原罪

近来油价飙涨，直逼"大衰退"前所创下的历史纪录。油价一夜之间成为一张政治牌，共和党纷纷拿油价来攻击奥巴马的能源政策。然而，研究交通的 Randy Salzman 在这个节骨眼上火上浇油，在《纽约时报》开辟的"星期日对话"专栏中，抱怨美国的油价太低，提出要另加燃油使用费之说，引爆了一场激辩。从这场辩论中我们可以看出，汽车实际上是美国的"原罪"。可惜，太多的人在这一"原罪"中生活了太长的时间，已经习以为常，百年的恶心大概至少要百年才能修正。

Randy Salzman 的观点直截了当：美国人为燃油支付的钱太少，拼命开车。每年美国人开车的总里程达到 2.9 万亿英里（4.7 万亿公里）。这样巨大的汽车出行量，是美国的贸易赤字、军事开支、包括肥胖症在内的健康问题、环境污染、地球暖化等等的要因。美国在"经济合作与发展组织"成员国中，油价水平倒数第二，仅比石油出口国墨西哥略高。所以，美国需要在未来十年中逐渐推行联邦"燃油使用费"，以促使美国人聪明地开车，而不是习惯性地开车。

此论一出，一位来自亚利桑那州的居民立即反驳：我们这些居住在地广人稀的地区的普通老百姓，除了汽车没有其他交通工具可依靠。这种"燃油使用费"一加，对依赖汽车地区的房市将有如何的影响？她最后质问："Randy Salzman 先生，你是否在树荫下也达 110 度（摄氏 43 度以上）的高温中等过公交车？"

Randy Salzman 的回答斩钉截铁：我固然没有在 110 度的高温下等过公交车，但我在同样的高温下骑过车、钻过油，我的儿子在中东同样的高温下为了石油而打仗。根据有关交通的研究，美国人每开一英里的车，所支付的相关经济、环境、健康及外交的费用仅仅 54 美分，而这些方面真正的价码应该是 10 美元。也就是说，美国人每开一英里就得到了将近 9.5 美元的补助。如果计入通货膨胀因素，美国的油价并不比 1920 年代高多少。这也难怪，自 70 年代石油危机以来，美国人每日开车的里程增加了三分之一。在 25 年前，几位政治家以及汽车公司的总裁威廉·福特就提出了征收燃油税的计划，但一直没有实施的机会，美国为此已经付出了巨大的代价。征收燃油税，所得收入可以用来资助公共交通。事实上，收入在 5 万美元（大致为美国的中等收入）以下的美国家庭，有三分之二使用公共交通。可惜，2012 年有一半的公共交通公司提高了票价，有 71% 加征燃油费。

在保守主义看来，Randy Salzman 属于激进的环保主义者，他所持有的观点是如此激进，乃至民主党的主流政治家也不敢接受。在美国的选举中，提倡加征燃油税无异于进行政治自杀，当年连在环保上十分激进的戈尔也拼命澄清自己没有那个意思。但是，如果比较一下国际油价，Randy Salzman 则属于温和、中庸的一派，美国现行的油价才是激进。

我们大致比较一下近期的油价数据，美国为 3.89 美元一加仑，比中国还低（4.01 美元一加仑）。欧盟的油价，平均则为 7 美元一加仑，其中德国、法国、英国每加仑的油价，分别达到 8.52、9.63、8.97 美元，比美国高出一倍还多。最为耐人寻味的例子大概是挪威，挪威为世界第三大石油出口国，第六大产油国，但每加仑的油价居然高达 9.92 美元。

专家们早就指出，在高度全球化的时代，石油在市场上实际上是全球一个价。发达国家之间油价的如此差距，主要还是税收政策所致。这种税收，也并不是政府对燃油交易的掠夺，而不过是通过公共政策的手段，让燃油消费者尽可能为燃油所带来的种种后果埋单而已。当燃油价格高了以后，人们使用私人车的动机就少了，使用公交就形成了习惯。绿色能源、再生能源等等，就显得更有市场竞争力，这就创造出一个可持续发展的节能社会。由此看来，美国是发达国家中唯一一个坚持低油价的激进主义政策的国家，而由于美国仍然是世界第一大经济体、影响巨大，对世界的能源危机，更是难辞其咎。

车越多，人越傻

记得在 1997 年夏天，我在大名鼎鼎的明德大学（Middlebury College）进行了 9 周的日语培训。在佛蒙特州身处四下无人的田园校区，和美国同学们一起遵循着严格的校规"忘掉"英文用日文对话，甚至电视报纸等英文媒体全部被排除。这种与世隔绝的"语言集中营"自然是终生难忘，其中最为难忘的一个情节是，即使是一层大家都很生疏的日文，也挡不住我和美国同学之间的文化冲突。

这种冲突，集中体现在我的毕业演讲上。学校要求每个同学用日文发表一篇毕业演讲，为了准备，事先还要和同学进行不少讨论。我的题目是《汽车的弊害》，大意说，汽车为人们逃避社会责任大开方便之门，造成了社会隔离，加深了贫富分化，更不用说污染和能源危机等问题了。美国同学都很客气，我讲演时毕恭毕敬地听完鼓掌，不时对其中的若干幽默报以笑声。不过，在讲演前的讨论中，不少同学称我完全不理解汽车所带来的自由，不理解美国的生活方式。有些人无奈地摇头：这个外国人实在太激进了。

他们确实有道理，那时我来美国才几年，只是在纽黑文这座小城当学生，生活相当单纯，哪里都没有去过，不会开车更没有买车。但纽黑文本身，则是一个美国社会的缩影，在我心灵中引起强烈的震撼。

我们这代人留美，多少带着些朝圣般的心态。特别是纽黑文，作为耶鲁大学的所在地，俨然是一座学术圣城。但是，真到了纽黑文一看，则满目萧条，无家可归者遍地；刚买的自行车，居然大中午在家门口被偷掉；晚上更不敢独自在街上走。90 年代初的纽黑文，曾被评为美国最为危险的城市。后来认识一位当地的中学教师，我问她教什么。她叹口气说："在这里能教什么？班上的学生，大部分人父亲在蹲监狱，母亲靠着政府救济或同时打几份工，独自拉扯一大堆孩子。这些孩子平时根本没人管，也没有什么家庭生活，哪里有心思读书？他们来上学，当老师的能看着他们不出事就不错了，或者变相给他们当爹当妈。"她还给我讲了教师们之间传的一位"女英雄"的故事。这位"女英雄"志愿来到环境极其恶劣的高中教书，要拯救那些在犯罪边缘徘徊的孩子。一天早晨她刚进学校，迎面就碰到一位高中男生。她笑脸相迎地打招呼，那男生则恶狠狠地瞪了一眼，张口骂道："我操你！"那女教师若无其事地回答："哇，这简直是我今天接到的最好的礼物。"这位女士讲到此承认："我佩服这位同事的勇气，不过，我自己实在不具备这样的勇气。"当时香港一组大学生参加和耶鲁的交换项目，到纽黑文访问了一周。当他们参观纽黑文的高中时，耶鲁的校报报道说，几个香港学生对那番惨状毫无精神准备，竟然当场掉泪。

我居住在这样的城市，每天在两个世界之间穿梭。在耶鲁的中心图书馆的阅览室读书，觉得仿佛就是坐在王宫里：那高高的哥特式穹顶，那古雅的吊灯，每每让我觉得生活在梦中。但是，在走回家的一路，无家可归者们就不时地向你伸手。这两个世界，其实在国内通过阅读都有所了解，并不感到奇怪。让我久思不解的是：这两个世界如何能在这么小的一个地方如此紧密地融合在一起？

去过教授家几次后，马上就找到些线索。教授们几乎无一例外住在郊外，这里公共交通很不发达，不管去哪位教授家，都要和有车的同学事先约好，搭车往返。教授们在家里开派对，安排车辆接送成为最为繁琐的环节。闹半天，耶鲁的教授大部分不住在本城。出了纽黑文驱车20分钟，就看到一尘不染的郊区。有这样的环境，谁还愿意在又脏又乱又危险的市中心居住？

屈指算来，纽黑文人口不足13万。耶鲁大学的师生及其家属，怎么也有几万人了。如果加上耶鲁－纽黑文医院的医护人员及其家属，又是上万人。更不用说，市政府官员、法官，以及若干企业的经理、银行业人士等等，也都在城里上班。如果这些人都就地安居，这座城市的文化素质就会高得惊人。更不用说，纽黑文在同等规模的城市中，文化设施本是超一流的。因为耶鲁的关系，博物馆、戏院云集，你晚上能够听到世界一流音乐家的演奏，免费就能看到莫奈、凡·高的真品……何以稍微有点钱的人都要逃离此地？

最简单的一个解释，就是汽车。有了汽车，从耶鲁校园开到安宁的郊外家中，不过 20 分钟上下。城市中心再好，也不免五方杂处。三教九流多了，自然会产生些不愉快的社会问题。在过去，不管出现了什么社会问题，大家的态度是解决问题。在这方面，社会精英有资源，有声望，有知识，一直扮演着领袖的角色。在前汽车社会，你带头不解决本社区内的问题，这些问题马上就会成为你的问题，因为你和工作地点不可能相距太远。提供工作的经济中心，如城市，都需要各种层次的服务，所以各种阶层、文化背景的人必须杂居在一起。

　　汽车社会则彻底改变了这一局面。有资源的社会精英在发现本社区有问题时，搬到一个没有问题的地方，比解决问题要容易、方便得多。久而久之，中高产都搬到了郊外，和自己同类的人居住在一起，反正就是 20 分钟的驾驶距离。留在城里的，都是那些穷人。经济稍有震荡，这些穷人就流离失所，市中心就无家可归者遍地，犯罪率急升。更不用说，富人走了，城市税源枯竭。公立教育又主要是靠当地的房地产税支持，结果是越穷的地方教育经费越少，下一代的素质越低，造成世代贫困。美国虽然早就废止了种族隔离，但这种事实上的贫富隔离，几乎到处都是。美国虽然一天到晚提倡多元化，但在实际生活中，大家轻而易举地选择和自己气味相投的人为邻，竭力避免多元化的挑战。

　　最近 Charles Murray 出版的《分道扬镳》一书，在美国媒体上引起不停的辩论，他的社会理论反映了典型的保守主义哲学：人的文化行为和品德，而非经济地位，决定了其在社会上的成功。他揭示出：美国的中高产和劳动阶层收入差距增大，主要是因为他们的文化行为越来越不同，所谓共同的"美国文化"已经不存在了。一些保守派进一步解读：通过高税率进行财富再分配，把富人的钱均给穷人一些，这操作起来很容易。许多富人，宁愿多缴点税，也要躲在郊外图个清静，好像一缴税就算对社会尽责了。但是，这样并不能解决贫富分化的问题，富人最大的责任，不是给穷人钱，而是让穷人接受导致成功的文化行为。

　　此说的是非，当然还有待讨论，不过，即使我们完全认同此说，接下来马上就要面临富人如何在文化行为上影响穷人的问题。要做到这一点，首先大家要住在一起、孩子们上一个学校。可惜，传统社会那种守望相助的精神，已经被汽车所打破了。反而是欧洲，城市相当兴盛，特别其保障性住房的政策，贯彻贫富混居的原则，在一个大楼一个单元里住同等规格公寓的对门邻居，一家也许是医生，另一家可能就是清洁工，收入会差几倍。但孩子们上一个学校，平时大家同样乘公交上班。这也难怪，欧洲发达国家的社会流动远比美国大，贫富分化小得多，以学生的成绩衡量，人口素质也好得多。

难怪不久前《世界是平的》的作者弗里德曼在《纽约时报》的专栏上引述经济合作与发展组织的研究，称油越便宜人越傻。对油上瘾就是对车上瘾，最终，汽车会打造一个弱智社会。

汽车社会是市场经济的结果吗

波士顿的公交涨价了。地铁乘一次，刷卡价格将从 1.70 美元提高到 2 美元，公共汽车乘一次的刷卡价格从 1.25 美元提高到 1.50 美元。大部分近郊居民乘公交上班，要乘公共汽车再倒地铁。这样一天上班双程的费用，将从不到 6 美元提升到 7 美元。一个月以 20 个工作日计算，月公交费将达 140 美元。

当然，这还是近郊的情况。远郊则更为不堪，我从家附近的车站搭通勤列车进城，月票的价格将从 250 美元提高到 314 美元。当然，进了城还要倒地铁。这意味着每天再加 4 美元，屈指算来，月交通费已经接近 400 美元了，这还不包括开车从家里到达通勤列车站的费用。我对于等那一小时一班的通勤列车实在不耐烦，索性开车了。城里地下停车场的费用每日 23 美元，加上汽油费等，去一次怎么也快 40 美元了。如按一个月 20 个工作日算，就是七八百美元，比乘公交还是贵得多。好在我是个大学教授，一周去学校一两次，而且仅有 9 个月上班，一年的交通费用完全在可承受的范围内。但对于大量的上班族来说，不管是开车还是乘公交，这是每日的事情。

这也是波士顿公交系统的价格调整在当地引起轩然大波的原因，受涨价冲击最大的，就是那些最辛苦、收入又很一般的上班族。但是，政府的道理也很硬：公交系统负债达 50 亿美元，2014 年的赤字预计为 1.2 亿美元。州议会拨款不足，公交岂能为无米之炊？所以，波士顿居民经过初期的愤怒之后，也只有接受现实。调查表明，居民们最担心的还不是涨价，而是公交系统削减服务。道理很简单：公交再涨，对大部分人来说仍然比开车便宜。我本人依然在考虑放弃开车改乘公交的计划，对我来说，乘公交最大的障碍还不是费用，而是班次太不方便，那通勤列车如果因为缺乏经费从一小时一班改为两小时一班，我的公交梦也只好放弃了。如今我仍然选择开车的一个主要考虑，也是公交效率不足，开车要省时得多。

美国的城市遇到类似的公交危机，每每引发辩论。保守派总是把公交的亏空描述为政府控制的"国营经济"的成绩单，竭力鼓吹用市场解决问题，停止浪费纳税人的钱。当然，这一立场引向的一个自然结论，就是大家都自己开车。汽车提供了更为灵活、更为个人化的交通工具，是"美国的自由"和美国生活方式的象征。

问题是，欧美所有城市，公交都依靠政府补贴，没有能自负盈亏的。如果彻底取消纳税人的支持、完全市场化，那么我们就必须面对没有公交的城市。

这样的城市有健康运转的可能吗？更重要的是，开车并非自己埋单，公路公路，顾名思义属于"公共工程"，处处离不开纳税人的补贴。

《纽约时报》刊登的一篇读者来信指出，在 20 世纪上半期，美国的公交系统还是世界一流，那时城市间的通勤列车的速度，居然比现在还快！是二战后的政府行为改变了这一切。政府对大量的农地、野地进行开发，使之成为依赖汽车的郊区。同时，联邦政府兴建起州际高速公路体系，各州政府也纷纷效法，在地方上大建高速公路，仅州际高速公路一项，按照 2006 年的美元价值计耗资 4250 亿。另外，联邦兴建的高速公路，大概有 70% 的费用由使用者通过缴纳燃油费等方式埋单。州里的高速公路，大约仅 57% 是由使用者埋单。与此同时，轮轨交通体系则长年处于自生自灭的状态。在这种倾斜政策下，自然难以和汽车竞争，这就创造了一个对汽车高度依赖的社会。

市场竞争，当然要立足于个人的自由选择。但是，在交通和居住模式的问题上，个人只能在一个公共政策所构造的框架中进行选择。政府决定大兴高速公路，如今这种铺张性的郊区化就渐成定局。这个框架本身，把大多数老百姓培养成汽车的既得利益集团，总会支持政府慷慨地修建高速公路。如果政府决定发展轮轨，则会形成集约式的城市公交体系，老百姓都成了公交的既得利益集团，不停地投票补助公交。欧洲发达国家，大致走的就是后一条道路。

美国的汽车既得利益集团，在90年代低油价时进一步发展壮大，郊区化演成了远郊化。许多人为了住郊外的大房子，享受那里的好学区，不惜每日开三四个小时的车上下班，车也越造越大。这一利益集团，靠一般的政治程序无法打破，靠讲理更不可能。但是，高油价则可能将之颠覆。这次大衰退前的高油价，已经让美国的汽车业濒于破产。房市崩解后，远郊化也在破产中。一位住在缅因州3.5万人口的小城的读者投书《纽约时报》夸耀："我放弃了汽车，不再用买油买车保，不再担心停车费。自从放弃汽车依赖，我体重降了10磅。我有钱到餐馆吃饭，还买了个吉他。根据AAA的估算，拥有一辆车每年平均的费用是9000美元。省下这么多，一年偶然用几次车，租车或打的都富富有余。"我自己也估算了一下：两年多前从波士顿近郊搬到远郊，假如每天上班，即使乘公交的话，每月交通费也要多500多美元，开车就更厉害了。如果用这笔钱支付房贷，住在近郊反而比在远郊便宜。可见，美国这种摊大饼式郊区化，已经很难维持其效能。现在需要的是强有力的公共政策，加速向集约化都市的转型。

硅谷还能领先于世吗

　　盖茨和乔布斯都是 1955 年出生，都属于"婴儿潮"一代，这是人类历史上大多数人都开车的第一代人。《经济学人》不久前报道，六十几岁的英国人中，79% 有驾驶执照。美国 60—64 岁这个年龄层的人中，有 90% 以上开车，这比任何年龄段的比例都高。这代人是最痴迷汽车，他们年轻时，汽车象征着自由、财富、美国梦，是不能不追的新潮。大家都盼着长大、早日拿到驾照，汽车难以和他们的生命分开。也难怪，这代人使硅谷变成了高科技的绝对领袖。硅谷是个非开车不可的郊区，象征着这代人的所有理想。

　　然而，新的一代则是网上长大的一代，对汽车不冷不热，甚至不喜欢开车，他们考驾照的年龄普遍偏晚。有研究表明，驾照拿得晚的人，一般开车比较少。英国一项研究揭示，快 30 时领到驾照的，比起年轻十岁就开始开车的人来，开车要少 30%。在德国，年轻的有车家庭在 1998—2008 年间从 20% 增加到 28%，但开车的却少了。大家买了车，但越来越多的时间是放在那里，偶尔才用。2001—2009 年间，美国 16—34 岁年龄段年收入 7 万美元以上的阶层，公交使用增长了 100%。另外，网络购物越来越成为主流，在英国，六分之一的零售是在网上进行，美国也达到了二十分之一，开车购物过时了。有研究表明，美国 18—34 岁这个年龄段以网络代替汽车的比例比任何年龄段都高。也许同样重要的是，年轻人越来越把汽车当成一个俗不可耐的日常工具，而不是什么"美国梦"的象征，不是非追不可的时髦。

　　结果，在 20 个发达国家，汽车旅行里程在 2004 年触顶，自 2007 年开始下降。如果以人均汽车旅行里程来衡量，则在 2000 年就触顶，2004

年开始下降。当然，这几年的大衰退压抑了汽车的使用，但是，汽车旅行里程下降的趋势是从大衰退以前就开始的。在本世纪，发达国家的人口一直在增长，汽车总旅行里程却没有增加。这种代际转换和后工业社会"去汽车化"的趋势，对于"婴儿潮"一代所塑造的"科技地理"是一个严峻的挑战。

目前斯坦福和康奈尔等大学在纽约市为建立新校园所展开的激烈竞争，就展示了这一点。众所周知，现今的纽约市长布隆伯格是美国第11号、世界第20号富人，对高科技尤为精熟。他由商从政，把商界和科技界的战略带进了纽约政治。他直言不讳地说：在过去几十年，硅谷是世界高科技的绝对主导，但未来未必如此。如果我的设想是正确的话，那么纽约将取而代之。他的"设想"，就是拿出纽约的黄金地皮以及1亿美元的启动资金，鼓励某大学在纽约市建立一个20亿规模的新科技校区，至少招收2000名高科技研究生。此案一出，各大学纷纷竞标，布隆伯格所青睐的斯坦福和纽约州的地头蛇康奈尔在众多竞标者中成为两只领头羊。虽然鹿死谁手尚未可知，但这一计划本身，足以显示了大都市要把高科技的"皇帝"硅谷掀翻的雄心。

自19世纪末起，纽约就是世界的金融之都、商业之都，也是文化、慈善等事业的中心。为什么纽约在高科技上会屈居硅谷之下？其中一个原因，是硅谷得斯坦福的近水楼台之便。斯坦福素来领导着高科技，其教授有着强烈的企业精神，动不动就自己开公司。教授手下有大量的博士后，众所周知，美国的博士后，往往是高科技界入门级的廉价劳动力，我称之为"高科技民工"。这些人年轻，往往无家室之累，生活成本很低，但训练超人，精力旺盛，个个野心勃勃，是最经典的高科技创业者。在纽约，由于缺乏斯坦福那里大量的博士后，要招纳这些高科技民工至今仍然很困难。

不过，一个斯坦福并不能解释所有的问题。纽约高校林立，哥伦比亚这样的巨无霸也不是吃素的。另外，波士顿的麻省理工在科技上绝不在斯坦福之下，并且对门还有个哈佛。但是，波士顿也没有创造出一个硅谷来，这就不得不让我们探讨另一个原因：汽车。战后美国迅速转型为汽车社会，纽约、波士顿等传统城市，都是汽车时代之前成形的，丧失了比较优势。"婴儿潮"一代跟着汽车长大，自然喜欢西部无拘无束的一马平川。硅谷乃至斯坦福，都是高度依赖汽车的地方，在那个时代更容易吸引年轻英才。

如今"婴儿潮"这代"汽车牛仔"开始退出历史舞台，取而代之的年轻人又不喜欢汽车。硅谷是否能维持现有的优势，就大成问题。这也难怪，布隆伯格觉得只要把帮助创造了硅谷的斯坦福搬到纽约来，纽约自有其天然优势成为21世纪的都市硅谷。波士顿也有类似的野心，MIT附近的科技区已经很成气候。以研究创新城市而著称的社会学家Richard Florida不久前还写了篇文章，在鼓吹城市的复兴时，还是承认硅谷统治，称这一传统式的战后高科技郊区依然能够和都市中心在高科技上竞争。然而，没过一个月，他似乎觉得自己的看法跟不上形势，又在《华尔街日报》上发表文章称，即使在硅谷地区，像Palo Alto市中心这种多元、密集、步行式的地方，成为创业者热衷的据点，许多新的科技公司，则纷纷迁往旧金山市中心。纽约的硅谷，经历了IT泡沫的打击后，如今已经有500多家公司。洛杉矶则有着"硅滩"（Silicon Beach），是一段非常都市化的、步行式的科技创业带。西雅图、拉斯维加斯市区，都有类似的科技区。一位高科技的投资大师指出：硅谷最大的弱点，就是变成了一个巨大的停车场，旧金山和伯克利在60多公路以外。今日年轻的高科技人才，则往往不喜欢车，甚至干脆没有车。他们对大房子也热情有限，往往喜欢在市中心租个公寓，结果，谷歌、雅虎等等，不得不设立公司的专用汽车线，每天把高科技职工从旧金山市区接到Palo Alto来上班。

汽车只是烦人的一个方面。我有位朋友，在耶鲁本科毕业后到斯坦福读宗教学的博士。她称斯坦福虽然是个大学，但全被硅谷文化所笼罩。聚会时陌生人互相寒暄，问的不是你是干什么的，而是"你搞的是哪门子工程"（What are you engineering），好像天下除了工程就没有别的事情可做。斯坦福曾经试图挖走耶鲁的一位文学教授，那教授到校园一访问就断念：那里太依赖汽车，科技味太重，人文氛围太薄。当然，硅谷由于近几十年来的成功，房价也飙高。艺术家、文学家等等，就更没有来这里安居的理由。

问题是，年轻的高科技人才并非只工作不生活的一族。智商高的，文化品位往往也高，要求十分复杂。更重要的是，高科技的竞争力，仅靠高科技已经孤掌难鸣。比如，本世纪初IT泡沫时大量计算机专业的学生失业。一个工学院的院长跑到计算机公司问："你们不再需要计算机人才了吗？"对方答道："需要，但我们需要不同的计算机人才。我们需要又会玩计算机，又会编故事的人才，因为网络游戏是这个行当的一个方向。游戏往往有强烈的故事色彩，传统的理工科如果缺乏文学训练，就难当大任。"于是，这位院长赶紧回去鼓励文理之间的多学科交流和训练。

这一故事，典型地反映了大都市的优势和硅谷的弱点。当硅谷的高科技人员下班后和同事一起到一个酒吧里喝一杯时，也许碰到邻桌的另一堆人，这两组人之间的互动更可能是从"你搞哪门子工程"开始。但是，当纽约或波士顿的高科技人员下班进酒吧时，在邻座高谈阔论的可能是一组艺术家、诗人。大家仿佛是从不同的世界到一个小小的酒吧碰撞，激发出意想不到的创意的机会就多得多，生活也更加斑斓多姿。所以，对于新一代创新人才而言，都市是挡不住的诱惑。

这就是城市学家雅各布森所说的，都市中存在着其有机的多元性，这种多元性构成了都市的创造性和生活的色彩。战后的都市改建，往往通过大面积的拆迁发展新区，毁灭了规划者本身甚至没有意识到的多元性，使每个区的功能都相当单一。郊区化更使得这样的单一发展变本加厉：都市有了大片的办公区，几乎没有住宅楼；郊外是大量的"睡城"，属于单一的居住区，尽力杜绝商业发展；还有所谓"美国的凡尔赛"，即郊外风景如画的科技园，除了用公路连接外，可谓前不着村后不着店，生活和生产功能都被高度分离。硅谷成为单一的高科技区，也是这种战后发展的一个剪影。

当然，硅谷巨大的成功，使其面临"非汽车化"的挑战有转型、变身之可能。毕竟，几十年的发展，使硅谷变得相当密集，郊区越来越像市区。与此同时，纽约、波士顿这样的大都市，依然面临地皮紧张、房价飙高的问题，使年轻的创业者难以立足，这也是为什么最近布隆伯格大力推动纽约市修改规划法，给高层的发展留下更大的空间。波士顿也在市中心设计、建造密集的小户型公寓，让那些单身的创业者有立足之地。

以上眼花缭乱的发展会有什么结果，目前还很难判断，但是，我们至少可以说：未来硅谷虽然未必被取代，但像过去几十年那样一枝独秀则已经非常困难。

美国正在走向能源独立吗

最近油价攀升，直冲历史纪录，能源战略又一次成为美国的核心政治议题。共和党的几位总统候选人都众口一词地对奥巴马兴师问罪，金里奇甚至还标出 2.5 美元一加仑的油价目标。然而，在这一片喧嚣中，许多分析家指出：美国其实正在走向能源独立，甚至成为石油产品的净出口国。

奥巴马直到最近还强调：美国消耗着世界 20% 的能源，却只有世界 2% 的原油储量。克林顿政府的能源部长、新墨西哥州长 Bill Richardson 也指出，预计到 2035 年，美国和加拿大的原油生产可达每日 1200 万桶，这仅是美国目前原油消费的三分之二。不过，石油仅仅是能源的一端，美国目前和俄罗斯并驾齐驱为世界最大的天然气生产国，预计到 2021 年，美国将成为天然气净出口国。有的学者更大胆，比如能源经济学家 Phil Verleger 就声称，在未来十年内，美国将不需要进口原油，同时成为天然气出口国。莱斯大学的专家 Amy Myers Jaffe 则预言：到了 2020 年，美国将超过沙特或俄罗斯，成为世界最大的碳氢能源生产国（hydrocarbon producer）。

最近《华尔街日报》和《纽约时报》都发表了长篇报道。前者记述了中国在全球能源业的投资，其中在北美的投资高达 60 亿美元，在中北亚为 56 亿美元，在南美 48 亿美元，在非洲 22 亿美元，在澳洲 18 亿美元，在欧洲 12 亿美元，在加勒比地区 8.54 亿美元，在中东仅 1200 万美元，可见中国的能源战略重点所在。《纽约时报》的报道，则详述了技术进步所引起的美国能源业的强烈反弹。

美国本来就是一个能源大国，比如横跨得州和新墨西哥州的 Permian

盆地，在二战中曾被誉为盟军的加油站。我们不应该忘记，二战是人类历史上史无前例的能源大战，各国军队都高度机械化，离开了燃油，坦克、军舰、飞机都形同废物。日本偷袭珍珠港，也正是在能源绝望中的奋死一击。能源战略，不仅是各国经济安全之核心，也是军事战略的根本。可惜，经过 80 年的开采，像 Permian 盆地这样的油田已经枯竭。美国 50 年代大建高速公路体系，迅速走向汽车社会，从石油输出国转型为石油进口国。到了 1970 年前后，美国的国内石油产量达到巅峰，之后缓慢下降，但石油消费则不断攀升。1977 年，美国 46% 的石油依赖于进口，这个比例到 2005 年达到了 60%。

但是，在 2005 年以后，这个趋势发生了逆转，其中一个重要原因，就是得州石油巨头 Jim Henry 所领导的技术革命。他的公司在 Permian 盆地浅层石油储量枯竭的情况下，大胆采用新技术向深层钻探，通过把几百万加仑的水注入石灰岩进行水力压裂（hydraulic fracturing），在岩层中创造断裂，使蕴含于其中的油气析出，这一方式，使许多过去无法开采的油气得以被利用。但问题是，当时的油价不过 30 美元一桶，这样开发出来的原油成本，比油价高了将近一倍，不具备市场价值。但是，油价很快扶摇直上，到 2008 年达到 145 美元一桶（汽油价格 4.11 美元一加仑）的历史纪录，这样的开采立即变得有利可图。

另外，布什从政前正是混迹于西部得州的石油界，切尼则是石油设备公司 Halliburton 的总裁，他们都属于石油界在华盛顿的代理人。布什上台后，马上由切尼领导能源战略，召集石油界的领袖到白宫秘密咨询，最终产生了 2005 年的《能源政策法案》。这一法案不仅给了能源业数十亿美元的税收优惠，而且还阻止了环保署根据《安全饮水法》对水力压裂技术的规约。内政部则批准石油公司在数百万英亩的联邦土地上开采，而不必经过严格的环保审核，所以，美国的国内原油产量到 2005 年跌到谷底后，开始强烈的反弹。

美国的天然气开采，使用水力压裂技术更早，而美国的天然气储量丰富。天然气价格便宜，污染较小，并且很容易液化，成为石油的重要替代品。最近几年美国天然气开采之盛，使得海港、管道等本用于天然气进口的基础设施被改用来为出口服务，一些大型机动车也开始尝试用液化天然气驱动。当然，不管是石油也好，天然气也好，美加一体。加拿大的石油储量比美国丰富，天然气生产则仅次于美国，这么一个人口稀少的国家有着如此大的过剩能源，自然成了一界之隔的美国的加油站。

与此同时，能源消耗正在减少。自2007年以来，美国的各种液体能源的消费降低了9%，其中汽油消费降低了6%—12%，这当然和经济衰退有关。但是，美国的GDP大体已经反弹到2007年的水平，这里肯定有许多长期的趋势在起作用，其中的一大原因，是人们开车越来越考虑能源费用和环保了。2002年，美国的新车销售中SUV所占比例高达18%，到2010年则仅为7%。联邦的燃油效率标准也越来越严格，每加仑最低行驶里程的联邦标准，近年来已经延长了几次。目前美国汽车平均每加仑的行驶里程仅为25英里，在发达国家中最低。欧盟已经达到45英里，日本则更高。目前，奥巴马政府正在敦促把这一标准提高到2025年的54.5英里。美国的新车销售每月大致125万辆，这大致意味着同样数量的耗油旧车、大车被替代。前所未见的袖珍型车的研制，也正在如火如荼地展开。另外，美国的居住形态也正在发生变化，人们开始向城市和近郊集结，远郊衰落，通勤的公交使用率增加。所以，我们可以比较有信心地预测，美国的石油消费不会跟着经济反弹而大涨。

检视历史，美国的液体能源消耗在1975年到1982年间急跌，国内石油生产则大致平稳。这导致了石油进口比重从46%跌至了28%，日后经济一恢复就迅速反弹。从2005年至2011年，美国的石油消费也猛跌，但国内石油生产则持续上涨，导致了石油进口比例从60%降到45%。比较谨慎的估算，美国的石油产量会继续增加，到2022年石油进口比重降低到38%左右，加拿大等"靠得住"的能源供应国大致足以解决美国的需求。中东对于美国而言，将不具有现在的能源战略意义。

能源战略的党派之争

美国正在迈向能源独立的好消息，目前大多被淹没在两党政治的口水战中。从民主党一方看，过度渲染美国的油气储量之丰富，会减低美国公众的危机感，使得节能、环保、发展再生能源等政策更加难以推行。共和党则要借油价创造恐慌，强调奥巴马的政策使美国依赖于中东石油。

不过，这场两党政治的口水战也不止于口水，确实体现着保守派和自由派的政治哲学和国际战略。共和党一向信奉美国至上，反对奥巴马在国际上"低三下四"，希望早日摆脱对进口原油的依赖。在他们看来，21世纪仍然属于美国，这不仅在于美国强大的工业体系，而且立足于美国的能源独立。二战前，美国之所以能成为世界的无冕之王，就在于其不仅是第一大经济体，而且是重要的原油出口国。在关键时刻，美国不仅不会受制于人，而且会利用手中的石油资源使对手就范。所以，在共和党看来，能源独立使美国在中东更可以无所顾忌，俄罗斯手中的能源牌也大打折扣。再具体一点地说，如果美国成为油气产品的净出口国，那么一旦中东战争或俄罗斯内乱导致全球油价飙涨，美国不仅不会恐慌，甚至可能坐收油价飙高之渔利。总之，在能源、军力、经济上获得稳固的优势，足以使美国的政治理想主导世界。

自由派的看法则曲折复杂得多。首先，美加的油气资源不管如何丰富，怕也是无法满足美国的能源需求，不发展再生能源和节能技术，能源很难独立。第二，当今利用水力压裂等新技术开发出来的新油气资源，因为开采费用昂贵，只有在高油价的基础上才有市场价值。等这些能源开采完了，又必须发展新技术、进行成本更高的开采。所以，仅仅通过共和党所谓的"开采、开采、开采"的战略来降低油价，实在是个大忽悠。第三，即使美国能源独立，但在开放的全球化自由贸易时代，从来只有一个国际油价。只要中国、印度、巴西等新兴国家的发展提高了石油需求，美国油再多油价也要涨，也必须为能源成本埋单。所以，长期的能源安全只能建立在能源多元化的基础上，不能一棵树上吊死。在这个前提下，再生能源需要一定的政策倾斜来促其发展，节能技术也同样需要相当的政策刺激，如对汽车燃油效率的规约，等等。

《世界是平的》的作者弗里德曼，则更是大处着眼。他在《纽约时报》的专栏中指出，能源和民智，实际上都属于一国的资源。过度依赖能源，往往就容易忽视民智开发。他担心美国的能源富足，会导致民智下降。这并非读书人的玄想，而是有经验数据的支持。经济合作与发展组织刚刚发表了一项研究，把各国15岁的孩子在该组织的学术能力测试(PISA)中的成绩和各国的能源在经济收入中的比重进行比较，发现了两者之间显著的负向关系：那些从能源中所得越多的国家，其学生在PISA等考试中的成绩越低，一句话，有了油就丢了书。新加坡、韩国、日本、中国香港、中国台湾、芬兰、以色列等都是没有油、资源奇缺的地方，但考分最高，经济表现出众。卡塔尔、哈萨克斯坦则属于能源最丰富但考分最低的国家，沙特、科威特、阿曼、阿尔及利亚、巴林、伊朗、叙利亚等等大致也是如此。黎巴嫩、约旦、土耳其这几个中东国家，虽然都属于阿拉伯世界，但没有什么石油资源，学生的成绩反而好。巴西、墨西哥、阿根廷等新崛起的国家，自然资源丰富但学生成绩滞后。加拿大、澳大利亚、挪威这几个西方世界的资源大国似乎是个例外，其丰富的资源并没有打压学生的成绩。不过，这些国家都采取了相当系统的政策节约能源而非消费能源。事实上，这三个国家虽然资源丰富，但资源在GDP中所占比例都不高。最高的挪威也仅仅为13%左右。澳大利亚在6%左右，加拿大为4%上下。美国学生的分数在发达国家中一直偏低，而美国恰恰是在发达国家中属于油价最低廉、在节能方面花的心思最少。

如果数据还太抽象的话，生活也会给我们提供许多直觉的例子。我在美国的大学教书，班上不少来自中东、委内瑞拉这种能源充裕国家的学生，表现总是很差。一次，一位沙特学生眼看要不及格，跑到办公室求情，并拿出一系列的理由，比如为了换专业到华盛顿的沙特使馆办奖学金手续，等等。见我摸不着头脑，才解释说："任何一个沙特公民，只有说想来美国读书，政府马上提供全额奖学金，就是这样，还很少人肯来，像我这样的是难得肯吃苦、冒险到异国他乡求学的。"话说成这样，我也让他通过了。由此可见，这么好的读书条件，沙特人读书还是很差。再看看美国，得州有油，西弗吉尼亚有煤，带来了大量财富，这都是由来已久的。但这些地方总是最为贫穷落后的地区，民智也甚低。

当资源丰富而不够节制时，国家就容易走上粗放发展的模式。美国面临能源独立的前景，已经有了若干苗头。比如，水力压裂的油气开发固然是巨大的技术革命，但也会带来许多环境问题。几百万加仑加有化学物质的水注入石灰岩中，严重威胁着地下水的安全。而这种开发的展开，一大原因就是布什、切尼都来自石油业，使得能源界的利益在政府中独大，压抑了环境主义的声音，乃至大量的开采在环境规约不足的情况下展开。共和党反对在减排上实行"控制与交易"（cap and trade）的制度，实际上就是希望能源使用不必为其环境后果埋单。这一系列"偷懒"的方式，最终会造成制度和文化的粗陋，大家习惯于用最容易的方式解决问题，忽略"聪明的发展"和人力资源的开发。根据 PEW 民调，2007 年美国公众在环保和能源开发哪个优先的问题上，以 58% 对 34% 的绝对优势支持环保优先。如今，这个比例变成了 44% 对 47%。而那些要求不惜牺牲环保来开发能源的力量，主要来自南部文化水平比较低的选民。当然，有了能源这张硬牌，美国在国际上更有恃无恐，做事不深思熟虑，伊战这样的错误更容易犯。凡此种种说明，能源独立几乎毫无疑问会提升美国的国力和国际地位，但是，这条路上依然充满了陷阱。

美国的油价要降了

　　油价下跌，几年前还是天方夜谭，人们热衷谈论的是"油巅时代"（即世界石油供给到了极限的时代）的来临。本世纪初油价的狂涨和70年代的石油危机有本质的不同，70年代的石油危机源于中东国家对西方的抵制，属于一时之政治行为，并没有改变市场的基本供需，所以，油价疯涨了一通马上又回落。本世纪初的油价则是因中国、印度等新兴经济的崛起所导致的僧多粥少，供需平衡已经被打破了。所以，许多人预言，经济大衰退一时抑制了油价，一旦经济恢复，油价马上还会创纪录。然而，在经济复苏的过程中，根据2013年底的预测，油价将从2012年每桶112美元的平均价格，下降到2017年的每桶92美元。

　　这样的油价走势，背后的推手是美国的"油气革命"。因为水力压裂技术的运用，美国加拿大广大地区大量潜在的石油天然气资源得以开采，美国将走向能源独立，这些都已经不是新闻了。但是，所谓能源独立的时间表究竟为何？对石油市场和经济具体会产生什么样的影响？一切还属于预想。

　　如今，这场"油气革命"的初步结果已经出来。美国能源部对近期石油市场作出了颇为细致的估测，这些估测，也并非仅仅是对未来的推想，不少是根据已经有的实际数据。

　　几年前，美国的石油还一半靠进口，如今，进口石油的比例仅占37%。到2016年，也就是距今不到3年的时间，进口石油的比例将跌到25%。美国国内的石油生产，在1970年达到历史最高峰，为每日960万桶，到2016年将大致达到那个水平，目前的年增产量是每日80万桶。虽然专家们还慎言能源独立，但美国对进口石油依赖的降低速度，已经不能用年度来衡量，而要用月度来衡量。再加上从加拿大、墨西哥两个邻国的石油进口，美国不至于再为石油发愁。至于天然气，几年前美国还在进口，新修建的码头等基础设施都是为了进口用的，如今则已经开始出口天然气了。

这一变化，快得让美国措手不及，一些地区出现油气资源过剩、运不出去的状况。美国自石油危机以来一直有禁止石油出口的法令，特需出口必须申请联邦许可，目前各方正在游说奥巴马政府开禁。

另一大变化，是能源的构成。目前，美国的电力，40%依然依靠煤，30%是天然气。到2040年，电力将有35%依靠天然气，32%依靠燃煤。众所周知，燃煤是最便宜也最污染的能源，天然气则在传统能源中最为洁净。这一变化，将使美国的环境大为改善，另外，在分散的民用能源，即千家万户的取暖能源上，天然气也咄咄逼人。我们周边地区，大量居民把烧油的锅炉换成烧天然气或液化天然气的，干净不少，价格还低很多。

以上变化，将使美国在国际贸易中的收支平衡有相当大的改变。美国过去的贸易逆差，能源进口是罪魁祸首。在这个关键地方"止血"，美国的国际竞争力会大幅度上升。其次，一度被视为日薄西山的美国制造业也将复兴，目前已经有大量厂家从中国等地区迁回，在美国安营扎寨，廉价能源当然提高了美国制造相对于中国制造的竞争力。但这远非全部理由，美国环保标准很严，各州空气质量必须达到一定的标准，否则工厂难以开工。一旦天然气在发电中大规模替代燃煤，空气就会清洁许多，一些在空气指标上已经没有开工厂空间的地区，现在则可以考虑上马新的工业。

除此之外，未来在再生能源、节能技术上，恐怕还会有许多意想不到的突破。近年来风力发电的成本迅速降低，已经快能和传统能源竞争，燃油效率的法规也越来越严。如果再有某些技术突破，美国不仅可能能源独立，而且这种独立的到来恐怕会比预想得要快。

以上种种变化的另一个后果，恐怕就是燃煤的过剩。美国燃煤储量丰富，但燃煤受到环保组织、政府等方面的多重夹攻，可谓四面楚歌，国内市场无法消化的燃煤，只能到海外寻求出路。国际能源组织

（International Energy Agency）在 2013 年 12 月 16 日发布的报告称，世界对燃煤的需求，仍将无情地上涨，涨势至少要维持到 2018 年。尽管美国发生了"油气革命"，但在 2007—2012 年间，世界燃煤消费平均每年增长 3.4%，比石油和天然气的消费增长都快。到 2018 年为止，这种增长有可能维持在年均 2.3% 的水平。这对美国经济而言，无疑又是个刺激。美国使用燃煤的历史非常长，开采和运输的基础设施都十分完备。国内燃煤消费因"油气革命"和环保规约而急剧降低，有可能使这些设施浪费。但是，新兴经济对燃煤的需求，大致能够使美国在这方面的资源和设施都得到充分利用。分析家指出，把美国的燃煤运到中国沿海的主要市场，成本比从中国内地运来的燃煤还低，其诱惑是很难抵御的。

然而，虽然有各种燃煤洁净技术的开发，燃煤的污染问题至今仍然没有解决。自 2000 年以来，全球二氧化碳的污染五分之三来自燃煤。燃煤的使用，恐怕也是中国城市雾霾的重要成因。如何摆脱对燃煤的依赖，发展洁净能源，对中国等新兴经济国家将是一个重大的挑战。

再生能源还有前途吗

当年美国出兵伊拉克，自由派们激愤地谴责：这都是为了控制那里的石油。布什政府也放出话来，说在伊拉克速战速决后，其石油资源足以支付战争和战后重建的经费。想不到，美军陷入伊拉克泥沼，伊拉克的石油生产几乎停顿。于是，自由派们马上说：这些都是石油势力过度贪婪惹的祸。

事情已经过去多年，伊战渐渐成为历史，世界石油市场的格局也大为变化。自由派们突然恍然大悟：原来我们都是被切尼忽悠了！美军打伊拉克不是为了占有那里的资源、获得廉价石油，而是断绝那里的石油供应，以抬高世界油价。因为美国和加拿大有着大量的石油和天然气储量，只是这些资源都深藏在油页岩中，开采费用巨大，只有当油价高到一定程度，这样的开采才有商业价值。美国率先发展出水力压裂的开采技术，只等着市场的绿灯。切尼是石油业派到白宫卧底的，布什也是得州石油界出身，他们此时偷偷帮了石油界一把。一夜之间，石油的生产重点就从中东转移到北美。

这种"阴谋论"有多少根据，我们不得而知，不过，世界能源的新格局确实在形成。根据总部设在巴黎的 International Energy Agency 的报告，到 2020 年，美国将取代沙特成为世界最大的石油生产国。到 2035 年，美国将基本实现能源独立，略有少量石油需要从加拿大这样绝对保险的地方进口。当然，这一切都必须建立在一定的油价平台上，即国际油价必须明显高过用水力压裂技术开采北美石油的成本。

这一既成事实式的远景，对自由派和环保运动是个不小的打击。水力压裂，意味着要把大量含有化学物质的水注入地下，这对地下水究竟有什么影响？至今仍然众说纷纭。不过，这种技术的运用，已经使美国的天然气生产过剩，导致一些公司被迫停产。几年前建设的用于进口液化天然气的港口，迅速改为出口，但过剩的天然气仍然运不出去。美国的天然气价格，已经是世界最低的了，这自然使再生能源难以与之竞争。保守派们弹冠相庆，《华尔街日报》等等不停地在宣判再生能源的死刑。

再生能源真的没有前途了吗？《纽约时报》最近发表一篇文章指出，根据同样一个 International Energy Agency 的报告，目前已经有 13 个国家有 30% 以上的电力来自再生能源，其中，冰岛达到了 100%，挪威 97%，加拿大 63%，瑞典 55%，葡萄牙 47%，丹麦 40%，西班牙 30%，德国 21%，相比之下，美国则仅为 13%（其中三分之二的再生能源来自传统的水力发电）。再根据国家研究委员会的报告，如果美国改善汽车的燃油效率、运用电瓶和生物能源等，那么到 2030 年时，汽车的用油会比 2005 年时减少一半。

可见，美国在再生能源开发上明显落后于欧洲发达国家，这还是在美国能源严重依赖进口的情况下形成的。要知道，挪威是世界主要石油出口国之一，但挪威的燃油价格每加仑高达 10 美元以上，美国则不到 4 美元。加拿大把大量石油卖给美国，自己 63% 的电力则来自再生能源。奥巴马提高汽车燃油效率标准的政策，遭到共和党和汽车业的围攻。但是，即使按照这个标准，欧洲现有的标准仍然比美国高出 30%。如今，欧洲国家雄心勃勃，要进一步推动再生能源的开发。比如，丹麦目前有 28% 的电力来自风力，2020 年计划提高到 50%。德国目前只有 21% 的电力来自再生能源，在欧洲已经落后了，但计划在 2020 年把这个比例提高到 35%。美国则虽然有着环保派的总统，但仍然陷于低油价政治中不能自拔，谁敢提倡高油价，就等于政治自杀。

托马斯·弗里德曼曾写过篇文章，说油价越低的国家，人的智商也越低。在发达国家中，美国油价基本垫底，智商也垫底，这一点基本上被各种国际智商测验和能力考试所证实。道理似乎不难理解：资源粗放型的发展抑制智能投入，节能型的发展则必须要求社会扛着较高的能源价格竞争，等于负重赛跑，没有足够的智能难以生存。但是，最终的胜者，往往还是高智能的社会。有专家指出，如今世界还未走出经济低谷，能源消耗尚处于低潮。美国天然气价格虽然便宜，但也主要是天然气的液化、运送等一系列服务设施跟不上，天然气堵在国内无法放开出口。一旦服务设施改善，世界经济恢复，天然气价格就会急剧上升。与此同时，风力发电的价格通过技术改善不断下降，估计到2020年左右将会和天然气的价格平起平坐。怕的是，在此之前，美国的传统能源价格过低，享受政府变相补贴，使再生能源难以与之竞争，致使美国在这一领域落后。

如果美国实现能源独立，欧洲大量转向再生能源，将可能限制国际油价的上涨。国际石油市场的主要买家，也自然成了中国。中国公众喜欢和美国攀比，特别有着强烈的低油价心态。也许国际市场不会与中国为难，这就更可能助长能源密集型的发展模式。不过，这种模式，是否超出了中国环境的承受能力？中国是否也应该看看欧洲，发展出一种传统能源和再生能源的混合模式？这是中国必须进行的战略选择。

野生帝国的生成

一、不小心活在了"史无前例"中

2009 年我趁着房市崩解"兜底"，在波士顿远郊买了房子，从此当起美国的"房奴"。"兜底"被证明是兜不住的，房子入手后市值仍然下跌，最近刚刚稳定下来，可惜仍在买房的价格之下。

当然，万事不能算经济账。"有恒产"这三年，对于我这个年过半百的人来说，实在是人生最奇特的时光。三年了，新鲜劲儿依然不减，我依然会凝视着院子里昂然而立的一排排白松发呆。当时买这房子，就是被这里自然保护区般的环境所震撼：鹿群不时在后院的林子里出没，猫头鹰叫声不绝，蛇在院子里大模大样地晒太阳，蜂鸟、主教鸟这些珍稀鸟类飞来飞去，火鸡偶尔路过，乌龟前来做窝，帝王蝶在夏天的树枝间灿烂起舞，更不用说松鼠这些固定邻居了……邻居的房子临湖而立，最近告之河狸要伐他家水边的大树，对房子形成威胁，只好使用电击式屏障进行自卫；朋友打来电话，警告周边地区发现黑熊，平时多加小心……大自然生生不已，每天都有新节目，怎么会厌倦呢？

最近看到新出版的一本书《自然战争：野生动物的回归如何使后院成为战场》，才意识到自己眼下享受的生活环境，竟然属于"史无前例"。作者 Jim Sterba 声称：在这个星球上的任何一个时间和地点，都还没有出现过当今美东地区的盛况：这么多的人和这么多的动物这么接近！

这话初一听似乎非常不靠谱儿，难道原始社会地球上的野生动物不是要多得多吗？难道整个人类历史，不就是对野生动物的领地不断侵占、野生动物不断灭绝的过程吗？

且慢！先听听作者怎么说。

作者对人类所造成的生态危害有着充足的意识，特别是在美洲。哥伦布发现新大陆后的400年，人类对美洲大陆的野生动物和环境展开了史无前例的劫掠，到19世纪末达到高潮，形成了著名的"灭绝时代"。当时许多动物和鸟类都濒临绝种，森林迅速消失。生态危机终于唤醒了人们的环境意识，西奥多·罗斯福总统一手推动环保运动，建立了第一个野生动物保护地和国家森林。人与自然的关系，渐渐开始转向。

森林的恢复开始得最早，而且不能全归功于罗斯福，这一点，从我家的房产就能看出来。我家这块地，大概有1.2万多平方米，房子和院子其实仅占了一个角落，剩下的都是野生森林，基本属于动物的领地。我偶尔深入林间"探险"，发现里面全被低矮的石头墙纵横隔开，分成了十几块。这是新英格兰非常典型的景象，在我家周围的荒野和自然保护区里也到处可见。还专有历史学会研究。据说这种石墙可能有几百年的历史，是早期欧洲定居者所建，后来被放弃，现在都变成了森林。

问题是，美国建国时，麻省人口不过25万上下，如今则有658万多，也就是说，现在的人口比当时密集二十五六倍，怎么会当时用石墙隔开的密密麻麻的定居点现在反而被放弃而变成野生森林了呢？怎么生态反而会随着人口的高速增长而越变越野呢？

原来，我家后院森林中的那些石墙，所隔开的未必是居住点，而是农田或饲养动物的场所。进入19世纪后，随着美国向内陆扩张，这里许多贫瘠的土地被放弃，人们可以从内陆平原买到更为便宜的食物。到了20世纪，随着化肥等农业技术的突飞猛进，亩产日高，虽然人口增加，需要的土地则日少，大量农民放弃土地进城。最为重要的，还是机械化革命。农业机械化，使美国一下子省出了7000万英亩（28万多平方公里）用于饲养农业畜力的土地，致使农村大量被抛荒。直到二战结束后，美国的城市化演成了郊区化的铺张发展，人们才又回到了这些土地上。但是，此时他们已经不是农民了。

如今美国本土（不算阿拉斯加和夏威夷）东边的三分之一，承受着美国三分之二的人口，却有着最大的森林。自19世纪以来，森林复生，已经覆盖了这里 60% 的土地。在新英格兰地区，1630 年时的森林到 2007 年时已经有 86.7% 恢复野生状态。麻省的森林覆盖率达到 63.2%，康州达到 58%，而这两个州分别是美国人口第三和第四密集的州。记住，这里谈的森林覆盖率并不包括郊区，比如像我居住的这个镇，整个环境如同自然保护区一样。我自己拥有的土地 80%—90% 就是森林，但这些都没有统计在森林覆盖率中。可见，实际的森林覆盖率远远比官方的数据要高，这也就给野生动物的回归提供了理想的条件。

二、野生动物和人开始相互依靠

随着森林重新覆盖美国，野生动物也迅速回归。这一过程有种种曲折，但一些宏观数字颇为惊人。

河狸是哥伦布发现美洲的第一个受害者。在哥伦布到达之前，北美的河狸大致有 5000 万到 4 亿只。当时欧洲的河狸皮价格甚高，刺激了跨越大西洋的皮毛业贸易，河狸被大量捕杀，到 1900 年时仅剩下 10 万只，濒临绝种。如今，河狸数量则回升到了 600 万到 1200 万只。

火鸡在哥伦布到达之前至少有 1000 万只，到 1920 年时则仅剩下不到 3 万只，熊、狼也几乎绝迹。白尾鹿在哥伦布到达之前有 3000 万只，到 1900 年时只剩下 35 万只。今天，白尾鹿的数量有 2500 万到 4000 万只，估计已经超过了哥伦布发现美洲时的水平。

灰狼这一北美无所不在的物种，在 19 世纪数量锐减，到 20 世纪继续被剿杀。具有讽刺意味的是，人类曾为了保护其他动物大肆捕杀灰狼，使之濒临灭绝。女儿向我转述她刚刚学到的知识：人们一度为了保护驯鹿而清除灰狼，因为灰狼会成群结队捕杀驯鹿。结果发现：灰狼消失后驯鹿数量依然下降，后来灰狼被人工引进。原来，灰狼虽然是驯鹿的捕食者，但它们主要的捕食对象是鼠类，驯鹿则每年只能吃掉很少，而且吃的全是最弱、跑得最慢的，等于帮助驯鹿优化群体健康，更有生存能力。

《纽约时报》不久前刊登一篇文章，解释了另一个原因。狼的存在，不仅对生态好，对被自己捕食的动物也好。狼的存在，使所有草食动物都惶惶不可终日，吃草时总是东张西望，一有风吹草动就跑，结果，草都吃了半截，这大概是刺激草生长的最佳方式。如果没有狼，这些动物则全把草啃秃，再也长不出来，破坏了植被，也破坏了自己的生存资源。像河狸这种狼的猎物，往往受益于狼，河狸依赖草木，狼则是很好的森林警察。

这样的生态平衡，慢慢被人类所理解，进而会用更为聪明的办法和动物和平相处。这里，人们往往忽视了一个更为重要的因素：在原生态中，人是大多数动物的捕食者。人的捕食数量，远远超过狼群。把狼从生态链中去除，会带来许多危机。如今，为了保护动物，对捕猎有了严格的限制，等于把人作为自然界最大的捕食者从生态链中去除，使动物丧失了最大的天敌，这就使动物的数量飙升。

另外，停止捕食的人类，不仅不会定时减去动物的数量，还会给这些动物提供更多的生存机会。比如，郊区的菜园、喂鸟装置、垃圾箱等等，全成了动物们的"麦当劳"。过去，人们总担心郊区化、远郊化使人类过度侵犯动物的领地，造成许多动物的灭绝，现在看来相反的过程正在开始。郊区、远郊这种已经放弃狩猎的人类定居点，成为动物的大食堂，所能维持的动物数量比原生态的森林要大得多。

想想看，1900 年时，北美仅存的河狸大多集中在加拿大北部人迹罕至之处。在美东最大的森林 Adirondacks，到 1898 年时只剩下一个 5 只河狸的家庭。在 1901—1907 年间，34 只河狸从加拿大引进投放到 Adirondacks。因为禁止捕猎，河狸的数量到 1915 年就上升到 1.5 万只，可见其强大的繁殖能力。如今，在我家周边地区到处是河狸的痕迹，只要有水有树，它们就会到达，伐木筑坝，蓄水清污，成为重要的生态工程师。更重要的是，至今河狸仍属于禁猎的珍稀动物，其繁衍几乎不受任何控制。邻居告诉我，河狸频频威胁他的房子，但他不敢动之一根毫毛。这几年，河狸在他家的湖里传宗接代，一家分成几家，占据了周围的溪流。现在的河狸数量虽然还不及哥伦布到达前的水平，但也许几年之内就会赶上甚至超过。

可见，人和野生环境及动物，其关系已经不一定是"你赢就是我输"的"零和游戏"，生态完全可以和发展共存。在这方面，美国一百多年来发展出一整套复杂的制度措施，一边发展，一边走向野生，这对于到处都在大兴土木的中国，颇有借鉴意义。

三、保护野生环境的制度机制

最近这几十年，美国的环保组织越来越多，也越来越活跃，乃至你的邮箱里，总是能够收到环保组织的信件。这些信件设计得非常别致，和一般商业性的垃圾邮件判然不同。比如，年初可能是一本精美的挂历，平时也可能是一套漂亮的贺卡。上面印制的，都是这些环保组织所保护的自然风景或珍禽异兽的照片，市场上还买不到。或者，人家寄给你一套地址邮签，省得你发信时填写自己的家庭住址，把那邮签揭下来贴上就行，省事不说，其图案也足以和邮票媲美。如今电子邮件盛行，写信少了，我收到的这些邮签，往往都用不完。

这一切都是免费的。当然，世上没有免费午餐，人家随着这些小礼品，也会给你寄一封信，报告他们在环保上的业绩，鼓励你捐款。当第一次收到这些礼物时，你受宠若惊，很容易写张支票，但这种东西实在太多了，慢慢就麻木了。不过，人家锲而不舍，一旦发现你，就三天两头给你寄，闹得你不好意思。就算你能顶得住，总用人家的东西而不捐款，你至少了解了一些原来你从来没有听说过的环保组织的活动和哲学。

最近我又收到这么一封邮件，里面没有礼物，也没有要求捐款，但我不能无视——这是来自我们镇上的土地保护协会的信。我们是个六千多人的小镇，大家都是低头不见抬头见的邻居，邻居来信你不好不看。另外，我经常参加这个组织主办的长跑比赛，报名费都给他们去买地了，所以自己觉得做了一点贡献，并不像打开其他环保组织的信那样总有点受之有愧的感觉。这封信除了介绍该组织最近活动的概观外，主题是讲刚刚过世的前主席的遗赠。我越读越好奇：我们这个镇真是藏龙卧虎呀！

这位过世的前主席是位老太太，享年 103 岁，生前是位经济学家，在附近一所小大学当过院长，还给总统当过顾问，成就相当不俗。她大约 40 年前到本镇落户，很快成为环保的先锋，并担任了这个土地保护协会的主席。她在自然保护区边上拥有一大块土地，许多生前就捐给协会了。死后根据她的遗嘱，把她最后的家产一分为三：一份是 1.7 万平方米左右的野生地，捐给这个协会，并和邻接的自然保护区连成一片。紧挨着这块野生地靠马路的地方，是她的房子和院子，在市场上卖掉。另一块和她房子连接的野生地，被邻居买下来。该邻居购买时签下协议，保证遵守土地保护协会的规章和限制，即对这块地永远不得开发，维持野生状态。

　　我们都知道，美国的环保事业和富人的捐助密切相关，比如 Acadia 国家公园的路和许多设计，都是在洛克菲勒的支持下完成的。许多富人死后把家产捐献，成为自然保护区和景点。这种现象，你走到任何一个镇都能见到。不过，我们这位高寿的邻居实在不算什么大不了的富人，她毕竟是从大学拿工资的人，最多算是殷实之家。她对环保的贡献，属于普通中高产力所能及的范围，而且也未必全用慈善来解释，毕竟她的房子是卖了而非捐掉。也正因为如此，她的行为更有典型性，对环保的影响也更大。

　　首先，许多殷实之家，户主去世时，子女都很发达，实在没必要继承这笔遗产，把土地捐给环保组织，永不开发，这对死者本身是个莫大的慰藉。住了一辈子的地方，谁不想在自己身后能千秋万代永远保留成纯自然的状态？你捐出去，等于让环保组织免费代替你维持这样的"风水"，绝不用担心有人把你的故居开发得乌烟瘴气。对于那些身后无子女的人来说，就更是如此，你这样做了，说不定二百年后游人到此，对着美景惊叹之余，还能从说明材料中得知这原来是你的财产，你死后作为礼物留给了大家，什么样的豪华墓地能抵得上这样的纪念？可见，这不仅是利人，也是利己。如果你子女过得还可以，不指望你的遗产，你往往就会这样做。也有些人把财产留给子女，但子女孝顺，在父母身后也帮他们捐了。

另外，许多人生前就想捐，目的同样未必是慈善。就拿我的房产来说，占地 1.2 万多平方米，但房子加上院子大致 2000 平方米已经富富有余，剩下的一万平方米都是森林。我们结婚时在北京父母家蜗居，后来到美国读博士，生了孩子，在孩子 5 岁前还是在纽黑文的一个小阁楼上蜗居，可以说，在生存空间上长年被压抑。等自己能买房子时，真有种扬眉吐气的感觉，发誓一定要到郊区买下一万平方米以上的地来，最好从窗户望出去，能看见的地方都是自己的，如今这理想大致算是实现了。我固然从窗户还能望到周围的邻居，但不到冬天树叶落尽，望不到林子后面作为边界的溪流。可是，熬了这么多年才好梦成真，如果明天环保组织上来敲门，劝我捐掉后面的林子，我还真会认真考虑。这里的动机不是慈善，也不是因为白拿了人家的几套精美的贺卡，而是要立足于自身利益算一算：这究竟是否划得来？

从表面上看，这林子归我家所有，别人都不能用，但这并不意味着我可以随便使用。里面许多地段属于湿地，在严格的环保规程之内，户主也不能乱建。另外，喜欢干"农活儿"的妻子早已开始抱怨：目前的院子，仅仅修整草坪和各种花草菜园，就需要个全职劳力，再大一点根本维持不了。更不用说，砍一棵树往往就一百甚至几百美元以上，清出一小块地方就要几十棵树，怎么折腾得起？如果给了环保组织，只是所有权的名义变了，其他什么都没有改变。这林子还是不会有外人来，我们要下去走走照样如同自己的地盘一样没人管。真正的变化是房地产税：地不属于我了，我就不缴税，每年省了不少钱。

这里要声明，我们拥有的地在中国听起来似乎很吓人，其实我们不过是中产小户人家，房价还略在本地中等房价之下。对门邻居的房子和我家一样大，但占地 5 万多平方米，除了有个和另一家共享的小湖外，主要是森林，房价高出快一倍，其房地产税自然也是水涨船高。和他家接壤的，则是一块自然保护区，大概有几十万平方米，有山有水，是河狸出没地。我经常开玩笑说，那块保护区其实是归我所有，因为我"饭后百步走"时常常会去转转，而且三年来在那里从来没有碰到过一个人，这和自家后院有什么区别？转多了就发现，这地方有房子的遗迹，估计过去有几户人家，后来给捐了。你不捐，你那些继承了财产的子孙就会为这块没人用的地方每年纳税。

可见，美国的郊区，不仅有摊大饼式铺张发展的机制，也有不停地返回自然原生态的环保机制。而且，这后一种机制并不仅仅是针对那些乐善好施的百万富翁，对于普通的殷实之家也都很起作用，这样，环保才能成为一个普遍的社会运动。

四、私有的自然

几年前还住在波士顿近郊时，一位老友（也是位中国文化界的名人）突然造访哈佛，打电话要求见面，并要我带他们一家三口去瓦尔登湖。我开玩笑地说："怎么20多年不见，你还这么酸呀？非去瓦尔登湖不行吗？"还好天公不配合，下了场大雪，瓦尔登湖去不成了，我索性把他们领到家边的一个湖边观雪景，并不忘忽悠一句："梭罗当年也来过这里。"

梭罗是否来过，实在无从知道，既然此地在瓦尔登湖和哈佛之间，梭罗当年曾路过恐怕几乎是肯定的。瓦尔登湖以梭罗那本世界名著《瓦尔登湖》享誉全球，成了一个国际级的旅游景点。从中国来的朋友，如果到哈佛访问，总提出去瓦尔登湖，仿佛来一趟不去那里自己就是没文化，搞得我特怕他们。我当然知道瓦尔登湖很美，但有那么美的地方附近实在太多了。《波士顿环球报》不久前还报道，瓦尔登湖的慕名者太多，人满为患，乃至停车场、路口有些拥堵状。何苦去凑热闹？所以报纸鼓励当地人多到其他地方玩儿。更搞笑的是，现在大家都用GPS导航。麻省还有一个地方也叫瓦尔登，就在附近不远的镇上，而且也有个挺美的湖。美国人大概生活得太容易，属于粗线条型，觉得只要把"瓦尔登，麻省"输入GPS，跟着导航就自动到了。结果搞得那个镇也热闹非凡，当地居民白捡了份旅游业收入。一次，那里的巡警看见一对老年夫妇虔诚地对着"瓦尔登湖"拍照，就忍不住对那老头儿说："你知道吗？这里不是真正那个瓦尔登湖，同名而已，真的那个在不远的地方……"没想到老头听罢马上悄声央求巡警："请你千万别把这事告诉我妻子。"看来，那老太太仍然是位"文学青年"，崇拜起梭罗来不惜跑断腿。老头儿则早就有点陪不起了：反正有这么个湖，美景享受了，照片拍了，诗兴也发了，还要干吗再去一个地方？到此为止吧！

我接待从中国来的老朋友，心情非常类似。其实，我也曾是北大中文系毕业的"文学青年"，读《瓦尔登湖》相当痴迷，还在上海的《文化报》上发表过读书笔记。现在年轻人不知，80年代谈恋爱，不懂《瓦尔登湖》实在太没水平了，难以糊弄女孩子。后来娶了和自己一样"酸"的"文学青年"，志同道合地过了20多年，阴差阳错住在瓦尔登湖附近，近水楼台却从来没去过。这倒不是青春之热情不再，而是对我们这些经历过点岁月的人来说，瓦尔登湖的精神不是一个景点或一个证明我来过的留影，而是一种不需要任何标签的生活方式。

瓦尔登湖本是梭罗的师友爱默生的私产，两人都是19世纪新英格兰"超验主义运动"的代表人物。"超验主义"的一个核心信条，就是人的独立性和纯净性，而这种独立性和纯净性在人与自然的关系中体现得最为充分。梭罗写了《瓦尔登湖》，爱默生则写了《论自然》，两人都是美国的第一代环保主义者，是为后来的环保运动奠定了精神原则的人。除了他们两人外，当时另一位超验主义代表人物就是 Amos Bronson Alcott。这位哲学家、教育家和改革者就在我们现在的镇里定居，在山头买下一块90英亩（36万多平方米的地），组织起一个乌托邦的农耕社区来。他的女儿 Louisa May Alcott 则从小接受了由父亲和梭罗、爱默生等耳提面命式的私学教育，最后成为著名作家，其《小女人》至今仍然是美国文学的经典。

"超验主义运动"距今已有150多年，但"超验主义"对自然那种"万物一体"式的崇拜，至今仍然是我们的社区精神，也确实塑造着整个美国的环保运动。许多殷实之家，依山傍水而居，房子造得非常低调，生怕打扰自然景观，死后则把大量房产土地捐给环保组织，永世不得开发，仿佛这样自己的灵魂就永远返回自然了。25万平方米左右的瓦尔登湖本是爱默生的家产，如今成了州立自然保护区。Amos Bronson Alcott 在我们镇上搞乌托邦的那份36万多平方米的地产，则因为经营破产很快被一位保护主义者买下，成为现在的"水果博物馆"，其实是一家私人的艺术文化博物馆。这里不仅是本镇的婚礼胜地，而且是个各种文化活动的中心，甚至镇里每年国庆节的烟火晚会也在这里举行。

瓦尔登湖模式的环保，即私人手里的名胜最后辗转到联邦或州政府手中监管，多仅局限于一些最著名的景点，或者若干很重要却无法靠私人资源保护的地方。这种模式的规模是有限的，毕竟，交给政府，就意味着政府财政的支持，而政府的财政能力总是有限的。"水果博物馆"的模式，则似乎更为普及，这些财产仍然在私人手里，但已经确定了非常明确的非赢利环保目标，实际上就是私人的慈善机构，不给公共开支增加任何负担，可以随时扩张。

比如，我们镇最惊人的两处景观，一个是"水果博物馆"所据的山岭，可以远眺一览无余的壮丽景色。因为"水果博物馆"和邻接的公共开阔地带连成一片，保证了对普通人的开放。另一个惊人景观，则是镇中心的湖，依湖而立的是公立学校和图书馆，全属于公共设施。另外还有公共码头，也是整个湖区最大的码头，对所有人开放，学校的赛艇队训练设施也都集中在此。不过，第二大的码头，则是女孩儿童子军的水上中心。女儿参加童子军活动时去过，告诉我们那里环境非常诱人。有一次我骑车正好路过，好奇地进去转了一圈。里面确实有女孩儿童子军在活动。家长们看着我有些惊奇，但没有人说任何话。这里不仅仅是码头，还有几栋房子和林间小路，规模非常大。等我出来时，一位男士友好地向我打招呼，告诉我这里是私有财产，普通人不能随便出入。我这才明白，这一地段专门用于童子军等公益活动，但一直为私人经营。这样的经营，比起交给政府或环保组织来有相当的灵活性，比如可以根据其经营的目标把各种像我这样的"闲杂人员"排除在外，集中资源专门给女孩儿们提供服务。其严格的规章，当然禁绝了其他目的的开发。

这样的模式，我称为"私有的自然"。许多著名的财产，一直由私人组织经营，并以保存历史文化和自然景观为明确的目标，补充了这方面公共开支的不足，也使得环保运动更有多元性。

五、环境的产权（上）

环保运动，首先涉及土地和土地的使用，必须在一定的产权结构中展开。私有产权是否负担公共义务？私有产权如果能够产生公益，是否应该从社会享受一些"回报"？私有产权和公共权力的界限在哪里？举个例子，如果你拥有的土地正好在高速公路边上，就可以在那里种上枫树，在秋天创造火一般灿烂的红叶景观；你也可以造一个垃圾场，废铜烂铁狼藉一片。这些是属于你私有产权之内的事情，还是公共事务？在这方面，美国有至少经历了一百多年的法律演化，形成一套异常复杂的制度。环保得益于这样的法律框架，也精化了相关的制度体系。

美国的联邦、州、市镇等各级权力机构，都通过公共财政的手段进行环保。从法律的角度看，这种公权力的行使比较简单：各级政府颁布法律保护在自己权限之内的野生环境，或直接从私人手里购买土地以转化为野生保留地。问题是，这些行为，都受到公共财政的制约。购买土地非常昂贵，管理这些土地也时常需要追加经费。比如，最近几年，由于经济危机和联邦赤字的攀升，政府对国家公园的财政拨款持续削减。仅仅依靠公权力，环保的范围会受到很大的限制，远远无法取得现在的成就。

面对公权力的局限和公权力在环保上的失败，民间的非赢利环保组织勃然而起，并刺激了一系列法律上的创新。这里特别引人注目的，就是"环保通行权或使用权"（conservation easements）的确立和推广，以及监护经营这些权利的各种民间的土地信托组织。

"环保通行权或使用权"，简单地说，就是从私人手里购买其土地上的环境权，这比购买土地本身便宜得多。比如，我家拥有 1.2 万平方米的土地，房基和草坪菜园等不过 2000 平方米，剩下的一万平方米左右是原生态的森林。我本来就没有财力和精力在这一万平方米上继续开垦、建房，我也许可以将之卖给开发商而发一笔财，但代价是我必须忍受别人家的车从我门前过、自己的窗户遥遥地对着邻居的窗户。保持这块地的原生态，乃是我居住环境之根本利益所在，而这也正好是公共利益所在。在双方利益相合的情况下，民间的土地信托组织就可以买断这一万平米森林的环境权：土地仍然归我所有，但我同意永不开发，永不打扰这块地的环境。为了这种权利的让渡，我也得到一些补偿。不过，这种补偿，比出售这块土地所能获得的收入要小得多。

再从小社区的角度看，我住的这条小街，每一侧都有一块自然保护区。另有 7 户人家，基本和我家的格局差不多，大部分私有土地属于原生态，小街的路也没有铺上柏油沥青。凭法律上的产权，许多家可以把自己的土地出售一部分给开发商，结果会是一下子多了许多住户，安静的小街热闹非凡。这种事情之所以没有发生，大概是因为搬到这里的人有类似的趣味和环境概念。但是，如果有一户开始卖地建房，就可能引发连锁反应，这种自然保护区式的环境就难以维持。此时，如果有个土地信托组织愿意买断所有家的原生态土地，保证永不开发，大家就都松了口气。土地信托组织与其说是买走了你的部分产权，不如说是提供了急需的环境服务，保护了你的环境产权。在这种情况下，大家就更愿意以很低的价格出售自己土地上的环境权，甚至还有愿意白送的。

这种产权的有限让渡，是永久性的，不受土地买卖的影响。比如，如果我把后院森林的环境权出售给土地信托组织，不仅我自己丧失了对之开发的权利，日后房子卖出，买主也受同样的约束，这种部分让渡的产权，都折算进了房价中。我们附近有一个真实的例子：长达 320 公里的环波士顿绿道经过几十年的努力已经快要合拢完成。这么长的步行道，大部分在野生环境中穿过，其理念是让居住在稠密都市的人口在家门口就能回归原生态的环境。但是，这么长距离的绿道，又坐落在高密度地区，要想连通不可能不跨越私有土地，对付这一问题的办法就是购买：一家一家地说服土地拥有者，让渡自己土地的有限使用权，容许绿道穿过。有的家庭让渡了这部分产权后，房地产价值反而还略有上升，因为自家的后院直通野生环境。

这种环境权让渡的原则，已经渗透到土地交易和开发等各个领域。比如，我家附近最大的商业设施，恐怕就是思科工业园。走进去后，除了公路特别宽阔平坦、草坪特别翠绿整齐外，简直就是个自然保护区。我曾把自己在那里跑步的照片贴到网上，在网友中还引发一阵小轰动，这是个用广角镜头也未必照得到人和建筑的地方。后来听在那里工作的朋友讲，这个工业园在 90 年代建立时，环境法规甚严，地方社区出让土地的条件，就是思科必须满足所有生态要求，甚至连青蛙过马路的权利也要尊重（要留地下通道，防止青蛙被汽车轧死），供水鹤、河狸栖息的水塘湿地都被精心保护。所有建筑都躲在绿树后面，非常低调。思科虽然购买了土地，但其大量的环境权已经被先行扣除，不能随意开发。

记得费孝通在《乡土中国》中讨论到，中国人的伦理是以"私"为中心的"差序格局"：与他人及社会的关系如同一个以自己为核心的同心圆，内圈核心地带是家人，最为重要；再外面一圈是朋友，越往外圈和自己的关系越小，关心和承担越少；乃至江南一带水乡的河流甚脏，大家认为那是"公家的"，反正不属于自己，所以什么都往里面倒。许多人喜欢用"国民性"来讨论这一现象，其实，哪里的人喜欢公共河渠污浊不堪呢？更重要的还是法律框架的确立。在美国居住，我们和邻居们一样都有个本能：堆放杂物废料的地方，总是要离房子远一些，往往在自家土地的边界上。离自己的房子远，就是离邻居的房子近。这种行为，在乡间也许无伤大雅，但在许多地方，如公路附近，就可能造成公共场所被"脏乱差"所包围的景观。土地信托组织和各级政府部门，常常利用"环境通行权或使用权"买断一些私产的边缘地带，使得居民有了协调私有产权和公共利益的良好制度渠道。

六、环境产权（下）

不管环保运动带有多么强烈的理想主义色彩，都必须在市场经济中经营，并时时都面临着成本问题。"环境通行权或使用权"，使环保组织能够在不购买传统意义上的产权的情况下，把大量私有土地置于自己的管辖之下，大大降低了环保的成本。这种低成本，使美国的环保运动能够顶着高发展、高房价、高地价而不断扩展自己的影响。

我所居住的麻省是这方面的先锋，美国最早的"环境通行权或使用权"，就是 1891 年在麻省确立的。第一个私人土地信托组织，即麻省自然保护区信托，就是为了购买和维持贯穿波士顿的绿色林荫大道而成立的。这些林荫大道由著名建筑师 Frederick Law Olmsted 设计，大道周围的环境，通过从私人手中征得的"环境通行或使用权"来维持。到了三四十年代，联邦一级的国家公园服务局再次使用了这样的产权安排，保证了若干林荫大道周边的环境。

1964 年，在美国高速公路体系崛起的高峰，联邦税务局正式批准：凡是把位于联邦高速公路周边私有土地的"环境通行权或使用权"捐献出来的人，在个人所得税上可以享受慈善事业的减税优惠。次年，国会通过《联邦高速公路美化法案》，要求各州把联邦高速公路拨款的 3% 用于周边地区的美化。这一规定刺激各州纷纷立法，推广"环境通行权或使用权"的应用，如今各州都有立法保护"环境通行权或使用权"。这样的安排，可谓公私兼顾。通衢大道边上的土地，除了商业门脸外，一般利用价值很低。产权拥有者大多希望在上面建立绿带进行美化，这样自己在绿带后面所拥有的土地就和嘈杂的公路隔开，还能升值。把临近公路的土地上的"环境通行权或使用权"捐出，实际上是让别人出钱在上面植树栽花种草，自己仍然享受着产权，并有减税的甜头，当然心甘情愿了。政府则除了在税收上让点利外，不用花钱买地就把高速公路周边给美化了。许多中国游客每每惊叹美国高速公路两侧的美景，但大多数都不知道这样的美景是用什么产权安排换来的。

随着环保运动的兴旺，这种用于保护公路两侧环境的"环境通行权或使用权"很快就被用于其他领域，相关的民间土地信托组织也越来越多。1980 年，土地信托通过"环境通行权或使用权"所获得的让渡土地有将近 518 平方公里，到 1995 年时接近 3000 平方公里，增长速度比较平缓。但到了 2000 年，就超过了一万平方公里，到 2005 年则超过 2.5 万平方公里。土地信托组织的数量，则从 1950 年的 53 个，增长到 1975 年的 308 个，1985 年的 479 个，日后增长速度加快，到 1995 年达到 1095 个，2000 年 1263 个，2005 年达到了 1667 个。这些组织，总共控制了美国将近 15 万平方公里的土地，其中有 3.6 万平方公里是通过"环境通行权或使用权"控制的。

这种由民间土地信托所管理的"环境通行权或使用权"，大大弥补了政府的管理无效或失败。政府能拿出钱来修路就不错，根本不可能买下公路周围的土地来进行美化，许多产权拥有者，也不肯把自己的土地托付给政府。因为政府时刻处于各种财政和政治的压力之下，很难长期保持自己的承诺。这样，有法律保障的民间土地信托组织，就扮演了重要的协调作用。麻省1891年所成立的最早的土地信托组织——麻省自然保护区信托，目标就是通过"环境通行权或使用权"来协调公私利益，在波士顿保存一批景观性、历史性的土地，供公众享受。分享这一目标的土地产权持有人，仍然保持着自己的所有权，但把土地的环境权捐献出来，让公共财政来美化自家的土地，还享受着免税的优惠。如今，这个麻省自然保护区信托管理着100多平方公里的土地，其中一大半是通过"环境通行权或使用权"管理的。

在私有产权没有严格的法律保障的情况下，人们往往对这种捐出自家土地的部分使用权的做法不甚理解，特别是难以相信这种捐赠会成为如此普遍的现象。也许，一个小故事能帮助读者理解这里的奥秘。记得十几年前，我访问了一位纽黑文地区的朋友，他的房子处在很昂贵的地区，地皮贵，院子很小。但从厨房窗口望去，是一个很大的草坪。他不无得意地告诉我们，他不花一文，把自己的院子扩张了一倍。原来，他刚买下房子，就找邻居商量，大家把地界上的栅栏都拆掉，双方的两块小草坪连成一块大草坪："你从你的窗口看，这草坪是你的。我从我的窗口看，这草坪就是我的。大家双赢，何乐不为？"邻居大喜，马上照办。两家关系甚为融洽，修剪草坪也相当合作。在这种地皮紧张的地方，草坪大小对房价影响很大，这样一来，其实大家的房子都升值了。

许多人拥有的土地，大部分很像这个草坪。他们不准备开发，希望维持原样。这样，在法律上产权属于谁就是次要的，核心的问题是如何维持原貌。此时你的合作伙伴不是邻居，而是环保组织，而且经常是本地的土地信托组织。像我们这个6000多人的小镇，这样的组织其实就相当于许多邻居的集合。如果把部分产权托付给他们，以永久地维持土地的原生态，如果大家平日都相处甚好，彼此有信任，还有税收优惠，捐出来当然就不那么难了。90年代以来，美国的环保运动升温，许多家庭都愿意把土地的"环境通行权或使用权"捐出，以求永久的保护。人们通过这种行为所表达的，是所谓"土地伦理"，即拥有产权者对环境所承担的"个人责任"：我买下这块地不仅仅是为了自己，而且是充当大自然的监护人，这就造成了"环境通行权或使用权"的捐赠飙涨的现象。由于这方面发展得过快，目前出现了相反的问题：不愁捐献者少，而是一些富人利用"环境通行权或使用权"避税。比如，有的富人可以买下1平方公里的土地，在其中最佳的位置建造自己的豪宅，再把90%土地上的"环境通行权或使用权"出让。本来他买下这么多地的目的，就是希望自己的庄园被0.9平方公里的原生态自然环境所包围。他不仅要买下这块土地，而且每年要为其纳税。现在，他把地捐出，土地还是原样，税则免了，难怪许多人会在这上面投机。

中国正处于确立私有产权的初期，在公共话语中强调私有产权的权利观念依然非常重要。但是，任何私有产权，多有相当丰富的面向，并包含着公共义务和责任。这方面的法理分析不足，恐怕是中国迄今为止尚无房地产税的原因之一。而中国的高速经济发展，也带来了诸多环境问题。在环保上建立良性的法律框架，鼓励民间多多参与，就更需要对私有产权的公共面向加深理解。美国在这方面的探索已经有一百多年，一切仍然在不断的变化发展中。但这一过程所积累的经验，对于刚刚起步的中国来说无疑是一笔宝贵财富。

七、发展中的野生环境

冷战结束后，人们总爱把美国形容为一个"世界帝国"，这主要是指其在政治经济上的主宰、科技教育上的领先、军事外交上的强势。随着2008年美国把世界带入了战后最为严峻的"大衰退"，这一切都大打折扣。不过，美国是个不折不扣的野生帝国，这一点，反而很容易被忽视。如今中国人去美国的越来越多，无论是留学生也好，生意人也好，还是旅游者也好，往往都集中在城市，纽约、华盛顿、波士顿、芝加哥、旧金山、洛杉矶、拉斯维加斯……这些都市往往代表着人们印象中的美国。两年前弟弟访美时顺道来看我，回去向老母报告说我住在深山老林里，老母不胜担心："没有人烟的地方？贼来了怎么办？""放心，那地方太偏，贼根本找不到。"话是有些夸张，但国内的亲友们每每惊叹：离波士顿一个小时开车的路程，居然就进入了这样的"荒山野岭"。

比起中国来，美国地广人稀，维持野生环境当然容易得多。但是，我们也必须看到，美国大约100年前人口超过1亿，1950年时超过1.5亿，以后每隔20年增长半个亿左右，如今已经超过3个亿。如果把一切都用地广人稀来解释，在如此急速的人口增长中，自然环境只会走下坡路。然而，美国的自然环境在最近40年来却越来越好。没有相对完备的制度和日益兴旺的环保草根运动，这一切都是不可能的。

另外，评价美国的自然环境，也不能过分依赖游客式的直观性评价，需要一些量化的尺度。直观性的评价，往往低估了美国野生环境的保护水平。毕竟，人们到美国，往往去的是大中城市，即使深入郊区甚至远郊，还是在人口稠密的地区之内，越是野生的地方，越是难得一见。在这方面，数据所提供的信息更准确客观一些。我上网搜索了若干资料，希望能够在这方面能给读者提供一个宏观的概览。

最高一级的环保，当然是联邦政府负责，这方面最为突出的大概是国家公园。根据国际标准，国家公园必须满足如下条件：一、其生态系统没有被人类开发和占据。二、有高度有效的权威机构保护这些生态环境不受任何人类开发的侵占。第三，在高度控制的条件下，游客可以进入国家公园进行教育、文化和娱乐等活动。到1971年，有关条例更为严格，国家公园必须在10平方公里以上，必须有法律条款的保护，必须有固定预算和管理人员，必须严禁任何开发，包括修建水坝。一句话，国家公园就是通过公共权力圈地，严禁各种开发，在维持自然的原始状态的条件下，给公民提供适当的休闲游乐场所。

美国有58个国家公园，总共占国土面积的2.18%，这个比例，比起其他发达国家来明显低了一筹。比如加拿大的国家公园总面积占了领土的3.78%，英国则为8.2%，德国2.7%，法国高达9.5%，意大利5%，荷兰 3%，日本 5.4%，韩国 3.7%，台湾地区 8.6%，澳大利亚 4.36%……不过，除了国家公园外，美国还有将近 77 万平方公里的国家森林，占了国土的 8.5%。另有 61 万平方公里的野生动物保留地和湿地，仅以上这些，就占了将近 20% 的国土。

我们还不应忘记，美国是个注重州权的国家，每个州都是个独立王国，联邦政府很难插手。以我所居住的马萨诸塞为例。这个在美国面积第七小、人口第三稠密的州，就有 143 个州立公园，占全州领土的 10%。另外，还有 2000 多平方公里的州立森林和各种野生保护区，这又占据了全州土地的百分之七八。

在州以下，各市镇村等等，也都有自己的自然保护区和公园。我的小镇总面积不到 70 平方公里，包括 1.6 平方公里的水面，镇里拥有的自然保护区就有 7 平方公里以上，超过了全镇面积的 10%。另外，镇里民间的土地保护协会，管理着 2.8 平方公里的自然保护地，占了全镇面积的 3.8%，当然，这还没有计算各种私人组织和普通家庭所拥有的自然环境。我自己的家，1.2 万平方米的土地上房基、草坪、菜园大致仅占据了十分之一，十分之九的地方全是原生态的森林。

我无法一一查找各州的数据，更不可能统计美国三万多市镇的情况。至于每户家庭拥有的自然环境，就更无法估计了。但是，如果根据我上面计算的联邦、州、镇、家庭的自然环境的估算，那么美国大部分国土还基本维持着自然原生态。这不仅给人提供了良好的生存环境，也给各种野生动物创造了一个"王国"。

八、动物和人

记得女儿小学五年级转学后，和一群新认识的小朋友组织了个俱乐部，名字叫"狼盟"。有一天我走进她的屋子，发现满墙狼的照片，似乎狼成了她的英雄。她和俱乐部的小朋友还都痴迷一本小说《狼盟》，俱乐部的名字就是从小说里来的。我本能地有些警觉：她究竟在新学校交了什么样的朋友？这本来是个连蚊子也拒绝打死的孩子，千万别喝狼奶长大呀！

这种反应大概是我们这代人的典型。我们小时候都读过"大灰狼的故事"，狼是凶残狡猾的象征，孩子怎么能学狼性呢？和我一样担心的妻子干脆把那本《狼群》拿来审读，结果欲罢不能。那小说绘声绘色地描述了狼的社会，传达了许多为我们所珍视的价值观念：公正、忠诚、自律、尊严、先公后私、关心他者、家庭价值、团队精神……狼群的领袖为了领导大家共渡饥荒，甚至还以身作则地计划生育！这下子我们算是松了口气。

这个小插曲，从一个侧面折射出人和动物关系的变化。自古以来，不管是在哪种文化中，狼都是对人类社会的威胁。狼不仅有时会攻击人类，特别是孩子和牲畜，而且往往成群结队，又非常狡诈。它们嗅觉敏锐，耐力和速度惊人，很难捕杀。所以，人类自古以来就以狼的故事教育孩子，让之提高警惕，培养生存本能。谁愿意成为下一个祥林嫂呢？在西方的传统中，《伊索寓言》《格林童话》里的大灰狼，也都是孩子们的天敌。如今，则很少有人谈狼的威胁，大家更多地谈论的是狼的习性和生态功能，甚至把狼社会中的种种规则美化。在各种文学艺术作品中，狼的形象也被浪漫化了。在波士顿郊区，还有一个狼的保护区，给游客提供在野生状态下观察狼的机会，学校的孩子也都会组团造访。孩子们回来后往往热情地给这个保护区募捐，对狼充满了温情。几年前在报纸上还读到一则消息，说加拿大的一位歌星跑步时为郊狼（或称山狼，是比灰狼小一半的狼科动物，在郊区经常出没）所杀。警方考虑捕杀该地区的几只郊狼，但那歌星的母亲央求警方不要采取行动，说女儿一生热爱动物，如果活着的话一定会说是自己侵犯了动物的领地……

所有这些文化心理的变化，都反映了一个新现实：除了极为稀少的事故外，已经没有任何动物能够对人类产生威胁。相反，随着人类的扩张，其他物种纷纷灭绝，人类在这个星球上越来越像个孤家寡人。本来被各种动物共同维护的生态，现在也只有都交给人类管理了，而人类还未必理解许多由其他动物所担当的生态职能。为此，人类不仅有着深深的负罪感，而且对留下来的动物格外珍惜，视之为难得的伴侣。过去猎人往往是英雄，现在打猎的人则经常被人们侧目而视。

对动物的态度，也不时地被上升到党派政治的高度。2008 年大选时，共和党总统候选人麦凯恩提名阿拉斯加的女州长佩林为竞选伙伴，使之一夜之间成为保守主义的明星。民主党迅速做出反应，对佩林进行妖魔化的界定，其中的一个策略，就是大肆渲染佩林打猎的残酷爱好，特别是空中打猎，即乘直升飞机居高临下地射杀鹿和狼。一时间，"嗜血佩林"的照片、视频、卡通在网上疯传，引得媒体喧哗。佩林也急急地出来捍卫阿拉斯加的打猎法规，因为阿拉斯加仍属于蛮荒之地，居民依然靠打猎为生，麋鹿、驯鹿等都是居民的食品。有人声称，狼吃掉了 80% 的驯鹿，在和人争食，所以空中猎狼是合法的。然而，此论引起许多争议，大家为狼是否吃掉了 80% 的驯鹿吵个没完。即使在许多猎狼者看来，空中猎狼也是非常下作的手法。狼之机敏，使猎狼成为很有挑战性的"体育运动"。空中猎狼，则使狼毫无藏身之地，马上演成大屠杀，很容易使狼灭绝。而在保守主义的选民看来，荷枪实弹的佩林实乃女中豪杰，不让须眉，她的行为捍卫了美国人的持枪权。

这些是非，即使没有政治进来搅和，也已经变得相当复杂。野生世界本来就是个屠场，人处其间，也只能参与生存竞争。你不猎动物，动物会猎你。所以，在阿拉斯加这样的莽野，没有人要求禁猎，大家争的是为什么容许空中猎狼却不能空中猎熊之类的规约。在人口繁盛之地，则禁猎的规矩相当严格。麻省的规矩是，在距离公路 150 英尺内、在距离住户 500 英尺内不能开枪，除非有住户的书面批准。这样，在麻省 60% 以上的领土上是不能以枪支狩猎的。但是，几十年环保下来，野生动物大规模回归，开始和人发生了冲突。美国的野生动物对农田和各种人类设施的损害，一年就达到 280 亿美元。其中汽车撞鹿所造成的损失，就有 15 亿美元。河狸享受珍稀动物的地位，受到保护不能猎杀，于是到处伐木筑坝，常常上演水淹豪宅的工程，成为造成经济损失最大的动物之一。一度绝迹的加拿大野鹅，在美国已经达到 400 万只，经常大摇大摆地过马路，过往车辆无不礼貌地等候，有时我跑步也遭野鹅拦路。这些"野生宠物"，见了空地就占，粪便盖满足球场、公共绿地、高尔夫球场，甚至飞机跑道、停车场。2009 年一架 A320 空中客车在休斯敦紧急迫降，因为野鹅飞进了涡轮引擎，155 名乘客和机组人员幸免于难，但 6000 万美元的飞机彻底报废……

不仅如此，热爱动物的人彼此之间也打得不可开交。当一家的狗被附近的郊狼咬死后，警方射杀了四只郊狼，却马上接到死亡威胁，甚至砖头破窗而入，最后不得不向 FBI 求援。某市决定除掉若干只鹿，市长的车立即被破坏。瓦尔登湖的所在地康科德镇，居然有居民提案，要求所有人都必须拴猫，因为邻居的猫常来袭击到她院子里寻食的鸟……最近波士顿郊区最富的镇 Weston 实在受不了鹿的骚扰，在市政厅经过激烈辩论，终于开放猎鹿，规定只能用弓箭，但还是引起一些居民的激烈反对，成为《波士顿环球报》地方新闻的热点。还有一天，波士顿近郊人口稠密处发现了一只黑熊，导致警方、动物专家几路出动，最终用麻药枪射中，用飞机运到麻省中部，说是那里它才能找到女朋友。这一行动，费用多少？美国还有 16% 的人没有医保呀！一只黑熊却享受着部长级待遇，难道还管给他包二奶吗？令人哭笑不得的是，这老兄并不领情，过几天又回来了。结果大家又折腾一次，保证把它送到更远的地方。纳税人不给看不起病的人埋单，却要对熊殷勤备至。

在如何对待动物的问题上，美国人经常吵成一锅粥，各方都有一套自己的准则。不过，这往往是因为好事太多了，大家必须选择。想想看，在五六十年代的美国，有些地方如果有人看见了鹿，地方的报纸会当作新闻报道。那实在太稀罕了。如今呢，从家里的窗口就能看见后院的鹿群，送孩子去学校的路上，脸盆大的乌龟大摇大摆过马路，车辆即刻停下，司机打开紧急灯，下车当起义务交通警，挡住来往车辆，直到乌龟慢腾腾地穿过。这样的乌龟常常也爬进我家的院子下蛋，乃至有时早晨开车出去不小心会轧死幼龟。这种乌龟按法律不仅不能捕杀，而且不能饲养，完全保证其野生状态。爷爷奶奶们难得一见甚至从来没见过的珍稀动物，现在的孩子们已经司空见惯了。战后美国的人口翻了一倍还多，但动物数量的增长速度怕是远超过人类，由此可见，这几十年的环保运动是多么有效！

九、郊区，大自然的管家

不久前我曾在一系列的文章中介绍过，21 世纪美国的居住模式开始变化：人口重新向都市集中，远郊没落。哈佛大学经济学教授 Edward Glaeser 的新著《城市的凯旋》，挑战了雅各布森的《美国大城市的生与死》中反高层的有机社区理念，指出集约化、密集化、高层化乃未来城市发展之路，城市生活乃人类最高级的居住形态。城市最富创意、最富裕、最卫生、最环保，梭罗那种远离城市的乡居生活，反而对环境破坏更大。另有些学者，则发出"远郊的死亡"之预言。

然而，就在哈佛的建筑规划学院，发展出了"景观都市主义"或"地貌都市主义"（Landscape Urbanism），强调回归自然乃人之天性，规划者无法把人们重新赶回钢筋混凝土的城市。自然先于人类社会而存在，人类的居住，要顺应自然之理，充分利用"生态基础设施"。在这一哲学的指导下，该派认为郊区化依然属于大有前途的居住形态。

从近年来的发展看，都市的密集化、高层化的趋势相当明显。年轻一代对开车通勤越来越厌倦，宁静的郊区生活，对他们来说确实有些"好山好水好无聊"。但是，这代年轻人最终自己会有孩子。记得我当年带着十岁不到的女儿到远郊看房，刚刚下车，就有一队火鸡走过，女儿马上仿佛是"看到眼里就拔不出来了"一般，完全给迷呆了。孩子喜欢动物，喜欢自然，要野游，要骑马。更何况郊区的学校普遍比较好，治安夜不闭户，这时做父母的想法会改变。更重要的是，美国到本世纪中期人口将超过四亿。新增的人口将主要集中于都市，但不可能全部都在都市。更何况，网络化使在家上班越来越流行，谷歌的无人驾驶汽车在加州已经获准使用，未来几年也会流行起来，通勤生活也许会有革命性的改变。节能技术的发展，也会使交通能耗大为降低。战后那种汹涌澎湃的郊区化恐怕不会再现，但现在就预言"远郊的死亡"，也许为时过早。

战后美国那种摊大饼式的郊区化，一直是环境主义者们口诛笔伐的对象。但是，郊区本身，也是战后环保运动的重要发源地。当一些郊区居民看到推土机开始夷平周围的山水时，就迅速组织起来行动。我们这个六千多人的小镇，仅土地保护协会这么一个民间组织，成立 40 多年就把全镇将近四分之一的土地置于自己的保护之下。镇政府通过公共财政圈起来的自然保护区就更多。

我 3 年前找房子时走访了波士顿的许多郊区，手里不掌握系统的数据资料，但因为涉及自身利益，观察相当仔细，直观的印象还是很丰富的。从买房者的角度，我看到这样的现象：新房往往地点不太好，风景宜人之处老房为多。后来算是悟出点道理，这如同公共汽车一样，谁先上来谁就先占座。最早的居民，当然是要挑好地方，最近几年盖的新房，在选址上只能捡人家剩下的。靠近自然保护区或者湖泊河流的房子，价格都相当高，为普通家庭所望尘莫及。而这样的房子经常是空着，大概是人家的度假房吧。房主最终把房子捐出的比例似乎也很高，所以你会看到，许多自然保护区能够缓慢地扩张，把周边的民宅并吞，这就大大挤压了开发的空间。

另外，各级地方政府也都迅速制定了各种法规保护农地。要知道，美国在 20 世纪之前一直是个农业国家。随着 20 世纪迅猛的城市化以及农业产量的大幅度提高，郊区的农地显得多余，被住宅替代乃天经地义的市场逻辑。如今"地方食品运动"如火如荼，农贸市场（即农民携新鲜农产品到城里摆摊）如雨后春笋般地蔓延。但大量郊区农场依然难以赚钱，成为开发商垂涎的目标。也正因为如此，保护"乡间生活方式"就成了许多远郊社区的目标。农场赚不了钱可以在市场上出售，但购买者往往不得从事其他经营。2010 年，位于新罕布什尔州南部一个号称是美国最老的农场，经历了 378 年的历史和 11 代人的经营后在市场上出售，要价 300 多万美元。理由是该农场难以应付日益增多的农贸市场和超市的竞争，农场主也年事已高，没有精力经营，后继无人。不过地方的规章写得清清楚楚：任何买主，最多只能从事农业经营，不得开发住宅。

可见，郊区化可以是对自然的征服，也可以是对自然的回归。如今，回归派的势头更劲。未来的美国，也许确实会出现密集的都市复兴。但是，郊区不太可能被放弃，那些远郊社区，更可能作为"自然的管家"而发展下去。

查尔斯河的死与生

至今我还记得 2004 年第一次到波士顿市中心上班的情景，所乘坐的红线地铁，突然从隧洞中驶出，还没等我反应过来，就发现自己已经在横跨查尔斯河的桥上：碧绿的河水映照着蓝天白云，再点缀着星罗棋布的帆影、几艘流线型的双桨赛艇，一队队水鸟贴着河面奋飞……我即刻沉醉：这个城市风水真是太好了！我在耶鲁读了 9 年书，耶鲁校园虽然比哈佛漂亮，但就是缺水，著名建筑师林璎在中心图书馆前设计了一个被流水覆盖的"妇女桌面"，还是弥补不了这一缺憾。耶鲁和哈佛著名的划船比赛，也总是在查尔斯河上进行。耶鲁没有主场的风水。所以，看到查尔斯河时一个本能的冲动就是去游泳。

可惜，我马上知道，当时的查尔斯河根本不让游泳。这条象征着波士顿的河流，仍然没有完全从污染中恢复，不管看上去是多么美丽。在某种意义上，查尔斯河的故事就是一部波士顿的环保史。

波士顿的体育迷都知道，波士顿的球队（如红袜子棒球队）获胜后搞庆典，常常要唱一首 1966 年的老歌：《肮脏的水》。所谓"肮脏的水"，指的就是查尔斯河的水。早在 50 年代，查尔斯河的污染就臭名昭著。著名历史学家 Bernard Augustine DeVoto 在 1955 年于 *Harper's Magazine* 上发表文章，描写查尔斯河的污秽：河水不仅臭气熏天，而且充满了工业废料和残油，根本就不是水。到 1965 年，经过环保主义者的长期努力，清理查尔斯河的工程才正式发足，沿河及其支流的一系列污染工厂都被相继关闭。

但是，污染容易，清理则很难。查尔斯河以及其流入的波士顿海湾，因为严重的污染一直是美国的笑料。1988 年总统大选，恰恰在老布什和麻省州长杜卡基斯之间展开。老布什特别跑到波士顿海湾，对着镜头向选民煽情：看看，这就是波士顿湾。杜卡基斯治下的麻省，能把环境折腾成这个样子！那年一度领先的杜卡基斯被老布什击败，虽然原因很多，但波士顿湾的镜头，显然是老布什的胜点之一。

1995 年，美国联邦政府的环保署制定了 2005 年把查尔斯河变成能够游泳的水域的目标。那时的查尔斯河，不仅不能游泳，就是荡舟者不慎落水，上岸后都被建议去医院检查。然而，麻省的州长 William Weld 为了表达清污的决心，在 1996 年纵深跳入河中游泳。州长秀完了以后，公众的环保意识大幅度提高，治污措施不断加码，河水质量迅速改进。到 2004 年底，一位叫 Christopher Swain 的人成为第一位游完查尔斯河全程的人，用自己的行动提高公众对河水的环境意识。2007 年，查尔斯河举办了半个世纪以来第一次游泳比赛。也正是从这年开始，查尔斯河游泳俱乐部每年组织会员比赛，但必须申请许可，并在比赛前严密监测水质。不过，直到 2013 年，未经许可在查尔斯河游泳还要被罚款 250 美元。2013 年 7 月 13 日，查尔斯河举办了自 50 年代以来的第一次"公共"游泳比赛。

经过几十年的治理，查尔斯河终于恢复了健康。不过，几十年下来，环境标准越来越高。现在的河水放在几十年前算是干净得出奇，但如今下水游泳还是受制于种种规约。这些规约，不仅是为了更严格地保护公民的健康，也旨在提高公众的环境意识，环保的标准更是复杂得多。比如，在五六十年代，工业污染是查尔斯河的主要病灶。如今，沿岸的工业设施基本被清除，这样的污染源已经不复存在。过去不被注意的污染源，就成为治理的主要对象。这就是雨水的污染。

现代城市是个汽车社会，汽车所创造的不仅仅是空气污染，其油气泄漏、闸皮轮胎的磨损等，都创造了大量污染物质。而城市的地面太多被沥青和混凝土覆盖，不像土壤那样具有良好的吸收能力。于是，这些残留地面的污染物质，随着雨水的冲刷进入河流。2011 年，美国环保署报告，查尔斯河有 82% 的时间适合划船，有 54% 的时间适合游泳。这两个数字，在 1995 年分别是 39% 和 19%，进步是惊人的。现在的污染从哪里来？环保署的数据还揭示，在 2011 年，在无雨的天气下，查尔斯河 96% 的时间适合划船，89% 的时间适合游泳，基本上是一条清洁健康的河流。但是，一旦下雨，这两个数据就分别降到了 74% 和 35%。其中适合游泳的水质要求比较高，雨水冲刷竟使达标的时间比例降低了 54 个百分点。可见，后工业时代的主要污染源已经不是工业设施，而是路面。这就给环保提出了一系列新的挑战：如何降低机动车的使用，如何设计有机渗透性城市地面和绿色滤水设施。

还应该指出，波士顿的饮用水，一直依靠城市西部一尘不染的农村地区的两个大水库。水库被宽阔的绿带包围，周围连建筑物都没有，许多地方甚至禁止人体和水接触。查尔斯河的问题，远没有危及饮水安全，但是，查尔斯河作为城市的灵魂，一定要健康、充满生机。

查尔斯河起死回生的历史，对中国城市环境保护提供了很好的参照。目前，中国各大城市的河流尚无法杜绝工业污染。雨水污染的问题，在公众意识中则几乎不存在。要知道，波士顿人口仅 60 多万，包括广大郊区的大波士顿地区，也不过 450 多万人，而且环保标准、油质标准、污水雨水处理标准都严格得多，但是，雨水污染仍然如此严重。中国的大都市，动辄千万人口，地面肮脏不堪，在这方面缺乏环保上的标准和管理。看看查尔斯河，中国的环保，难道不应该走一步看三步吗？

我的"美国式产权"

2013 年夏季，北京的"人济山庄违建事件"引起全国的关注。一位中医张必清，在一栋 26 层的高楼顶端购买了跃层式公寓后，费时 6 年在楼顶大兴土木，建造了"山庄"式的庄园。整个施工过程，让楼下邻居寝食不安，据说邻居换了三茬，有人被迫卖房回老家。在公愤的压力下，物业终于要求其自行拆除，张必清也表示会主动拆除。

此事虽然属于极端事件，但具有普遍意义。这位张必清当初的逻辑很简单：房子是我买的，买了后发现有诸多问题，我自然会进行改建，关他人何事？最后他越走越远。邻居来告，他就拿出一系列的私了方式。类似的事件，其实经常发生在中国城市居民的身边。中国的公寓楼里，装修几乎是没完没了的，对邻居多有打扰，只是没有走到这么极端而已。大家面对身边的诸多不便，无法可依，能忍就忍，最终全成了输家。"人济山庄违建事件"，其实折射出了中国公民在产权观念中的种种误区，以及相关法律的缺失。为此，我们必须澄清相关的权利概念，并及时制定有关的法律，否则，城市居民的生活质量将无从保障。

私有产权早已深深地渗入当今中国公民的意识中。中国人所拥有的最大私有产权，大概莫过于住房了。在自己家里关起门来想怎样就怎样的观念，在中国还是非常有市场的。一谈起房子的产权，大家动不动就举出"私有产权神圣不可侵犯"的美国：人家那里拥有房子，才算真正的拥有呀！好像美国人拥有了房子后，就享受着自己地盘里的不受约束的自由。

这种"产权渴望症"，在我身上也并非没有。我是 1994 年出国，那时还没有尝过"私有产权"的滋味，单位连张床位也不肯分，结婚几年只能寄住在父母家。在美求学教书十几年后，终于熬出头，跑到波士顿远郊买了栋大房子。有些朋友说我疯了：在波士顿市中心上班，为何跑那么远安家？我说：远郊便宜，房子和地都能大点，咱们一无所有的时间太长了，这次也多拥有点美国吧。更何况，这里还有全美顶尖的学区呢，城里哪儿找去？听说莫言拿了诺奖后在北京五环外买了200平方米的公寓，花了360万。我的房子比他的还大不少，而且便宜多了。更重要的是，我有个被茂密的森林覆盖的院子，12500多平方米。一次朋友站在窗口向后院张望，问我家里的边界在哪里。我骄傲地说："凡是你望得到的地方，就全是我的。"我是不折不扣的地主！

有房有地，产权牢牢地在自己手里，心里踏实多了。多住几年后，不免想入非非，先是开了个菜园，后来又觉得缺个家庭健身房，琢磨着把和房子连成一体的车房改建成健身房，再花几千美元，就可以在院子里搭个简易车房了。正巧最近送女儿去佛蒙特州参加法语夏令营，回家在新罕布什尔州路边看到一个Amish手工家具店。我们对Amish手工家具的淳朴风格一向倾心，赶忙下来看，发现人家还帮助造车房，风格和我们家的房子特别协调。问了店主价格、样式、服务等等，眼看好梦成真了，临走时，店主叮嘱一句：别忘了问一下你们镇的规划部门，看他们容许你们建多大的车房。

我们欢天喜地回家，赶紧给镇里打电话询问规划要求。我们知道，在自家土地上哪怕建一个临时的棚子、在墙上开个窗户、装一套中央空调，都要经过镇里的规划部门批准。不过，在地广人稀的农村，这方面的尺度很松，申请往往是例行公事。这次电话一通，对方问明我们的地址后，当场找到我家的地图，给了初步答复："建车房按说没事，但是，要离街23米远，离邻居的土地12米远。在这个范围内，你们可以建。但看地图，你们似乎空间有些紧张。"

我放下电话出门一丈量，果不其然。离街23米不成问题，但离邻居家边界12米，再加上车房本身至少也快10米，另一侧还要留十几米空间让车出来掉头转身，这就是三四十米的距离。一般郊区的房产都是狭长条块，窄面临街，两侧和邻居较近，但纵深很长，我家也是这样的格局。车房只能建在房子一侧才方便，但房子一侧找出40米不触到邻居边界的空地确实很难。纵深到后院，倒是有大量空间，不过，那林子里大片属于"湿地"，不方便不说，按照环保规约恐怕也是不能碰的。我在院子里转来转去，最终算出来，按镇里的规划法，我还是有不少地方"发展"的。但是，我这个12500平方多米的"地主"，手里的所有权确实有点有名无实了。

为什么要抖搂这些家庭琐事？因为这些事情最真实，也最有助于帮助我们理解"权利"的内涵。在我看来，中国人的权利意识中，有着巨大的误区，总觉得权利是一种自己所拥有的、排他性的东西。俗话说"清官难断家务事"，关起门来教训孩子别人总管不着吧？但抱有这种观念的中国人到了美国，发现自己打孩子招来邻居报警、警察上门。私有财产是另一个例子，许多中国人觉得自己买房子买地，在自己的财产范围内，想建什么就建什么，几年前确实发生过知名人士胡乱扩建房产、侵犯公共空间的事情。一般老百姓也不含糊，大家固然没有美国的大院子，但装修上瘾。前年夏天回国探亲，发现家兄对门邻居装修，工程已经进行了几个星期，大敞着门，粉尘四溢，建筑材料全堆在楼道里，整个一层变成建筑工地，找物业说了几次也不管用，物业也找不出法律依据命之收敛。弟弟家居然也面临类似的困局：邻居粉刷，油漆味满楼道不散，数日不绝。小侄女已经过敏，几乎有家不能回。中国人的概念：我好不容易买了房子，装修一下碍谁的事了？

实际上，任何私人权利，都是镶嵌在公共秩序之内的。当初我买下这块房产，对着谷歌地图一对照发现：原来住在北京二环边上，这么大的面积够盖好几栋高楼的。我就是按照离街23米、离邻居12米的规矩，也能找出地方盖两栋楼的，这是我的产权呀。真能这样吗？当然不行。我们现在三口之家，房子是三卧两个半厕。镇里对几卧几厕都有控制，我加个卧室和厕所，改建成四口之家的住宅，大概不难。但是，如果我再加三四个厕所，改建成六七个人的住宅，大概就批不下来。想想看，我们这条小街，一共七户人家、两块自然保护区，大家要维持这样世外桃源的景观。盖栋楼，几十口居民迁入，这就成了闹市，邻居的生活格调就被破坏，谁会容许你这么做？

那么，我的私有产权究竟在哪里？怎么保护？答案是：我不仅拥有很大的地，而且在我地界外的 12 米之内也没有人能建任何东西，我们这条小街不会有人盖楼或连体式公寓。几年来我去隔壁的自然保护区散步，还从来没有碰到过一个人，仿佛是自家的后院。这样的环境，我也会一直拥有。一句话，我在自己领地中似乎权利受到了重重限制，但与此同时，我的权利也远远超出我家本来已经很大的地界。这，也许就是我和这个社会的契约。

让我们一起学习如何度假

"十一"长假结束，仅仅是度假的新闻，就让媒体沸腾，完全没有度假的气象：海南三亚赏月游客在 3 公里海滩留下 50 吨垃圾，华山、庐山游客因旅游车运力不足而受困，景点人满为患、四处堵车，旅游业不控制人数、对于超载不预警、门票奇贵……一时间怨声载道。有怪政府的，有怪商家的，有怪游客素质的，不一而足。看这些报道就知道，虽然长假是为了让大家休闲、放松、心情愉快，但许多人竟在这段时间焦虑、愤怒，最后积压了一肚子气回来上班。

这里的是非应该怎么评判？我这个在海外生活十几年的人自然没有资格说三道四。不过，这些新闻，使我想起夏天全家到缅因州著名的 Acadia 国家公园度假三天的经验，不妨细述一番。当然，各国有各国的国情，我全无中国的事情一定要照着美国那一套去做的意思，但是，这三天假期全家愉快异常，不论是对景观，还是对旅游的管理，都颇有些震撼的经验。如果国内的游人、政府或有关部门能从中受到点启发，也算我的一点贡献了。

从我家一路驱车到 Acadia，将近 450 公里，足足开了 5 个多小时。其间还经过四个收费站，前两个是两个刀，后两个各一个刀。等我过最后一个收费站时，收款员告诉我："您不用缴款了，前面一辆车已经帮您付了。"我一脸惶惑。自己根本没有注意前面的车。人家怎么犯得上给我付钱？后来把此事写在微博上，才有海外读者解释：在缅因州等地有地方习俗，大家经常为后面的车缴费，以体现人间的互爱，据说和基督教传统有关。这算是度假的第一课。

我们到达 Acadia 时，已经快下午 5 点，到了旅馆安顿下来，急急忙忙赶往游客接待中心。要知道，这一趟对我们开销不小。因为是旺季顶峰，旅馆奇贵，一天200刀，住两天，再加上吃饭，500多刀就没了。所以事先周密计划，一到就趁天没黑赶紧玩儿，第三天一大早退房，玩儿到下午五六点然后往回赶，大概10点多能赶回家，两天的旅馆算是能有三天游玩的时间。当然，对于这一将近200平方公里的国家公园，这样显然太仓促了。

可想而知，我们一到站就有不得不争分夺秒的紧迫感。可惜，当赶到游客接待中心时，人家正好刚关门，几乎已经没人了。正在惶惑中，一个下班的服务人员在走向自己车的途中停下来，问是否需要帮助。我们仿佛找到了救星，急忙说自己是第一次来，时间紧张，现在5点多，天黑前两个多小时是否有合适的地方去。那人转回身，到一个箱子里找出几张地图给我们，告诉我们可以去两个景点，连开车的时间都算得清清楚楚。最后还告诉我们：这两个地方现在去是最好的，因为都在有门票的景区之内，现在下班没人收票，你们自可长驱直入。我们听罢千恩万谢。赶紧把两个景点先拿下来。

有这位服务员的指点，不仅第一天傍晚没有耽误，第二天玩起来也机灵多了。这里基本是不要票的，地图、说明书等也都免费。要票的景区，就那么几个景点，一个车5个刀，一周的通票20个刀。但8月份8点半天才黑，那里5点就不要票了，自可以5点以后去。中国人勤俭持家的习惯，咱还是没有忘记的。不过，从第二天起，我就开始注意，所到之处，居然地上从来没有见过一片纸屑、一个小小的矿泉水瓶盖。要知道，这里到处四下无人，主要是因为地方太大，游人其实并不少。上个年度游客就达230多万，几乎都集中在暑期。有时还有大旅游车跟在我们后面。地方大的另一个后果，就是大家都自带干粮，中午、傍晚难免会吃点东西，这是最容易产生垃圾的行为。怎么居然见不到？我难以置信，在接下来的时间一边玩一边满地找，最终找不到一丝垃圾的痕迹。

另外让我奇怪的，是那些时不时碰到的大型旅游车。这里前不着村后不着店，有个小机场，但不可能有大型商业航班，只能开车来。居然还有人乘飞机来吗？我们一家人还在车里讨论：那些人大概是从加州、得州等特别远的地方来的，实在没法开车。不知道他们怎么抵达这里。

乘旅游车观光实在有些扫兴。如果自己开车，一家人经常独自享受风景，要走几分钟或十几分钟才碰到个游人。如果跟着旅游车来，野趣全无。于是，我们有点可怜起那些乘旅游车的人来。

等三天玩儿完开车回家的路上，小女坐在后排开始阅读 Acadia 的各种地图和说明书，聊以消磨时间。我们日程过于紧凑，美景令人目不暇接，这些要来的读物居然没有顾上看！不一会儿，女儿就把读到的东西兴奋地讲给我们听，有时让我们颇为羞愧。原来，旅游车并非给没车的人准备的。公园鼓励大家乘旅游车，目的是低碳。旅游车不仅是免费的，而且乘旅游车进收费景区也不缴费。收费景区对我们这些开车的人收费，其实也不是我们所理解的收费。收上来的费，都是用来资助旅游车的运行，和捐款有些类似。所以，人家下午 5 点就四门大敞：你不愿意缴费，傍晚照样玩儿得痛快。当然，公园还提出明确的口号："不留痕迹"。不管多少人走过，都要保证自然不受扰动。

现在才知道，我们的勤俭旅游，原来是自私自利。我们开车四处跑，排放了不少，还逃票拒不资助环保的旅游车。唯一庆幸的是，出去玩的基本公德已经养成，虽然事先没有细读说明，确实也严格做到了"不留痕迹"。全家人恶补了一通 Acadia 的知识，并说定：下次再去，不管是几天，先去买张 20 刀的门票。

回过头来再看看这次"十一"长假。我不想指责谁。毕竟，长假旅游对中国来说还是个比较新的事物，大家需要慢慢学。我这番自述就显示出：我自己在国外住了 18 年，旅游少，这次暑假旅游就做了些自惭形秽的事情，也学到了不少东西。我们没有必要过多地互相指责，但是，我们一定要虚心学习。这样，我们才会有更美好的明天。

树能招多大的风

美国经济依然满目萧条，政府财政入不敷出。联邦政府如此，各级地方政府有时更糟，乃至一些必要的服务也得削减。最倒霉的还是祸不单行：政府在提供公共服务上稍有疏忽，造成事故，并为此吃官司，被法院判了大笔赔偿金。这使得削减经费也成了一场赌博：你削减某些服务图省钱，但由此惹出的麻烦也许更费钱。

大名鼎鼎的纽约市就是一例。去过纽约的人无不羡慕：中央公园真漂亮呀！绿化真好呀！大都市里古树参天真有情调呀！但是，人们很少意识到这样的环境代价是什么。

最近纽约市政府根据法院的判决，刚刚了结一桩官司：赔偿一位普通的女校工400万美元。这位女士2007年夏天坐在曼哈顿公园的长凳上乘凉，长凳正好在一棵80英尺（将近25米）高的榆树下。这也是纽约市最大的榆树之一，其漂亮自不用说了。可惜，老树难免有枯枝朽干，这榆树30英尺处的一条枝干突然断裂坠落，正好砸到这位女校工身上，造成重伤。女校工起诉，经过旷日持久的官司，找来各种专家，她的律师成功地证明了纽约市政当局忽视了此树明显的枯朽枝干，修剪不及时，必须承担责任。

此案不仅对纽约，而且对各大城市都提出了挑战：政府在多大程度上要对保护公民的安全承担责任。纽约市的各种公园中有250万棵树，市政府每年对7万棵树进行安全性的修剪。维护树木是个烧钱的责任，在市中心砍一棵树，动辄几百甚至上千美元，修枝也花费巨大。更有些大树、古树，每年要请树医生等专家诊断，有病及时治疗。纽约市的园林工人，对25个最为繁忙的公园的树木每两周就检查一次。可惜即使如此还是防不胜防，时有树倒伤人甚至死人的事故。从 2002 年到 2010 年，纽约市就面对着十起相关案子，有五个结案。上面提到的是最新了结的案例，创了赔偿金的最高纪录。这对纽约市是个不祥之兆，因为后面几个案子不仅包括重伤，还死了人。

在经济危机的谷底，纽约市不得不削减各种公共服务。在这种情况下几百万几百万的赔偿，怎么能够消受？面对如此多的隐患，在园林上还能削减开支吗？这都是让城市焦头烂额的问题。然而，政府的职责就是提供公共服务，服务不周，就要付出代价。国内的朋友到美国城市的公园里走走，看着那些美丽的树木每每赞叹不已。然而，我们都很少想到这些树能够招多大的风，政府也只能低头任凭风吹雨打了。

美国的地方食品热与水生农业

据《波士顿环球报》报道，在经济危机这几年，有一个产业不仅没有衰落，反而越来越红火，那就是农贸市场。在 2007 年，麻省有 139 个农贸市场，到 2012 年则上升到了 253 个。当然，这些农贸市场主要都集中在波士顿等几个都市圈，属于城市发展的新现象，其特点也并非物美价廉。恰恰相反，农贸市场的主要竞争对象，是像 Whole Food 这样最为高档的连锁超市。

这一奇特的现象，和美国近些年来悄声崛起的"地方食品运动"密切相关。要知道，随着全球化，美国的超市越来越国际化。几家巨无霸式的连锁超市占据了大部分市场，其供货渠道遍布世界各地。许多肉类水产来自中国等发展中国家，蔬菜、水果则可能从墨西哥进口。当然，美国本身是世界最大的农业国，中西部和南方集中了许多大农场，大部分食品依靠国内的供应。

但是，这些大农场的经营过度追求利润，偏离了食品的自然生产过程。比如畜禽可能打了激素和抗生素，粮食蔬菜也许用的化肥农药太多，或者采取了改变基因的种子。虽然市场管理严格，食品安全相当有保障，但消费者越来越挑剔，口味跳出了国家食品标准。举个简单的例子，美国的水果，皮普遍比较厚，质感欠佳，其中一大原因是，为了适应从佛罗里达或加州到纽约、麻省这样的长途贸易，各农场要保证自己的水果能经得起运输的磕碰，并且不易腐烂。这种厚皮水果在安全上毫无问题，却败了大家的胃口。

面对这样的趋势，高端消费者越来越反叛，进而发起了"地方食品运动"，大家自己种菜、养家禽。比较富裕的美国人，大多住在郊区，有自家的院子，种菜养禽易如反掌，甚至有养羊养牛者。这些家庭的存在，构造了一个相当庞大的市场，供应种子、菜苗、花树，乃至各种肥料、农药、土壤等等。许多地方农场看到商机，纷纷介入，以有机的地方食品为旗帜，把消费者从大型连锁超市吸引过来。这些农场的核心战略，也许可以称为"纵向销售整合"，即不仅销售瓜果蔬菜禽蛋海产等成品，而且销售这些成品的制作过程，这包括菜苗、种子、肥土等各种种植材料，消费者实际上又成了生产者。

同时，农场组织各种活动，让孩子体验乡间生活（有的会把玉米地造成迷宫），让消费者参观整个食品的生产过程。每年到了收获季节，消费者还可以自己到果园摘苹果、草莓等，享受一下"周末陶渊明"的日子。

一些农业技术的发展，也给这种地方食品运动添加了色彩和动力，其中一个重要的发明就是水生种植。这种技术，是亚利桑那大学的退休教授 Merle H. Jensen 所发明的。利用他的技术，种菜不必用土，全在水里养殖，各种养料直接通过水传输到植物的根茎。传统的土壤种植，根部的发育完全看不到。水生种植的根部则完全透明，农民可以随时根据根部发育的具体情况对湿度、光亮、温度、肥料等进行调整，结束了靠天吃饭的时代。

更重要的是，这种水生农业，亩产大致比传统农业高十倍，用地甚少，有利于向都市渗透。波士顿郊区的 Hopkinton，即波士顿马拉松的起点，有一对兄弟即采用这样的水生农业技术，仅用半英亩地就有了相当的产量，不仅自己卖，而且供应了 Whole Food 等几家连锁超市，而郊区许多家庭的院子都超过半英亩。

目前 Merle H. Jensen 的水生农业正在迅速向全球扩散，据说中国已经开始引进了他的技术。如果能把他的技术根据中国国情加以改造，使城市居民家的凉台、屋顶都被利用起来，"菜篮子"的一大部分就可以通过自家的地（其实是水）来解决，这多少会让那些被食品安全困扰的城市居民舒口气。当然，这种技术，对于都市纵式农业（即把"农田"盖成摩天大厦，在市中心生产粮食）的构想，也变得越来越可能了。

我的PM2.5经验

2013 年 1 月中旬，北京及其周边地区被厚重的雾霾所笼罩，特别是 12—13 日十几个小时，空气中 PM2.5 悬浮污染颗粒密度达到"爆表"的水平，PM2.5 密度和空气质量指数都突破了国际标准的最上限 500，一度接近 1000 的水平。一时间舆论沸腾，人心惶惶。

老实说，这样的雾霾空气，北京并非第一次经历，而是经常有的事。家人告诉我，现在北京的空气，比起 90 年代初期可能还好一些。2011 年底，北京环保局还称空气质量有了"持续十年的改善"。对此我颇有疑惑，但并非全然不信。想想奥运会前大量污染工厂迁出、电厂更新大排放的燃煤设备、淘汰 10 万辆老旧汽车，等等，都可能导致空气的改善。所不同的是，过去大家对于这样的有害空气并无意识。哪怕是北京空气污染成了重要的国际新闻，搞得"全世界人民都知道"，真到北京看看，人们生活如常，情绪稳定。如今不同了，随着 PM2.5 知识的普及，大家突然感到自己的肺成了吸尘器，专家也放出去年一年北上广因为空气污染有 8500 人死亡的估算。

我大概是中国第一位大肆"炒作"PM2.5 的人，2007 年我就公开在报章上大声疾呼城市居民出门戴口罩。2008 年奥运会因美国运动员戴口罩进关而引起"辱华事件"，我发表文章公开支持美国运动员的行为，并称此举有助于提高中国人的环境意识。这在当时的气氛中，几乎是绝无仅有的，这当然要感谢敢于刊登我的稿件的媒体。后来我一直在微博上转发北京 PM2.5 的观察数据，最终引起许多公众人物的注意，并也开始报道 PM2.5 的污染。PM2.5 的知识在很短时间内得到了普及。

总之，中国的 PM2.5，和我个人颇有一番独特的因缘。这里不妨夫子自道，回顾一下个人的经历，希望有助于全社会的反省。

我注意到空气污染之严重，大概在90年代初。我当时作为长跑爱好者，经常在训练后咳嗽不止，咳出的痰居然是漆黑的，经过一段恐慌后，才知道这是空气污染所致。后来读了一系列文章，知道在这样的天气中跑步实际对健康有巨大损害，最终放弃了自己的爱好。

我1994年出国，面对美国的清新空气马上重拾长跑的爱好。其实当时居住的纽黑文，是美国空气最脏的城市之一。1996年回国待了两周，到最后喉咙肿痛，但到纽约下飞机时就基本好了。妻子次年回国，同样的经历，北京空气之恶劣可见一斑。2011年夏天回国20天，旧戏重演。我全待在北京，但坚持戴口罩，基本没事。妻子没有戴，虽然仅在北京待了10天，临走时还是喉咙痛。

从1996年到2011年，我在外面15年没有回国。这里当然有诸多原因，但空气污染是重要的考量。1999—2000年间全家住在日本，和家乡近在咫尺，但我最后否决了回国探亲的计划，理由是女儿才1岁左右，无法承受国内的污染。

到2011年夏天孩子长大一些，全家终于在夏天回国。经过20天的走马观花，发了几条微博：

"北京满街啤酒肚。你说骑车大家说怕尾气，可我日常观察，谁也不怕尾气，出租四窗大敞，没有人戴口罩。开始两天我没有戴，后看两个骑车人戴，于是也开始戴了，普通医用口罩就很有效果。侄儿骑车戴一个德国进口的，黑色，如若佐罗大侠，还挺酷。不戴口罩，30年内也许没事，但似乎没人想30年后咋办。"

"我提倡戴口罩，于是有人说：'你没必要这么较真吧！北京没几个怕尾气怕到戴口罩的，怎么，在外国待时间长了人都金贵了。'实在无语。这世界上，人不金贵，什么金贵？我要是仅仅宝贝自己，自己戴就行了，没必要这里说。中国人人戴口罩，救命不说，至少能省几百亿医疗费用，中国是不是太有钱了？"

这几条文字，立即引起一番口水战，"炫耀"、"矫情"的骂声不绝于耳，甚至还有昂然宣布"取消关注"的。然而，事到如今，人们终于开始面对现实：北京的空气污染，并非是我一个人炒作出来的。

现在不妨给大家算一笔账：北京空气质量指数接近 1000 究竟意味着什么。

按照国际通行的标准，控制质量指数在 0—50 之间属于"良好"，即空气污染基本没有危险。空气质量指数在 50—100 之间属于"中等"，即空气质量尚可接受，但对于少数有呼气器官疾病的人群，则可能带来中等的健康忧虑。101—150 之间属于"对敏感人群不健康"，这样的天气，对于老人、孩子、有呼吸系统疾病的人群，已经构成了健康威胁。151—200 之间则属于"不健康"，即空气对所有人都构成了健康危害。201—300 是"非常不健康"，这已经到了健康警报的级别，对人们的健康可能造成严重危害。301—500 则属于"危险"或"有毒害"水平，这样的空气，构成了健康上的"紧急状态"。根据我个人长期的观察，北京的空气处于"良好"状态是非常罕见的，大部分时间在"不健康"和"非常不健康"状态，"危险"水平则是司空见惯。所谓"爆表"，则是超出了国际上最恶劣空气的上限。虽然仪器能测量出这种"爆表"后空气污染的数字水平，但怎么命名比"危险"还危险的空气？看来国际上也有点黔驴技穷。

也许回到我的个人经验更能说明问题。我在波士顿市中心的大学教书，波士顿 2010 年的 PM2.5 密度平均值是 9.45（最低 7.7，最高曾达到 11）。这样的空气，让我们略感头痛，全家避居远郊农村，附近没有观测站。不过，波士顿地区有观测站的乡间，PM2.5 的密度接近 1 的水平。也就是说，赶上天气不好的时候在北京住一周，足以把我在波士顿地区生活一年所呼吸的 PM2.5 都吸到自己的肺里。想想这些，我怎么可能轻易回来？

这算是"矫情"，还是"炫耀"，或者是"隔岸观火"的"优越感"？我还是让读者们自己去判断吧。故乡的那些事情，在"全世界人民都知道"的情况下，亲朋好友居然蒙在鼓里。这对我而言，实在于心不忍，这也是我不停地大声疾呼的理由。我相信，当人们获得了信息后，就慢慢会有所行动。我年过半百，自省一生尚且一事无成。不过，如果真能把 PM2.5 的事情在中国炒热，引起足够的警觉，也算是没有虚度光阴，人生多少有些慰藉，也许，这就是我一点可怜的私心吧。

我们的情绪很稳定

2013 年 1 月中旬，北京被厚重的雾霾所笼罩，空气质量指数和 PM2.5 密度纷纷"爆表"。国际通行的空气质量指数，301 到 500 就是"危险"状态，北京则一度接近 1000，几乎倍于"危险"的上限，也难怪大家人心惶惶。

事后记者采访专家："重污染真的会导致肺癌吗？"北大公共卫生学院教授潘小川回答："这个不敢随便说，目前没有科学依据证明雾霾天和肺癌具有因果联系。但大概三四十年前，就有初步研究发现，重污染地区肺癌的发病率是相对高的，而且被污染的空气中，可能会含有致癌物质。但这些都只是可能性，并不是严谨的证据。"

显然，潘教授明确意识到空气污染和肺癌的关系，但依然坚持两者之间的因果关系没有科学依据。然而，世界卫生组织讲得相当明确："空气中的悬浮物是导致肺癌的首要原因（ a leading cause）。"在这方面，重污染的城市死亡率要比干净的城市高 15% 到 20%，而北京已经远非普通的重污染城市。《每日金融》（*Daily Finance* ）在 2010 年就报道，在世界十大重污染的大城市中，北京和新德里并列第一，接下来则是智利的圣地亚哥，以及墨西哥城、乌兰巴托、开罗、重庆、广州、香港、喀布尔。

可见，潘教授有意模糊了世界卫生组织明确无误的结论，并且还称北京、上海、广州、西安四大城市去年因空气污染死亡 8500 多人的报道不过"是一个统计学模型的预测和推演，体现的是理论上的风险性和可能性"，"人不可能 24 小时暴露在室外，大部分时间都是在室内。我们这个推演甚至是按照年均值来算的，也就是如果一年 365 天都暴露在 PM2.5 超标的环境下，可能会增加 8000 多人的死亡风险，这种情况在实际生活中发生的几率很小"。

事实如何？我们不得而知。我只想和大家分享一下美国的数据。美国的PM2.5的密度，2010年平均值为9.59，北京这次则长时间超过500，即所谓爆表水平。美国3亿人口，自2000年以来，每年因为空气悬浮物污染致死的人数在2.2万—5.2万之间。人口7.3亿多的欧洲，空气略差，则每年有20万死亡。北京、上海、广州、西安这四大城市，人口合起来有6000万人以上，是美国人口的五分之一，空气中悬浮物的密度比美国高出十几倍甚至几十倍，8500的年死亡数不过和美国的水平大致相当，而且居然比空气比我们好得多的欧洲还低不少。这么低估的数字，是否就构成了"在实际生活中发生的几率很小"的"风险"？

这种有意淡化空气污染的恶果的"专家言论"，也许属于大灾之后的安民告示，目的是让老百姓"情绪稳定"。然而，这老一套的思路，面对日新月异的现实，不仅解决不了问题，而且往往是导致问题的原因。我作为第一个在媒体上"炒作"PM2.5的人，多年来顶着许多骂声和口水不改初衷。我的基本信念是：信息影响着人们的行为。必须给人们足够的信息，普及PM2.5的知识，才能指望人们作出明智的选择。中国大都市的空气污染，当然有许多是政府管理上的失职所致，如对燃油品质的标准过低，落后的燃煤发电厂未能及时更新，对工业污染控制不利，等等。但是，政府最大的失职，恐怕还在于没有及时向公众公布PM2.5的信息。毕竟，城市污染在很大程度上是市民们的行为问题。至今还有许多城市居民仍然不愿意承认PM2.5污染的最大诱因之一就是机动车过多，大家一面抱怨空气污染，一面继续开车。我每次提出限制机动车的建议时，都会在网上遭到一通唾骂："你挤过车吗？""你在美国站着说话不腰痛呀！"

其实，我在北京住了33年，并非完全不知道国情。限制机动车当然会给许多人的生活带来不便，这不需要懂得国情后才能理解。世界上到哪里都一样。北欧人在冰冷的深冬，冒着漫天大雪坚持骑车通勤，也并非他们不知道开车要方便得多。但是，当人们有了足够的信息时，就会两害相权取其轻，作出理性的选择。不错，动辄开车十分钟买瓶酱油，确实相当方便。但是，如果知道这可能要自己少活十年的话，大家恐怕都会放弃开车。PM2.5 爆表的事情，过去肯定有，而且不少。但大家不知道。现在大家知道了，恐慌了，这本身是个进步，说明社会的健康意识、环保意识都大大提高了。专家们实在没有必要对这个恐慌感到恐慌，乃至编造一些虚假信息安民。相反，如果大家更恐慌一些，就可能改变自己的生活方式，使我们的城市更能够持续发展。从这个角度说，仅仅提供 PM2.5 的数据还是远远不够的，还应该提供这种污染的健康后果的数据：究竟一年死多少人，导致多少人丧失劳动能力，平均缩短几年的寿命……我相信，中国人会对自己的生命和健康作出选择。

汽车污染不止于尾气

当今中国城市居民对空气中 PM2.5 悬浮颗粒物的污染，已经高度警觉。中科院最近的研究也显示，制造 PM2.5 的罪魁祸首就是汽车。提高中国的油质标准、减少尾气污染的呼声不断，政府也要求中石化等垄断性企业提高燃油质量标准。

认识到问题，就是解决问题的开始。如今中国对 PM2.5 的报道、预报，乃至相关的公共讨论已经开放多了。我作为最早警示中国 PM2.5 之危害的人，对此深有体会。在 2008 年时，国人看见外国人戴口罩就觉得是"辱华"事件，是存心"伤害中国人民的感情"。我在报纸上劝告市民出门戴口罩，被指责为唯恐天下不乱。如今能够直面问题，已经是不小的进步。但是，我们必须意识到，汽车的污染，并不止于尾气中的 PM2.5，闸皮、轮胎的污染也相当严重，这些污染和油质并无直接关系。

西方发达国家早就意识到了这样的问题，并且制定了一系列相关法规。比如，2009 年瑞士的一项研究揭示，汽车闸皮磨损引发的悬浮颗粒，即俗称的"闸尘"，包含着铁、铜和有机碳等多种有害物质，对肺部细胞可造成严重的损伤。由闸皮所产生的排放，实际上占了交通排放的 20%，绝不可小视。2012 年美国有报道说，除了闸皮外，轮胎、路面都会扬起悬浮颗粒。比如，轮胎磨损会产生碳质颗粒（carbonaceous particles）和金属颗粒，路面上含有许多矿物质，如硅、铝、钙、铁等等。许多地域污染的堆积物，也会留在路面上，随着过往汽车而扬起。有些专家把闸皮、轮胎、路面，乃至各种机械磨损所导致的污染归纳为"非排放型污染"，这种"非排放型污染"，作为悬浮物颗粒一般比 PM2.5 要大一些。但也很容易渗入呼吸系统，导致呼吸器官的疾病乃至癌症。更糟糕的是，未来如果电动型汽车普及，排放型污染可能根治，但这些"非排放型污染"则很难革除。

这些"非排放型污染"所祸害的不仅仅是空气，而且一直危害到水源和水产品。以旧金山为例，早在1989年，加州水资源管理委员会就把旧金山南湾地区列入污染水域，因为根据美国环保署的水质标准，该区水域中9种金属含量时常超标。1994年的一项研究，把汽车尾气排放、轮胎磨损、闸皮磨损定为三大主要污染源。2010年，旧金山市议会讨论关于闸皮的规约。因为闸皮含铜量达15%，每次刹闸铜粉都会落到路面，经雨水冲刷进入水系，数百万辆车就造成了严重的铜污染。研究表明，旧金山地区每年有19万磅的铜进入水系，其中2.8万磅最终流入海湾，对鱼类形成巨大的威胁。市议会当时考虑的一个议案，是要求汽车制造商在2032年时把闸皮的铜含量降到0.5%的水平，纽约、华盛顿、罗德岛等州都有类似的法案。不久前，我去修车，被告之闸皮需要更换。机械师解释说，因为有新的环保规定，新车的闸皮材料有变化，不像过去那么耐用了。可见，我所在的麻省也有针对闸皮的环境法规，只是普通居民未必意识到而已。

中国大都市，对这些问题似乎尚未重视。开车的人都知道，闸皮的寿命按里程算，但高速公路上的闸皮里程寿命要比"市内里程"长数倍。道理很简单：高速公路开车顺畅，几十公里出去很少用闸。在市内赶上拥堵高峰，则脚几乎永远踩在闸上，有时走十几米就要刹闸。这样，大都市公路上的"闸尘"就厚重得多，使空气、水源都受到严重的污染。另外，由于对这方面知识的缺乏，中国都市的排水体系还是19世纪的概念，几乎全是钢筋混凝土式直通通的结构，雨水直接把污染物质冲刷进自然水系，很少利用西方发达国家的生态技术，如"生物持水细胞"等系统，以天然植物把污染物质过滤。至于按照硬化城市地面收取雨水污染排放税的事情，就更是闻所未闻了，乃至至今还有不少呼吁在市内兴建停车场的专家。殊不知停车场的硬化地面，是制造大量的雨水污染的罪魁祸首之一。

可见，仅仅提高油质标准并不能解决都市的环境问题。中国城市化如果要维持"可持续性"，就必须进行"去车化"、"生态化"，公交，特别是不需要频频刹闸的轮轨系统（包括地铁、轻轨等等），能把污染物质减少到最低水平，需要大力发展，以替换私人车出行。同时，要把大量的停车位改建为有滤毒滤污功能的绿地，以及自行车道。否则，城市化所带来的环境问题就无法对付。

私人车排放无关紧要吗

最近，在治理城市雾霾的问题上，前央视著名主持人崔永元秀足下限。他在一次论坛上声称："每当环保部一公布说北京这个雾霾，私家车贡献了 16% 或者 22%，我都看得头直发麻，我觉得简直就是胡说八道。在我看来，机动车尾气排放的影响，就相当于一个居民在自己的小区里放了个屁。"事后他对自己的说法有所修正，称"放个屁"之说属于气话。但是，他的基本立场并没有改变，他称自己的观点主要针对半夜不合规的渣土车无人监管，并对于越来越严格的机动车限行措施进行质疑："伦敦、香港的汽车保有量都超过北京，为什么我们先对私家车开刀，要限行，要征收排污费？因为这样做是最简单、最顺手的做法。"

从上述言论中可以看出，崔永元在雾霾的问题上相当无知，但在自己不熟悉的领域内却信心爆棚，随口就斥责专业人士的结论是"胡说八道"。更为令人担心的是，这样业余的言论，比专业人士研究后的初步结论影响要大得多，直接塑造着大都市市民的行为方式。公共人物滥用自己的话语权，大众盲目崇拜明星，公共讨论娱乐化，私人车既得利益集团过大，不肯吐出自己已经占用的公共资源……所有这一切，都在崔永元的这段言论里集中地体现出来。这不仅妨碍着中国城市可持续性的发展，也对市民的健康和生命带来直接的威胁。

在北京这样的城市，私家车对雾霾贡献了 16% 或 22% 的判断真那么荒谬吗？我们不妨举若干参照数据。根据科学家的估计，美国都市空气污染 50%—90% 是机动车造成的。机动车固然不等于私人车，不过，根据美国环保署的估计，驾驶私人车是公民最大的污染行为。当然，美国不是中国，美国的工业污染、能源污染肯定小得多，相比之下汽车污染就成了大头。但是，美国也很难找到几个像北京、上海这么高密度的城市，密度越高，车就越集中，汽车污染自然也成了一个严重问题。燃油质量低，则更是火上浇油。

我们不妨由此讨论一下崔永元对同等规模城市的比较。他质问："伦敦、香港的汽车保有量都超过北京，为什么我们先对私家车开刀，要限行，要征收排污费？"难道崔永元这样的媒体大腕不知道伦敦对机动车进城征收拥堵费吗？香港则除了对私人车首次登记加高税及每年收取车辆牌照费外，还采用高燃油税、道路通行费、隧道桥梁收费等诸多措施。有些网友提到了东京：800 万辆的私人车，比北京的 500 万辆高多了，为什么空气清洁？大家忘了：东京人拥有车，却很少用车，特别是不在市区内用，原因之一是停车费太贵。东京停车场大致每小时收费 600—1500 日元不等，也就是说，在东京市区停车一小时，费用折算为人民币常常超过 100 元。另外，市中心核心区域还设定了"低排放"区域，车辆进入将需要支付额外费用，一句话，限制越来越多。纽约是另一个同等规模的城市，不仅一大半家庭并不拥有私人车，而且开车非常不便，停车费、停车位价格高得出奇。2012 年，纽约一豪华公寓边上的 23 英尺（7米）长、12 英尺（3.6 米）宽、15 英尺（4.5 米）高的停车位，售价竟高达百万美元。甚至波士顿这么个 60 多万人口的小城，房价比北京低得多，两个挨在一起的露天停车位不过是在一片柏油路面上画出两个白框，居然也拍卖了 56 万美元。北京怎么拿私人车开刀了？恰恰相反，在北京和中国的其他大都市，私人车的使用都享受着巨大的补贴。按照北京目前的房价地价，私人车进城停车一小时的市场价格恐怕应该在百元上下，在小区内买个停车位也要百万左右。但在现实中，有几个人为了开车会如此埋单？私人车偷偷摸摸地侵占了多少公共资源，一看便知。

大运货车、土渣车等等，当然是个问题。但根据崔永元自己的数字，这些车也不过 15000 辆。这些车的排污不管大到什么程度，也不至于让几百万私人车所造成的污染变得无足轻重。更有意思的是，崔永元自述他连续一个月"凌晨三点到京石高速调查渣土车，试图揭开北京雾霾真相。他发现这些渣土车没有盖布，尘土飞扬，他的车挡风玻璃都被打坏了两次"。不错，渣土车确实应该治理，而且费用不可能太大。但是，我们这些人多少年孜孜努力普及 PM2.5 的知识，公众也终于认识到，雾霾问题中最可怕的就是 PM2.5。PM2.5 的可怕之处，就在于它是超小颗粒，可以小到头发丝截面的百分之一，不仅肉眼看不见，而且能够穿过口罩、毛发、体液等防护，渗入肺底、进入血液。能把车窗打坏的土渣，确实有危害，也造成污染，但能飞行多高、多远？能否成为像 PM2.5 那样的健康杀手？崔永元凌晨 3 点的考察，倒是提供了一个旁证。我多年根据公开信息对北京的 PM2.5 水平进行检测，最常见的规律是早晨通勤高峰开始攀升、到半夜 12 点—1 点之间开始回落，凌晨 3 点、4 点是急剧回落期，这似乎更加证明私人车对污染的贡献远超过夜间进城的大型车辆。崔永元连在报刊网络上随处可见的科普知识也不具备，哪里来的那么大的自信，乃至随口指斥环保专家的初步结论是"胡说八道"？

"放个屁"有多厉害

崔永元承认"机动车尾气排放的影响，就相当于一个居民在自己的小区里放了个屁"是句气话，但仍然坚持尾气排放不构成雾霾的主要因素，用不着过分担心。因此，我们就必须讨论一下尾气究竟是否构成对公共健康的威胁。

北京市环境科学研究院院长潘涛对崔永元的说法已经进行了回应：单独一辆大货车的排放确实比一辆小车厉害很多倍，但总排放量跟小车还是没法比。小车每一辆的排放少，但车的数量太大，加起来就构成很可观的污染。美国环保署基本也是这样的观点。

其实，即使是单独一辆小车，其尾气之毒害也不可小视。在 70 年代以前，吸私人车尾气是西方很流行的一种自杀方式。办法很简单：把车开进车房，把车房门窗关上，让车保持启动状态，空转一会儿，人就死了。70 年代后，政府规约和技术进步使尾气排放的毒害大减，这种自杀方式已经很少见了。但这恐怕并非是因为同样的方法不再导致死亡，而是不那么立竿见影了。想用尾气自杀的人，恐怕要在车房坚持很长时间，实在太痛苦。事实上，美国仍然不时有一些尾气所造成的死亡事故的报道，比如一群年轻人冬天开车出去派对，回家意犹未尽，关在车房喝啤酒，因为气温太低而打开车的引擎和暖气，结果全死在车房里。最近在网上还看到一段讨论，有位网友车停在一间独体车房中，冬天时希望把车房门窗关紧，人在外面用遥控启动，问大家这样是否足以把车房里的老鼠都杀死……当然，有关专家依然不断警告：即使是车房门窗打开，把车留在那里不关闭引擎也是非常危险的行为。甚至有研究指出，大部分在车房尾气中毒死亡的事故，是在门窗敞开的情况下发生的。这大概是因为大多数人都意识到尾气在门窗关闭的车房中的危险性，知道要打开门窗，可惜仍然低估了尾气的威力。

你不用有太多的科学知识，从这些生活经验中就应该知道尾气的毒害。即使在户外环境中，对尾气也应该倍加小心。美国有些公立学校就有规定：家长接送孩子，如果车在学校车场或路边停留几分钟以上，就必须关掉引擎，以免伤害其他孩子的健康，有关的研究报道和政策在网上随处可见。我自己家坐落在山林中，院子有12500多平方米，即使是这么空旷的地方，有时出门忘了东西回去取，车的引擎没有关掉，两分钟后再开车门时就觉得呼吸挺难受。中国的油质水平低，还有许多不合格车辆，汽车排放的毒害物质就更多。拥堵严重，大量车辆在公路上长期空转等待，更是雪上加霜。美国有研究表明，空转的车，比起以正常速度行驶（时速48公里）的车来，排放要高20倍，可以说越堵越污染。以我在北京的经验，虽然总体空气很糟，但每次走近主要交通干线时，特别是那些拥堵的道路边时，呼吸都明显变得困难起来。许多骑车的朋友，恐怕也是深有同感。想想看，这么拥挤的城市，高层林立使得空气流动不畅，几百万辆车的尾气在这种条件下释放到已经污染很严重的空气中，难道就相当于一个"屁"吗？

其实，尾气还远非汽车所释放的唯一毒物。油气蒸发在车辆运行中是每分钟都不断的过程，未必全走尾部的排气管。在车窗紧闭的状态下长时间通勤，就会吸收大量这样的毒物。如果是破旧的汽车，有些部件略有坏损，不及时修理就可能造成严重的健康危害。然而，在拥堵的大都市，打开车窗想透口气，也是对着其他车辆的尾气。另外，我过去已经撰文介绍，车的闸皮、轮胎，在使用时都释放着大量有害物质，不仅污染空气，而且通过雨水冲刷进入水源。所以，西方发达国家对相关汽车部件材料都有严格的规约。中国的公众，则似乎还没有意识到这方面的问题。

开车是现代生活的一部分，我并非一味反对开车，事实上，我自己也开车，每周上班两次长距离通勤，来回要两个多小时。但是，对于开车所带来的危害，公众必须有着清醒的意识，然后才能理智地进行公共决策，相关的法规才可能推出。中国刚刚经历了进入汽车社会的亢奋，对于汽车所带来的环境危害，意识还相当淡薄。近几年来，经过许多有识之士的努力，更因为都市雾霾的日趋严重，在这方面的公共意识急剧上升，政府也开始有了紧迫感，着手研究对策。这本来是个良好的开端。遗憾的是，崔永元在这个节骨眼上，滥用自己的公共话语权，无视基本的科学和生活常识。他的言论本身，如同汽车尾气一样，已经构成公害，我们对此当然不应该沉默。

滥用制度批判症

崔永元以敢言著称，是央视颇为人气的主持。但是，在雾霾的问题上，他正是利用自己的这种影响力，滥用制度批判，迎合利益集团的胃口，还摆出一副为民请命的架势，甚至把公共讨论娱乐化。

首先，北京的最大污染源究竟是什么？这个问题目前似乎很难得出有把握的答案。如果一定要我进行推测的话，我也不会首推私人车。在布隆伯格任上，纽约大幅度提高了空气质量，其中最重要的因素，是治理了一系列老旧的燃油设施。与其信口开河，不如把这方面成熟的经验好好学习总结一下。北京周边地区工业污染严重，能源使用煤炭的比例很高，另外还有许多难以一一列举的不法操作，都可能构成比机动车更大的污染源。我相信，如果普遍用天然气替代煤炭，北京的空气会有决定性的改观。关于大货车、渣土车等问题，也确实存在。我过去曾经撰文介绍过波士顿的情况：一些使用柴油机的大型车辆及工程机械，污染非常严重，缺乏治理。波士顿正在设法给公交、校车等大型车辆安装过滤器，但是，质量好的过滤器，单价就几万美元，比一个普通的汽车还贵，在这方面不可能一蹴而就。

中国经历了30多年的高速经济发展，对环境问题长期忽视，欠账过多。几年前我为PM2.5的问题大声疾呼时，还经常被指责为危言耸听。如今大家突然觉醒，当然不能指望一夜之间就天空晴朗。说实在的，即使精确地分析污染源这种貌似简单的事情，也有诸多技术困难。美国等发达国家这方面做得比较好，也在于人家有了至少40年的经验。环保部门称对于雾霾私家车贡献了16%或者22%，属于三大污染源之一，也许不精确，也许是在现有的技术条件和研究水平上最为接近的估测，但这毕竟是个治理的开始，而且这样的结论也并不太背离常识。PM2.5可以小到头发丝横截面的百分之一，需要在城市各个地带建立相当的监测网点，用昂贵的精密仪器来测量，这本身就需要个过程。崔永元则觉得自己凌晨3点驱车追踪渣土车，靠肉眼就可以搞清楚污染的成因，谁有如此的火眼金睛？闹出如此大的笑话，怎么还有那么多人为之喝彩？

我观察美国的公共讨论，面对这种技术细节的问题，电视主持人大多是请几方面的专家，自己只提问题，不作判断。有争议时，就把持不同观点的专家请来争议。因为这些问题卷入了大量的专业知识，主持人不可能具备。20年看下来，从来没有见一个主持人敢对某位专家斥责"胡说八道"，公众也不可能接受这样的主持人。但崔永元这次的"放屁秀"，则把严肃的公共讨论彻底娱乐化了：电视明星可以不必有专业知识，不必讲道理，甚至可以闹出明显的笑话，但照样捧者如云。

为什么会如此？这不仅仅是因为崔永元具有超高的人气，还在于他上演的是一场"体制批判秀"：他在批判政府！这就成了"脊梁"。更不用说，他迎合了许多有车族的既得利益。开车族把已经侵占的公共资源再吐出来不甘心，当然会为他喝彩。我不久前指出，中国目前有一种"滥用制度批判症"，即不管是什么问题，全怪罪于制度，进而把批判制度作为逃避个人责任的手段。

雾霾问题就是典型的一例。对于雾霾，政府当然要担负主要责任。但是，面对如此积重难返的环境难题，能指望政府一夜之间命令天空晴朗吗？除了政府行为以外，公民自己就毫无责任、无事可做吗？我们凭借常识推想，北京的雾霾，大概更多地来自于工业和民用能源的污染。如果能够把北京及其周边地区的工业及民用能源全部改成天然气，杜绝煤炭，北京马上就会见蓝天。

但是，这涉及几千万人口（仅北京常住人口就超过两千万）的公共设施和众多的工业设施。假使我们有一个世界上最高效率的政府，不惜工本完成这一伟业，这么大的工程需要多少时间？在这样的工程完成之前，公民们就只能坐等天晴？另外，即使这样的工程奇迹般地完成，北京的空气质量恐怕还是比美国名声昭彰的污染城市洛杉矶要差。毕竟人口密度太高了。不治理私人车，能够达到空气洁净的目标吗？难道不能工业污染和私人车问题一同治理吗？难道不应该提请公民更多地意识到私人车的环境危害，呼吁大家尽量少开车吗？

记得几年前我住在波士顿近郊时，居民之间展开无车日竞赛，看谁能在一个月之间积攒出更多不开车的日子。这完全是自发组织的行动，大家在挂历上认真记录。那里的居民，并非不知道大货车的污染更严重，需要政府的规章治理。但是，自己能做的事情，就不要等待政府出面。更重要的是，当公民的这类集体行动把私车污染大幅度降低时，大货车等对污染的贡献比重就日益突出，更容易成为政府治理措施的目标。回顾一下美国自70年代以来的环保运动即可看出，第一步总是从提高公共意识开始，让大家知道我们在享受工业化的种种方便时付出了什么代价，然后这种公共意识转化为公民行动，最终推动政府的影响力政策措施。

崔永元不停地批判体制，可惜，哪怕他在批判体制的时候，也显露出深重的体制依赖症。这不仅是他一个人的问题，也反映了许多为他喝彩的人们的普遍心态。他们对政府的态度，仿佛一个被惯坏了的孩子，动不动就坐在地上要赖、号啕大哭，要求父母解决自己的问题，或抗议父母对自己的照顾不够无微不至。同时，这样的孩子还会抱怨：怎么父母什么都管？怎么父母的权力那么大？崔永元似乎觉得北京几百万辆私人车并不构成什么大不了的污染，公民本身没有什么责任。所谓"尾气排放的影响相当于一个居民在自己的小区里放了个屁"的说法，无异于要把刚刚萌生的公共环保意识给掐死，一切全要由政府来负责。无意间，他赋予政府的责任越来越大。那么政府的权力岂不是也越来越大吗？既然如此，我们还有什么理由抱怨大政府呢？

学会在雾霾中生活

尾气十秒原则

央视名嘴崔永元"机动车尾气排放的影响，就相当于一个居民在自己的小区里放了个屁"的话言犹在耳，南方几大城市就陷入雾霾警报之中，以上海、南京尤为严重。作为在中国的公共舆论中最早大声疾呼PM2.5的危害的人之一，我一直在倡导"无车城市"的理念。为了这些主张，我长期以来被一些人指责为"耸人听闻"、"不懂国情"、"站着说话不腰疼"、"看祖国的笑话"，等等。所幸的是，仅仅几年下来，是非就变得相当清楚。

其实，我是个很现实的人。第一，不管是雾霾也好，PM2.5也好，我从来不认为是完全来自于汽车尾气，但是，尾气无疑是重要的源头之一。像崔永元那样否认这一点的人，恐怕属于"装睡"型，要保的是自己开车的既得利益。第二，我并不指望中国会迅速形成"无车社会"的共识，虽然这样的理念在欧洲、美国等发达国家已经开始热烈讨论，在哥本哈根等前卫城市也正在落实。第三，在我看来，无论是雾霾、拥堵，都不可能在短期内解决。只要打算在中国过日子，就必须做好长期面对这种现实的准备。

也正是因为如此，如何在雾霾中生存，才变成了一个有重要意义的问题。现实虽然难以改变，但并非完全不可能改变。个人的行为，不仅对社会产生巨大影响，而且在一时无法改变的环境中，也直接关系到个人的福祉。比如，早在2008年我就大力提倡城市居民出门戴口罩。事实上，戴口罩，哪怕是高科技的口罩，在防范PM2.5这种小颗粒污染上效果相当有限，但毕竟还有诸多其他的污染物质。这种简单、便宜的防范措施，为什么能做而不做？

同样的道理，让北京、上海的天空晴朗，远非个人能力所及。但是，少开车甚至不开车，还是在个人的掌握之中的事。北京、上海的公交虽然不理想，相比于美国的城市已经便利很多，价格也相当便宜。我自己也在北京生活过30多年，从来不理解为什么不开车就过不了日子。

如果私车这么一点点便利或者"谱儿"你也不愿放弃的话，那么就不必强求。我一直信奉这样的原则：自己不可作恶，但也不要强人为善。但是，哪怕仅仅是为了自己的健康，开车也有种种讲究，也应该懂得怎么在雾霾、尾气的包围中保护自己，这也是我反对崔永元"尾气是个屁"的理由。

在美国，即使车房的窗户敞开，也时常发生尾气中毒致死的事故，尾气之可怕，可窥一斑。如果你执意要开车，这就是你每天要打交道的东西，难道不应该防范自保吗？举个简单的例子，我住在波士顿远郊，没有公共交通。女儿每天下学，家长都要开车去接。接女儿的程序很简单：女儿在校门口路边等候，我把车开到她跟前。车停后，她先走到车尾掀开后厢盖，把大书包和运动提包放下，然后坐在副驾驶座位上。这个过程，大概有二十几秒，其间我不关闭引擎，车处于空转状态，这也是大多数人开车的常规。许多人甚至不会为这二十几秒换到驻车挡，只是用脚踩住闸而已。按照我们的常识，汽车在短时间内反复启动，不仅耗油，而且使电池、发动机等部件受到损伤。几十秒的临时停车，不必关闭引擎。真是如此吗？

缺乏基本的开车知识，我们就会固执于这种错误的观念，害人害己。美国的许多学校，已经制定了政策和法规，禁止接送孩子的车在学校场地上长时间空转，理由是尾气威胁着孩子的健康，这显然远不是一个"屁"的问题了。我出于好奇，上网搜索研究资料，结果吓了一跳：汽车空转时的尾气污染危害甚大，西方国家在这方面高度重视，有关研究相当丰富，美国联邦环保署等权威机构还发布了有关的数据和政策指针。这些数据和指针，大体上支持了一个结论：临时停车在10秒钟以上，就应该把引擎关闭。这不仅节能、减少尾气污染，对汽车的机械也保护得更好一些。当然，在交通路口等待红灯时，后面有大队车辆跟随，你随时可能要移动，即使停10秒以上，也只好让引擎保持运行状态了。

有了这一点点小知识，再想想我平时接女儿，停车二十几秒，其间她要走到后箱把书包放好，嘴正好对着尾气！不及时关闭引擎，每天都在危害她的健康。任何有责任的家长，在这些小细节上都应该认真。

所以，如果不得不开车的话，最好就要认真学习一下该怎么开。

抢行追尾气，礼让保自己

前面已经讲到，西方的许多研究表明：临时停车如果让引擎空转10秒钟以上，所产生的油耗和排放，都比重新启动车辆要大，这比国内环保宣传中"停车45秒熄火就比不熄火减排要多"的说法还要严格得多。当然，这不是一定之规，还会受许多其他因素的影响，比如车本身的性能、气温等。不过专家指出，最大限度的空转，也不应该超过60秒。

发达国家在这方面往往有一些指针，最严格的要数意大利和法国，政府建议的汽车引擎空转时间都不宜超过10秒。奥地利是20秒，美国是30秒，德国是40秒，荷兰是60秒。另外，在美国的哥伦比亚特区、夏威夷、麻省、缅因、马里兰、罗德岛和犹他州，以及科罗拉多、纽约、密苏里等几个州的若干地区，没必要地让引擎空转属于非法行为，警察可以就此进行罚款。芝加哥市参议会通过法律，禁止柴油动力的车空转3分钟以上，违反者罚款高达250美元。香港的《汽车引擎空转定额罚款草案》也规定，除巴士、混合动力车型等有豁免外，怠速3分钟之后必须熄火，否则罚款320港元。

为什么西方国家对汽车引擎空转的问题这么认真？因为这等"小节"，对环境和能源都至关重要。有项研究甚至称，空转的车尾气排放比起以30英里时速运行的车来要高20倍！当然，电油混合型的车是个例外，因为这种车在停车时引擎可以自动关闭，不产生排放。不过，你买了电油混合型，虽然对身后车辆的司机积了不少德，但只要前面的车辆不是电油混合型，你还要吸足尾气。

知道了这些，我们的开车习惯就应该改一改。我一向主张，在一般的拥堵状态下，不宜关闭引擎。毕竟你在公路上，随时有移动之需要。但是，在好几分钟也不可能移动几米的高度拥堵状态中，大家都关闭了引擎，少吸几口尾气，岂不利人利己？2013年北京推出环保新政，要求拥堵时停车3分钟以上就关闭引擎，并对"停车超3分钟熄火"入法举行听证。可惜，伴随这项新政的知识普及并不得力，有网友还在网上谩骂，称制定这种政策的人"脑子被驴踢了"，专家们也担心这种规约的可行性。

其实，类似的规矩在西方发达国家，也主要是作为政府的建议，鼓励人们自觉执行。让警察盯着你是否停车10秒或3分钟以上还不熄火，无论在哪里都是不切实际的事情。即使过长空转触犯法律，真正受到处罚的例子也非常罕见。

但是，这些政策、建议和法规，至少起到了知识普及的作用，有助于培养大家良好的驾驶习惯。政府不能要求人们大公无私，但自保还是人之天性。有理性的人，按说应该有自觉遵守的动机。

但是，在中国，除了北京外，还很少听说其他城市推介这样的政策。即使北京的新政，也引起许多开车人的反感，他们似乎对任何规约都老大不耐烦。这多少说明了中国公路上的现状：越堵越急，越急越抢，大家彼此寸步不让，紧盯住前车，恨不得把间距缩小到半米，生怕有人半途插进来。这种时时提防着其他车辆会乘机移动几寸的心态，怎么能使人安心关闭引擎？就算你想当君子，与前面的车拉开适当距离，后面的车也会马上高声鸣笛，仿佛是在斥责："怎么不走？！想什么呢？！"车辆之间的如此贴身紧逼，后果是大家都在近距离呼吸前车的尾气，而且是比正常运行的车辆可能高20倍的尾气。如果每天在这种拥堵中挣扎几十分钟甚至一个多小时，健康后果会如何呢？

抢行追尾气，礼让保自己。我在波士顿地区开车，拥堵也是经常遇到的事，我大致都注意和前方车辆保持一两个车身以上的距离。至少用肉眼就可以判断：在这样的距离，前车排气筒中冒出的白烟，在到达我的车之前基本被风吹走，也很少有车半途插进来。即使偶尔有，大家彼此总是很礼让。在公路上抢一两个车身，究竟能快几秒钟？有什么好争的？车与车之间的间距拉开，对每个开车人的健康都有好处。而且，当有救护车、救火车急需穿行时，大家让路的空间也更大一些，这是保护公共安全的基本驾驶习惯。所以，我们不仅应该提倡停车3分钟以上熄火，还要考虑对车与车的间距进行一些法律规定。

当然，最好的办法，还是不开车，乘地铁就不会有这种吸尾气的问题。乘公交时即使处于高度拥堵状态，因为公交大巴的车身比较长，大部分乘客和前方车辆的排气口也拉开了距离。公路上虽然污染很严重，但你至少避免了近乎嘴对嘴地吸尾气的状态。许多人在跟我争论为什么必须开车时，摆出的一个响当当的理由就是要送孩子上学，说是不忍心让孩子挤公交。其实，我们很少听说孩子有挤公交挤坏了的事。我们这代人，从小也都是挤公交长大的。现在的孩子缺乏运动，每天挤挤也算点锻炼了。但是，你每天让孩子对着前方车辆的排气口大吸尾气，难道就是心疼孩子的好办法吗？要知道，比起成人来，尾气对孩子健康的损害更大。

总之，开私车，不要太自私，否则的话，只能是损人不利己。

为什么需要与车为难的公共政策

许多反对限制私车的人总喜欢说：东京、纽约、伦敦等国际都市，比中国大城市的汽车拥有量还多，怎么就没有那么多雾霾？他们由此迫不及待地得出结论：雾霾和私车无关。崔永元的"放个屁"之说，就是为这些人立言。

应该怎样看待这个问题？首先，中国大城市的雾霾，当然绝非私车这么一个因素。工业污染、民用能源的污染等等，可能是更重要的原因，但是，这并不意味着私车就不是一个重要原因。汽车拥有量，和汽车实际使用量并不能画等号。比如，几年前国外一本专著揭示，在2000年，北京人乘公交的比例仅27%，东京、纽约、巴黎的比例则分别是64%、44%、35%。这些数据近年来发生了不小的变化，据说北京在2012

年公交通勤的比例达到了44%，这是不小的进步。但国外的城市也在进步，比如纽约的比例到2010年涨到了接近56%，伦敦在2011年也达到了48.3%。一项2005—2009年间的调查数据更为惊人：纽约的通勤者有57.8%乘坐地铁，21%步行，只有7%单独开车，另外2.3%和人搭伙开车。也就是说，满打满算，开私车的通勤率才9%出头。可见，这些所谓比北京汽车拥有量高的城市，有更多比例的人乘公交上班，车多但并不常用。到东京街头看看就知道，哪里有中国大城市那么多车？

另外，这些和北上广等同等规模的城市，人均收入也比中国城市居民至少高出七八倍，人口密度也低不少。纽约的地铁规模宏大，使用方便，但显得很破旧，没有一点豪华的味道。在这样的地铁站台上等车的，不乏华尔街的总裁、高管。但前几天我回北京，稍微有点身份的人，全是一辆豪车。城市、交通和经济等方面的研究，早就总结出了这样一些普遍规律：人口越密集，越有利于公交的发展，越不利于汽车的发展。另外，人均收入越高，越有条件使用汽车。中国的"国情"，本来应使人们更加依赖公交，怎么如今反而会"逼着"大家开车？难道这不是穷晒吗？

可见，中国急需鼓励人们少开车的公共政策。

有研究表明，汽车的能耗和排放，在时速45—65英里（72—104公里）匀速运行时最低，低于或高于这一"黄金时速"，排放都会增加。当然，不同的车型，具体的数据指标肯定还有诸多不同。但大致而言，汽车在高速公路的限速下行驶，排放是最小的。汽车空转，排放比匀速运行时高许多，汽车启动、加速，排放就更大。所以，尾气排放的大小，并不仅仅取决于路上有多少车，还取决于这些车是在什么样的状态下运行。

中国的大都市，对私人车的限制太少，大家特别喜欢开车。这样，虽然汽车拥有量不如国外的许多同等规模城市，但路上比人家要拥堵得多。一拥堵，尾气的问题就变得突出起来。上百万辆车堵在道路上，要么空转，要么不停地启动、刹车，一辆车的排放，可能要比正常匀速运行的车高出十几倍。如果油质再差一些，尾气的产量当然就大得多。

要解决这一问题，就要依靠一系列的公共政策鼓励人们少开车、不开车。第一，像伦敦、斯德哥尔摩、新加坡等城市，机动车进城都要缴纳拥堵费。中国城市比这些城市的拥堵要厉害得多，但还不见类似的政策实施。第二，中国应该效仿欧洲一些城市的做法，在市中心离公交车站很近的居民区，取消停车位。在我看来，距离公交站在 400 米以内的小区，完全没有开车之必要，可以取缔所有停车位，路边的停车位也要大量废除。美国的许多城市，也已经开始拆除市内的停车楼、停车场、路边停车位，并减少新建公寓楼的停车位配置。当然，这一切导致了市内停车费的猛涨，使得开车的成本急剧上升。而中国许多大城市，依然把增加停车位作为市政建设的目标，这等于顶着雾霾鼓励开车。第三，私人车必须给公交、自行车让路。国外许多城市，对公交专用道保护得非常严格。在哥本哈根，一半以上的通勤是自行车。自行车道有着"绿浪"信号体系，保证畅通无阻，不会被红灯卡住，使开车远不如骑车便利。在东京，也有一小时内的交通开车不如骑车快之说。衡量自行车交通便利程度的"哥本哈根指数"，2011、2013 年评出世界"对自行车最为友好的城市"，阿姆斯特丹、哥本哈根等欧洲城市一直名列前茅。在 2011年，与北上广同等规模的城市，东京名列第四，巴黎第七，伦敦第十六，纽约名列第二十。中国作为一个自行车大国，却没有一个城市出现在前二十名以内。

如果这些措施同时实施，中国大城市路面上的车辆就会大幅度减少。同时，车速会提高，拥堵会减少，尾气排放会随之降低数倍。在此基础上，如果在工业和民用能源上能以天然气等洁净能源替代煤炭等污染严重的能源，中国的大城市就有望重见天日。

PM2.5 浓度 14，纽约怎么做到的

2013 年中国城市雾霾创了纪录。以 PM2.5 的浓度来衡量，10 月底哈尔滨一度突破 1000，上海在 12 月初也突破了 600。按照世界卫生组织的标准，这个浓度超过 300 就属于危险（hazardous），理想的标准应该在20 以下。美国的现实目标，则是把这个浓度控制在 35 以下。根据美国环保署的数据，最著名的污染城市洛杉矶，PM2.5 的水平在 1999—2001 年

间在 25 左右，2006—2009 年间跌到 20 以下，但 2009 年之后又回升过 20。纽约的 PM2.5 浓度，1999—2000 年间是 20 出头，日后持续下跌，到 2010—2012 年间在 14 上下，芝加哥也从 1999—2000 年间的 20 以上跌到 2010—2012 年间的 15 左右。美国的许多重要城市，PM2.5 的浓度在 10 年间下跌了 20% 以上。这无疑是不小的成就，对中国的雾霾治理，有着重要的借鉴作用。

在中国，对雾霾的研究刚刚开始，尚无人能够完全令人信服地解释雾霾形成的原因。但我深信，工业与民用能源的污染，也许是最重要的原因，机动车恐怕也算是三大污染源之一。何以这么推断？看看美国环保署的 2008 年数据：对温室效应的贡献，发电占 34%，工业 15%，机动车 22%。另有研究揭示：机动车对城市一氧化碳污染的贡献，最高可能超过 90%。在普通的美国城市，大致有一半的氢氧化物和二氧化氮污染来自机动车。雾霾并非仅仅是 PM2.5，而是各种污染物质的集合。检测不同的污染物质，会发现不同的污染源贡献比例。不过有一点我们至少可以肯定：对工业、民用的能源电力和机动车两者都不可小视。

在本世纪最初十几年，美国大城市中空气质量提高最快的大概要数纽约。在美国九大城市中，纽约的 PM2.5 浓度在 2008—2010 年间还排在第七，2011—2012 年间已经跌到第四位。如果从 1999—2001 年为起点衡量，纽约 PM2.5 的下跌是最大的，而这期间纽约人口增长了 30 多万。所以，2013 年，纽约市政当局骄傲地宣布：纽约的空气，是 50 多年以来最为清洁的。

这样的成就是如何取得的？首先，纽约市政当局制定并实施了"清洁取暖计划"，鼓励用户采用洁净的取暖能源。自 2011 年以来，已有 2700 栋建筑改用了清洁能源，其中特别突出的是把烧重油的取暖设施改为烧天然气。另外，城市计划到 2015 年取代所有的烧 6 号燃油的取暖设施，到 2030 年取代所有烧 4 号燃油的取暖设施。事实上，自 2009 年以来，纽约在人口增加了十几到 20 万的情况下，6 号燃油的消费量已经下跌了 29%。

另外，纽约的公交系统，拥有着全美最大的使用混合动力柴油机和压缩天然气引擎的车队，其28%的出租车到2010年时已经使用了混合动力或其他清洁能源。另外，纽约使用公交系统的人口比例为全美第一，目前人均燃油消费量仅相当于美国20年代的平均水平。纽约人口为美国的2.7%，对温室效应的贡献仅占美国的1%。布隆伯格政府大力推进公交和自行车通勤，虽然征收拥堵费的方案碍于纽约州的法律未能实施，但自行车道自2006年以来倍增，达到600多英里（1000公里左右），其中2013年仍有54.5英里（87.2公里）在规划和修建中，只有48%的纽约家庭拥有汽车。在世界金融中心曼哈顿，一套公寓的中等价格达到125万美元，属于美国人均收入最高的地段，但在居民中仅有22%拥有汽车。

纽约为我们提供了什么样的范例？首先，对工业和民用能源的改造至关重要。纽约以天然气替代重油，效果显著。中国大城市还大量依靠更为污染的燃煤，改进的余地显然更大，在这方面，无疑需要政府承担责任。但是，高密度、低机动车使用率、高公交使用率，也被公认是纽约成为美国最有能源效率的城市的核心要素。这方面所依赖的就不仅是政府的公共政策，还有市民的配合，其中包括对政府某些限制车辆的公共政策的支持。像北京、上海这样的大都市，人口密度比纽约高，更适合公交的发展；人均收入则低得多，对私车的承受力本应该非常有限。为什么通过公交、自行车、步行这些非私车方式通勤的比例还赶不上纽约？

在世界最佳步行城市中，中国人熟悉的世界名城，波士顿排名第三，悉尼第五，慕尼黑第六，温哥华第七，爱丁堡第八，华盛顿第九，纽约第十，匹兹堡第十二，布宜诺斯艾利斯第十三，巴黎第十四，佛罗伦萨第十五，同样没有一个中国城市上榜。高人口密度适合自行车和步行，这如同物理定律一样天经地义，中国城市怎么会反其道而行之？

推出有力的公共政策，当然是政府的责任。但是，有力的公共政策之实施，也需要公众的配合。征收拥堵费、提供停车费、限行等政策，在中国的大都市恐怕是势在必行。遗憾的是，在这方面，中国公众的反应如同"私众"，一群捍卫私车利益的人声音比谁都高。另外，中国大城市的公交设施当然有大幅度改进的余地，但也并非太落后。东京地铁不就被称为"通勤地狱"吗？公众的公德、自觉性、对他人的同情和理解力，仍然塑造着城市的生活质量。以我个人两年前的观察，像北京这样的城市，自行车的基础设施其实属于世界一流。许多道路，如三环、二环等，设计时是机动车与自行车分行，有着宽阔、保护良好的隔离式自行车道。以美国的标准，这简直是天堂般的设施。但是，本着为机动车让路的原则，这些自行车道大部分被改为机动车道。其实，要把这些道路恢复成自行车道，并防止机动车抢占很容易，只要在入口设立自行车能进而机动车进不去的隔离墩即可。这些需要政府的作为，也需要公众的支持。

雾霾背后的交通畸形

如今，中国大城市的居民已经谈雾霾而色变。空气悬浮物 PM2.5 的危害越来越广为人知，从政府到社会都越来越强烈地认识到，治理空气污染，已经成为中国城市发展中的当务之急。

雾霾的成因当然非常复杂，但是，汽车如果不是"首恶"，至少也是"首恶"之一。穿过厚重的雾霾，我们看到的是畸形的城市交通。

2010 年底的报道显示，2009 年北京居民出行构成中，公交占 38.9%，私人车为 34%，自行车为 18.1%，出租车为 7.1%，班车为 1.9%。私人车和出租这两种最污染的交通方式，占了 41.1%。不久前又有报道说，2012 年北京公交出行率达到 44%，在中国城市中排名第一，2013 年力争达到 46%。

我手头正好有一项 1996 年对世界各大城市汽车依赖度的研究，作者是发明了"汽车依赖"这个概念的澳大利亚专家 Peter Newman 教授。1996 年的数据自然有些过时，不过在过去十几年中，发达国家和地区除了更加远离汽车外，交通的变化并不像中国这么剧烈，这些数据依然有相当的参考价值。这组数据揭示，东亚三大发达都市东京、新加坡、香港的公交出行率都非常高。以公交在所有机动车中的出行率计算，东京62%，新加坡 72%，香港 89%。同时，步行和自行车的出行率，在东京高达 45%。另据 2012 年的报道，东京人出行，公交占了 57%。北京人抱怨地铁拥挤，东京的地铁有些路段几乎超载一倍，但东京人还是要挤地铁。为了防止混乱中的性侵，东京从 2005 年开始有了女性专用车厢。新加坡是另一个例子，在 2010 年，这个人口 530 多万、人均 GDP 接近 5万美元的国际大都市才不过 57 万辆私人车。中国虽然还是人均 GDP5500美元上下的穷国（2011 年北京人均 GDP 也不过 80394 元，折合 12447 美元），但不到 2000 万人的北京，居然私车拥有量超过 500 万，人均汽车拥有量比新加坡高一倍还多，而且汽车销量每年还以两位数的比例上升。

经济合作与发展组织早就通过图表数据清楚地显示出，私人车拥有量与人均 GDP 有着紧密的相关性。毕竟汽车所费不薄，需要相当的收入水平才能承受，故而人均 GDP 少，汽车拥有量就小。按照这个简单的逻辑，中国大城市的居民，本来就不该像发达国家的居民那样普遍地拥有私人车。另外，Peter Newman 的研究也揭示，对汽车的依赖，和人口密度正好成反比。人口越稀疏，就越难以达到维持有效公交的基本流量。在低密度的城市，公交网点疏松，覆盖率低，而且班次很少，一小时一班为家常便饭。公交这样不便，人们就更不爱使用。最终仅有的公交多是空空的车厢，政府需要大量补贴才能维持。而高密度的人口，使公交的网点密，班次多，越来越方便。而公交越方便，人们就越喜欢使用，甚至可能赢利，形成正向循环。中国的大都市，如北京、上海、深圳等，都属于世界城市中人口密度最高的，甚至高于东京、香港、新加坡。中国的大都市，本来就具有发展公交的天然优势。

从另一方面看，私人车拥有量和人均 GDP 水平同步，和人口密度成反比，也都正好符合城市生态的规律，毕竟人均 GDP 反映着一个社会的发达程度。对于汽车所带来的污染和拥堵等种种管理问题，越是发达社会，就越有资源、技术和经验来治理。超出自身的发达水平盲目发展汽车，难免陷入乱局而手足无措。另外，人口密度大的地方，如果汽车拥有量高，就会产生集中排放，造成高密度的污染。所以，看看世界各大城市，密度达到北京上海这么高的，即使很富裕，也不敢这么依赖汽车。比如纽约，作为世界财富的中心，2006 年有 54.2% 的居民出行乘公交，另外每天有 12 万人次骑车。像哥本哈根等欧洲先进都市，则已经确立了无碳城市的目标，如今几乎都是公交和自行车当道。与之相对比，中国的大城市，仍然镶嵌在未发达的社会中，比如燃油质量差、交通管理混乱等等，就是未发达社会的典型症候。准备如此不充分，再在人口高密度地区大力发展汽车交通，雾霾也就是必然之后果了。所以，痛定思痛，中国的城市必须进行"去车化"的改造。

用停车难治理城市的污染和拥堵

北京交通发展研究中心主任郭继孚最近说，停车难将会是比交通拥堵更严重的问题。北京城镇人均住宅面积28平方米，一辆车停下来所需面积至少要30平方米，但停车面积和住宅面积的价格相距甚远，许多市民把车停在了消防通道上。与国外相比，北京的停车费过低，致使没人愿意建停车场或停车楼，同时刺激了消费者买车。在香港，有车位才能买车，而一个车位的价格是200万港元。而在北京，2005年73%的出行汽车不交停车费，到2010年，上升为80%，根据测算，相当于一辆车5次出行只有1次交了停车费。

郭先生的诊断，可谓十分准确，但开出的药方则让人费解。市场经济不是应该遵循价格规律吗？为什么车占的地方比人住的地方要便宜？治理交通的措施虽然非常复杂，但首先恐怕还是要一步到位，让车为自己占的地方埋单才对。可惜，在郭先生看来："一夜之间把北京的停车费调成'天价'并不现实，市民无法接受。"于是他建议建设一批停车场、停车楼，清华大学交通研究所教授李萌也称目前政府正在研究开发立体停车楼。

北京面临的真正危机，是雾霾和拥堵。最近中科院的研究表明，在北京地区，机动车为城市PM2.5的最大来源，约为四分之一；其次为燃煤和外来输送，各占五分之一。拥堵在于机动车过多，也是显而易见的事实。雾霾和拥堵，影响着所有人的生活。停车难则仅仅影响着开车族的生活，轻重缓急，可谓一目了然。

其实，停车难并不是坏事，而可以成为好事。政府应该有意制造停车困难，以此作为治理交通的手段。郭继孚、李萌两位既然是交通专家，想必十分了解发达国家城市交通在这方面的发展大势。过去发达国家的城市设计规划，总要考虑停车方便，往往为建筑物规定停车位的最低数量标准。如今则反过来，开始制定新的规约，给各种建筑所附属的停车位数量封顶。

两年前，设在纽约的"交通与发展所"发表了对欧洲十个城市的研究：《欧洲停车位的一百八十度大转弯：从满足需求到规约》（*Europe's Parking U-Turn: from Accommodation to Regulation*），在网上可以下载，希望有关专家发言时参考一下。该研究指出，这些欧洲城市已经开始遵循新的哲学，把停车位和步行、骑车、公园、社区空间等"另项社会福益"摆在一起比较权衡：停车位越多，后面的几项所需要的空间就越少，那么哪些活动应该在拥挤的都市空间中享有优先权呢？显然是对社会有益的活动。机动车制造污染和拥堵，破坏环境，降低人们的健康水平。步行和汽车相比则不仅是零排放，而且增加健康，降低社会的医疗开支。公园和社区空间，更属于公益的范畴。所以，停车位所代表的对社会有害的活动，要给这些对社会有益的项目让路。

正是本着这样的哲学，在哥本哈根，长达数千米的街头停车位被改为步行道。巴黎投入 1500 万欧元设置阻碍停车的路障。在阿姆斯特丹市中心地区，居民要租一个固定停车位，每年的价格是 4 万欧元；申请一个停车证，要排几年队，拿到后每年缴纳 150 欧元，只能在家附近找地方停车（至于是否能找到地方停，未必有保障。市政管理部门只是按总汽车拥有量的 90% 发放停车证）。没有停车位或停车准许证就无法停车，市中心街头停车费则第一个小时高达 5 欧元，更不用说伦敦、斯德哥尔摩的机动车进城要缴纳拥堵费。

这些措施，已经有效地改善了城市交通。阿姆斯特丹市中心的私人车流量减少了 20%，哥本哈根的交通流量则 5 年减少了 6%。与此同时，各城市大力鼓励自行车通勤，设置公共自行车服务。巴塞罗那的停车费，全部用于补贴公共自行车的开支。

美国的城市规划专家 Donald Shoup 早在 2005 年就出版了《免费停车的高昂代价》一书，抨击传统城市规划中免费停车空间的设计原则。他指出，提供免费停车位，扭曲了交通市场，人为增加了对汽车的依赖，等于补贴污染和拥堵。在他看来，每个街区至少要有一个闲置的停车位，如果全部占满，就说明停车费太低，应对之策就是不停地提高停车费，直到这个停车位空出来为止。另有研究指出，一般而言，停车位最多只能有85%被占满，否则就使得车辆在街上长期地兜来兜去找地方停，给拥堵火上加油。

中国的城市交通治理，为什么不能学学这些现成的经验和研究？目前北京低于5公里的汽车出行率占到44%，专家们指出，低于5公里出行，走路或骑车最快。为什么不足5公里的路程还要开车？如果开车的人不得不缴纳三四十块的停车费的话，这些5公里以内的汽车出行恐怕大部分就会消失了。

像北京这样的大都市，不是要解决停车难，而是要制造停车难，使汽车在市中心无立锥之地。发达国家的经验表明，通过减少停车位、提高停车费的办法来治疗交通，政治阻力比起征收拥堵费来更小，效果往往更好。更不用说，停车场这种不透水的地面，制造了雨水污染，给城市排涝系统增加了负担，是城市洪水的罪魁祸首之一。这方面，国外的研究也已经汗牛充栋。Eran Ben-Joseph 在 2012 年出版的《重新思考停车位》一书中指出，世界上有 6 亿辆车，而且还在与日俱增。有些大都市的地面，三分之一被停车位占据，停车位已经成为现代都市的公害。特别是在中国的大都市，居住空间紧张，房价奇高，人都难以立足，更不能轻言建设停车场、停车楼。

智能城市的理念

　　智能城市的理念，几年前听上去还有些像乌托邦，但目前在发达国家中越来越成为现实。不久前《波士顿环球报》报道，波士顿正在向智能城市进军，对一些基础设施进行改造。城市的智能化，将革命性地改变人类的城市生活。

　　智能城市，听上去神乎其神，其实并不需要什么重大技术突破。如今的网络、移动通信、GPS 导航技术已经相当成熟。谷歌无人驾驶汽车也有望几年内上市。把这些技术综合运用在城市基础设施上，就能构建一个智能城市。关键是如何建立一个有效的组织系统。

　　举例而言，交通拥堵，是城市永恒的难题。在发达国家，每天早晨起来，媒体上都有高峰期的交通状况实播。上班是走 2 号路还是 495 高速？如果时间和距离差不多的话，就上网看看交通拥堵情况，哪里顺畅走哪里，然而，这并非智能城市的技术，因为这种实播总是慢半拍。你离家时 2 号路还很顺，等 20 分钟后开到那里则开始堵了。陷进去不能自拔，上班迟到是板上钉钉了。

　　智能城市，则把这把交通状况的直播镶嵌到网络中。每个重要的路口、路段，都成为有感应的终端，及时探知过往车辆状况，这些信息，马上输入网络。开车的人，则守在车中的终端上，超级 GPS 系统迅速对这些道路信息进行分析，设定最佳导航路线。

　　更为形象的例子，恐怕还是停车。在拥挤的大都市，人们往往不停地开车缓行兜圈，寻找随时空出的停车位。这不仅消耗了大量时间，而且那些慢悠悠在街上找车位的机动车，比正常行驶的汽车更容易创造拥堵。智能城市，则把每个车位都变成网络信息的终端，一旦车位空出，信息即时就到了网上。在最近地点寻找车位的车辆马上获得信息、向车位方向驶去，同时在网上发出自己行动的信息，告诉其他车辆：这一刚刚空出的车位已经被人捷足先登，不必再费心了。这样，就创造了一个最优的停车系统，大大缩短了车辆在道路上滞留的时间，舒缓了都市的拥堵。

当然，等到谷歌无人驾驶汽车登场，城市交通就开始了另一场智能革命。你在自己的智能手机上发出租车信息，一辆无人驾驶汽车马上就会锁定你在街头的位置，几分钟后就在你面前停下，把你带到指定的目的地。由于无人驾驶技术比人的驾驶要精确得多，车道可以大大变窄，同样的道路可以容纳更多车辆。

当然，这类技术远远不限于交通，还可以扩展到各类服务设施中。商店是否开业，酒吧、餐馆是否有空位，剧院是否还在卖票等等，所有的服务信息，都可以即时上网，即时分享。总之，每个设施都是一个有触觉的终端，每个人也是一个终端。所有这些终端，不时地通过网络来分享、交换信息，帮助人们在日常生活中作出最优的决策。

能否用分享车代替私人车

分享车的崛起

21 世纪城市交通的大潮是"去车化"，西方发达国家的城市纷纷在讨论"无车城市"的理念。欧洲的一些城市，如哥本哈根、阿姆斯特丹，已经开始向这个目标推进。被雾霾和拥堵所困的中国城市，对此决不能无视。

"无车城市"，并非禁绝汽车，而是通过一系列的政策手段，鼓励人们放弃私人车，乃至绝大部分城市居民不再拥有汽车。这就要求两个条件：首先是公交高度发达。除了密集的地铁网络外，公交大巴在道路使用上要绝对优先于私人车，保证准时。这本来不难做到，公交大巴以及所用的专用道、优先道，在数量上都可以由市政部门集中控制，根据路面的容量决定大巴的投放量，保证畅行。警方可以在大巴上配置摄像头，将违章侵犯公交专用道、优先道的车辆记录并罚款，这样，公交大巴就可以免于拥堵。其次是自行车基础设施的完备，至少在市内交通中，要保证自行车远远比汽车更为快捷方便，并同样享受道路使用的优先权。这方面，中国大都市的基础设施本来相当不错，许多道路的原初设计都是机动车自行车分行的，这让许多欧美城市羡慕不已。可惜，目前大量自行车道已经被机动车及其路边停车位所蚕食。如果恢复这些自行车道，并对之严格隔离、使违章抢道的机动车无从进入，自行车就将成为非常方便、愉快的出行方式。这两点做到，城市居民就基本没有了开车的必要。

但是，我们毕竟生活在汽车时代，不可能守着这样的便利不用。城市居民不拥有汽车，那么偶尔需要开车怎么办？出租车并无法完全解决这个问题。最近几年，美国的 Zipcar 服务渐渐风行，为无车的城市居民用车提供了可贵的服务，很值得中国的城市借鉴。

Zipcar 不过是家公司的名字，也许可以译为刷卡车。不过我觉得如果取其理念的话，还是译为分享车比较好，因为其使用方式很像在许多城市流行的公共自行车：使用者大多先缴费成为会员，获得会员卡；需要用车时，在固定网点刷卡取车，用完后把车退回到任何一个网点上即可，计算机根据刷卡的数据记录核算出费用。

按说，美国的租车行业相当发达，网点密布各地，租车公司往往能随时送车上门，价格也相当低，是 Zipcar 重要的竞争对手。其实，Zipcar 本来就是从租车业中发展出来的。最早的创意，恐怕是来自柏林租车业按小时计价的经营方式。不过，Zipcar 最终发展出来的分享理念，渐渐独立于传统的租车业。租车的费用是按天计算，如你因送老人、大规模购物或买大件等不便乘公交的原因出行，两三个小时就完事，为此租一天的车，费用未免太大。Zipcar 则按小时计算，而且不需要到公司的办公室办手续，全是无人服务，即走到街边的固定网点刷卡取车、还车，几乎等于自己拥有车，但不必操心车房、停车位。在波士顿这样的城市，Zipcar 的使用价格可以低到八美元多一小时（不包括会员费等）。而同城地铁的单程票价，如用现金买就是 2.5 美元，可见 Zipcar 在价格上的竞争力。Zipcar 的网站甚至声称，比起拥有私人车来，Zipcar 一个月能够节省费用 500 美元。用其创建者的话说，这是一种合作埋单支持的合作型基础设施。

如今，Zipcar 还处于起步阶段，主要集中于美国的城市，另外加上加拿大和欧洲若干城市，总共不过二十几个城市。不过，到 2013 年 6 月为止，其会员已超过 81 万，服务车辆达到万台。Zipcar 成立后不久即上市，股值从 18 美元上升到 30 美元，随即以 5 亿美元的价值被收购。Zipcar 的成功，刺激出了一系列竞争者，包括传统的租车公司，也纷纷推出按小时计价的服务。分享车，已经成为广泛渗透到汽车社会的新概念。

分享车的生存和发展，其关键顾名思义还是在于能充分分享，即网点密布、使用方便。如果你走 500 米就能找到一个网点，自然会经常使用。这一点，在 Zipcar 的创生地波士顿地区还远远做不到。其中的原因，一是这个概念尚新，有待深入人心，一是波士顿地区的人口密度还太低，和中国的大都市远无法相比。城市学家 Edward Glaeser 称，城市高密度的发展，给这样的技术和服务提供了发展的肥沃土壤。人口密集便有大量用户，网点即可随之增多。网点一多，服务就更加密集，几乎无所不在，形成随处可以取车还车的局面。如果这么方便，城市居民为什么还要买车呢？

中国近 30 年的高度城市化进程，与私有产权观念的普及相伴随。考虑到人们在计划经济时代的惨痛经验，私有产权在观念和法律上的确立，无疑是一个重大的历史进步。但是，一朝被蛇咬十年怕井绳，也恰恰是因为吃过公有制、大锅饭苦头，大家在私有产权的问题上，过度强调其排他的一面，本能地认为私有和分享是对立的概念。其实，从欧洲历史上看，私有产权的发展，和分享的概念是并行的。比如你拥有一块土地，如果彻底被别人的排他性私产包围、与公路水源等隔绝，你的私有产权实际上就被剥夺。一些野蛮拆迁者用断水、断电、掘路等手段貌似"合法"地对付若干私有产权拥有者，就是利用当今社会对私有产权中的"分享"部分的理解不足。Edward Glaeser 指出，城市的概念，一个核心要素就是分享，即大家分享着公共设施，舍此就谈不到城市。不过，我们分享的，不仅仅是公路、绿地等固定形态的公共设施，还有救火车、救护车等移动式的公共设施。Zipcar 虽然是一家赢利的私人公司，但提供了一种移动式公共设施的理念，对塑造未来中国城市的发展大有助益。

如何用分享车改变中国的大都市

我提议用 Zipcar 式的分享车代替私人车，这不仅便利省钱，也能为城市居民提供私人车之便。接下来的问题是：假使大家都放弃私人车而开分享车，那不过是以彼车替代此车，城市公路上不是照样挤满了车吗？

这也反映了 Zipcar 的创业理念的矛盾性，Zipcar 是在哈佛和 MIT 的所在地、与波士顿几乎融为一体的剑桥镇创生，这里是美国最为左翼的地区之一，环保意识非常强。Zipcar一开始推介自己的理念，就打起环保的大旗，称如果每个人都开Zipcar而放弃了私人车，地球的负担就会小得多。怎么可以一方面鼓励大家环保、少开车，一方面又向大家推销更便捷的开车服务？这岂不是有点虚伪？

我们当然不必对生意人的"公共责任"过于天真，但是，抛开Zipcar的公关广告，把其理念抽离出来分析，其中诸多要素确实可以借鉴过来推动公共利益。

首先，车的祸害，不仅仅是污染，而且是和人抢地。污染问题，提供各种技术手段大致可以解决，如提高燃油效率和油质、使用电动车，等等。但车辆对城市空间的侵占，以及所导致的拥堵和房价飙升，则很难通过这些技术革命来解决。所以，城市要限制车辆拥有量，也要提高现有车辆的使用效率。比如，如果现有车辆的使用效率翻番，那么250万辆车就能满足过去500万辆车才能满足的交通需求，这样车辆拥有量就可以减半，节省了城市的用地。大家知道，汽车出行大部分是独自驾驶，占据巨大空间。如果没有私人车和各种公车，改用公交和自行车，一半的城市公路恐怕就可以拆除用来盖房子了。汽车的一大问题，是使用时占地，不使用时同样占地。以单双号的方式控制私人车，一个后果就是导致一半的车全天不用。明明500万辆车能够满足的出行需求，现在要1000万辆车。有些富人甚至不惜买两辆车轮流使用，加倍了汽车的占地，这就使我们的城市格外拥挤。大家分享Zipcar这样的服务，闲置车辆的占地就会大为减少。

其次，分享车的服务不管怎么方便，每次使用还是要付费的，这就敦促用户在每次使用时都慎重考虑一下是否绝对必要。一旦买了私车，心态就大不一样：既然已经花了二三十万，不用岂不浪费？所以大家能用就用，乃至出现5分钟的路买瓶酱油也开车的现象。

中国的大都市在密度上远远高于欧美大部分都市，分享车的存活条件要好得多。如果配合以适当的公共政策，就能起到减少开车、减少拥堵、清洁空气的作用。以下是几点建议。

第一，取消大都市中心地带楼群（特别是居民小区）中的停车位，代之以比较方便的分享车网点，这意味着绝大部分城市居民无法拥有私人车。听起来，这是个过于偏激的观点，其实，欧洲许多城市，生活水平高得多，大部分居民已经放弃了汽车，而且确实出现了无车城市。而容许目前停车位到处泛滥的状态持续下去，才是真正的偏激。2011和2012年我两次回北京，不管走到哪个小区，都被车挤满。停车位见缝插针，有时走路都要绕来绕去。我敢说，我见过的所有居民小区，没有一个符合哪怕是最宽松的防火标准。大家可以从家里的窗户往楼下望望，这么高楼林立，一旦出现火灾，救火车怎么开进来？这是典型的不含分享面向的中国式极端私有产权观念之产物：车是我的私有产权，难道还不能停吗？于是随便找块地儿就停车。这种无法无天的状态持续这么久，本身就预示着城市的瘫痪。与其让一个小区内挤满几百辆车，为什么不在小区入口处设个分享车站，停放十几辆车满足居民的不时之需？

第二，以分享车代替了私人车，便于政府对分享车实施严格、统一的节能防污标准，这包括全部使用电油混合型，甚至可以一步到位使用电动车。事实上，Zipcar从一开始就大量使用电油混合型，并且和旧金山市合作，试行引入充电式混合型（Plug-In Hybrid Viecles）车队，这无疑是为日后电动车的普及试水。我们知道，电动车可以做到零排放，但有两大局限：一是车速和里程都受电池技术的限制，难以高速长途旅行；一是充电设施的网点不足，充电时间过长。城市分享车，在现有技术条件下弥补了这两方面的不足：在城市里开车出行，车速慢，而且里程有限。分享车的各个网点，都很方便建成自动充电站，车一退回就自动充电。目前Zipcar的充电混合型，算是小获成功，已经推广到波士顿、伦敦、牛津、剑桥等城市。另外，分享车根据用户需要可以有各种车型，但大部分车辆属于单人或三四个人使用，车体要缩小，重量要减轻，可参考欧洲那种玩具模样的袖珍型都市车，这也能更有效地利用电池所提供的有限动力。在这方面，政府很难成功地对私人车进行规约，但对分享车则可以有效地制定和实施统一的政策。这样，油耗大幅度降低，车体的占地也大大减少。

第三，通过高额的拥堵费、车牌费、停车费、无车小区、无车街道等政策手段，使绝大部分城市居民开不起私人车也不便开车。在这种条件下，对分享车的费用，则应该根据供需来制定价格。如果城市道路上私人车基本消失、主要汽车是分享车的话，那么城市就可以根据公路的承载量决定投放多少分享车，在总量上封顶。如果既定数量的分享车供不应求，就提高价格，抑制用户的使用意愿，同时大力发展公交和自行车等基础设施，保证开车的人是绝对少数。

除了这三项基本原则外，各城市也应该根据自己的具体情况进行创新。比如，可以考虑把分享车和公共自行车网点连接为一体，使分享车的用户可以免费用公共自行车到达步行范围以外的网点提取车辆。另外，许多专家预测，在美国，谷歌的无人驾驶汽车上市，大概就在两三年之内。最早采用这种技术的，恐怕是出租车行业。分享车则是另外一个候选，Zipcar 在 iPhone 等移动技术的运用上就特别超前。一旦无人驾驶技术推广，分享车就不仅是在服务网点上等待客户，而且可以自行开车上门。

我相信，这样的构想如果能够实施，中国大都市的道路会畅快许多，空气会清新许多，居民小区会漂亮许多。城市本身，也会变得更有品位。

无车社区：大都市的"桃花源"

我在 2011 和 2012 年两个夏天连续回到北京，其中印象最糟糕的就是北京的车。不仅公路上拥堵不堪、汽车行驶毫无秩序，而且在街头巷尾车都到处乱停。特别是小区中，几乎所有空地、过道都被车位所占，行走不便，丑陋不堪，儿童、老人的基本活动空间被严重侵占。

治理城市拥堵已经喊了几年，北京的空气质量也早过了警戒线，但是，几年下来，似乎没有什么结果。同时，汽车拥有量似乎只会随着经济发展而与日俱增，车越来越成为城市的祸害，出路在何方？

在我看来，像北京这样的大都市，治理拥堵虽然有诸多障碍，但并不像许多人想象的那么难。北京公共设施的硬件还是不错的：虽然地铁需要多修，但路面很宽。如果大部分私人车被公交大巴所取代，城市面貌会好得多。在这方面，发达国家已经有许多成功的经验可供参考。

这里一个关键因素，就是建设无车社区。试想，如果北京三环以内的所有小区都不准停车，北京还可能有这么多车在路上跑吗？这种构想并非什么天方夜谭，发达国家（特别是欧洲的一些城市）早就开始了试验。道理显而易见：在最为拥挤的市中心，往往公共交通最为密集。居民有了方便的公交，就不需要开车，于是小区内严禁私人车。如果你实在太喜欢车，也并非没有选择，那就搬到远郊好了。但是，从远郊开车进城，要支付昂贵的停车费。进城的各路口都有着警告牌，告诉你开车进城的经济后果，这样，能在城里开车的就越来越少了。

无车社区，已经像雨后春笋般地在欧洲蔓延。不妨举几个例子：比利时的历史名城根特，人口不足 24 万，但有 8 万人生活在无车社区中。只有公交、出租车和特许车辆进入这些社区，但时速不能超过 5 公里。

另一个 3 万人口左右的大学城 Louvain-la-Neuve，则基本无车。德国的大学城 Freiburg，人口 20 多万，3 个无车社区大致有 2.5 万人居住。意大利的名城威尼斯，有 7 万人口居住的地区没有汽车。锡耶纳人口 5.5 万，有 3 万左右的人口居住在无车社区。荷兰鹿特丹的中西购物区也是无车的。人口近 20 万的格罗宁根，市中心近两万人居住的地区是无车社区……

这样的例子数不胜数，可惜，在中国，"国情"论控制了大部分人的思想。大家总认为，这些欧洲城市人口少，其发展模式并不适合中国。不错，这些城市规模确实小得多，但是人口密度往往并不低，这些小城市是镶嵌在高密度的都市网络中。难道北京找不到几万人的小社区吗？按照城市发展的理论，城市越大，人口越密集，公交的效率越高，私车的效率越低，怎么人多城大反而成了发展私人车的理由。

以我个人短暂的观察，北京大量的小区都是封闭的，入口往往还有收停车费的门岗。如果把这种"收费口"变成"拒车口"，小区不就成了无车区了吗？也许有人会说：那样居民会感到太不方便，送孩子上学怎么办？其实，欧洲那些无车社区，往往是居民们自己决定设立的，他们怎么不觉得不方便？在发达国家，中高产阶层往往希望把自己的社区与其他地方相对隔绝一点，有时不惜人为地创造点"不方便"。谁也不喜欢自己窗外车水马龙，谁也不愿意孩子在外面玩儿时不小心成了"小悦悦"。比如，我在波士顿远郊住，镇里许多路故意不修通，怕的就是车流。我家门口是土路，不是修不起柏油路，是怕修了后过往车辆来这里抄近道。维也纳是人口 170 多万的世界名都，其历史文化中心地带覆盖了近 1.7 万人口，已经被辟为无车区。另有 250 个单位的居民区，也是作为无车区开发……"国情"不同，人性却是相通的。有一次我和几位媒体人士吃饭，一位有孩子的高管听到无车社区的主意向往得不得了，可惜他在北京无此选择。北京的王府井已经改建成了步行街，购物环境明显改善，可惜这样的地方实在凤毛麟角。

建设无车社区当然不是件容易的事，需要政府、企业和居民的多方协调，需要连接社区和城市其他部分的方便公交体系。但这里最为关键的，是新的社区理念。我们可以设想在北京有这样一个上万人或几万人的小区：整个小区被绿化带与周围的通衢大道隔开，除了低速的必要服务型车辆外，禁绝一切机动车辆；小区内布满花园和游乐场、运动场、游泳池等公共设施；学校在小区内、在孩子们的步行范围内；小区外面则有方便的公共交通，特别是地铁（这需要政府政策上的鼓励和配合）；规模稍大的小区，还可以设置一条有轨无噪音无污染的小电车，把小区居民（特别是老人）定时载到小区外的公交站和小区内的服务设施。如果这样的小区在管理上坚持闹中取静、世外桃源的原则，如果其学校维持优异的质量，那么对许多中高产阶层就会有巨大的吸引力。可是，在北京有多少这样的桃花源呢？有多少开发商有着这样的发展观呢？政府对这样的城市建设，又有什么鼓励性的政策倾斜呢？

北京上海这样的大都市，治理拥堵需要两条腿走路。一方面要靠全市范围内的交通政策，比如提高停车费、征收进城拥堵费等，一方面则是鼓励民间自发的无车社区的开发。比如，可以设定在近期内实现10%的居民生活在无车社区的目标，辅之以一系列的政策鼓励，然后一步一步地把这个比例扩大。这样，拥堵问题虽然不会一步到位地解决，但足以使我们走上改善之路。

有轨电车的复兴

如果万事顺利的话，2014年夏天，美国首都华盛顿将在时隔65年后重新启用有轨电车，并在十年内投资80亿美元，修建八条总长将近60公里的有轨电车线。这是美国城市"有轨电车复兴"的一部分。

"有轨电车复兴"，是西方发达国家"去汽车化"的重要征兆。有轨电车，本是现代都市的基本交通工具。在机动车发明之前，19世纪美国的许多城市就遍布着用马拉的有轨车，进入工业化后，渐渐转化为有轨电车。然而，在1936—1950年间，通用汽车和几家轮胎、石油界的大公司联手，购买了许多城市的有轨电车系统，然后将之拆除销毁。这最终引起了"阴谋垄断"的讼诉，构成了"美国有轨电车大丑闻"。虽然卷入的几家公司在"阴谋垄断州际贸易"上被判有罪，但论者指出，这一阴谋的直接结果，是基本摧毁了有轨电车系统，导致了城市公交衰落，使美国人越来越依赖汽车，并造成了拥堵、污染等城市病。

在"美国有轨电车大阴谋"中，仅有费城、匹兹堡、旧金山、波士顿等几个城市保存了部分的有轨电车系统。可惜，这些幸存的线路规模大不如前，难以在城市公交中承担核心作用。许多城市慢慢都取消了有轨电车系统。华盛顿的有轨电车系统，就是在1962年停运。欧洲在战后也有类似的趋势，许多有轨电车系统被关闭，被汽车所取代。

有轨电车似乎成了过去时代的遗迹。

但是，从80年代开始，美国和欧洲的一些城市开始逐渐恢复有轨电车。欧洲显然更为领先一些，德国、法国、英国、比利时、荷兰以及北欧诸国等等的有轨电车就特别风行。美国作为汽车社会，最近才开始追赶。这次华盛顿在未来十年要修建的线路，有三分之二实际上是恢复老线路。

有轨电车的好处显而易见。首先是载客量大，远远超过公交大巴。第二是灵活，可在交通高峰期加几节车厢，载客量大增。第三，有轨电车用电驱动，现在又有许多用再生能源，污染几乎是零，而且噪音甚小。第四，有轨电车线路固定、路权明确、车次多，比较准点可靠。第五，有轨电车标志明确，运行稳定，上下车方便，车速在闹市区较慢，对行人"友好"，远不像机动车那样具有威胁性。第六，有轨电车可以和其他轮轨系统融为一体。许多城市的有轨电车，进入闹市放慢速度，但出了市中心则如同其他轻轨一样提速，到了郊区就进行远程客运。

诸如此类的优点，还能不停地列下去。不过最为重要的是，研究者们发现，有轨电车能说服更多的开车人改用公共交通。比如，有轨电车及其轻轨系统，能吸引 30%—40% 的开车者改用公交；但大巴则仅能吸引 5%。另外，有轨电车往往会在沿线带来商业繁荣，甚至引起房价的上升。有人甚至声称，城市通过有轨电车沿线房价上涨带来的额外房地产税和市面繁荣所带来的商业税，就能支付有轨电车的投入。

正因为如此，被拥堵和雾霾所困的中国的大都市值得认真考虑兴建有轨电车系统。可惜，除了上海刚刚开始运营几年的"张江有轨电车 1路"等少数的例外，有轨电车在中国都市中还是相当罕见的。不错，有轨电车有若干不便之处，比如线路难以和其他车辆分享，特别是其轨道对自行车很不便。不过，这些都属于技术细节，并不难解决。看看北京上海通衢大道上一望无际的拥堵，一列五节车厢的有轨电车，就足以把几百辆私人车替换下公路。即使让有轨电车独享一道，也节省了大量的公路空间，更不用说污染、噪音方面的消减了。

你愿意花钱买洁净的空气吗

2013年初，浓厚的雾霾频频笼罩北京及周边地区，空气指数几度爆表，冲破了国际上衡量污染水平的上限。从政府到社会，人们对空气污染问题终于有了强烈的危机感。

中国大城市的雾霾问题究竟能不能解决？我认为完全可以解决。当年的雾都伦敦，能眼睁睁地看到人走在街上被空气呛死的镜头。美国、日本等西方国家，战后都面临着严重的环境问题。但现在看看这些国家，如果按中国的标准，空气污染问题已经基本解决了。

雾霾已经成为中国城市化中的癌症，常识告诉我们，对癌症这样严重的病痛，要想有效地治疗，就必须进行大手术，而且往往是很痛苦的手术。这虽非"休克疗法"，至少也是全身麻醉。有时稍微犹豫，就会坐失良机，导致癌细胞扩散，一发而不可收。又想切除体内的恶性肿瘤，又想没有痛苦，天下哪里有这么便宜的事？中国目前的问题是：面临着雾霾如此严重的威胁，诊断已经很清楚，但社会仍然害怕手术，甚至连一剂苦药都不想吃：乘公交嫌挤，骑车怕累，甚至开车也希望政府能替自己部分埋单。

举个例子，现在大家一方面谈空气中的悬浮物质PM2.5色变，一方面又抱怨油价太高。许多人抗议：中国的油价比美国都高！好像油价比美国高就成为难以接受的事实了。大家不想想：美国是西方发达国家中著名的低油价国家，欧洲许多国家油价比美国高两到三倍。日本和香港地区的油价，大致也是美国油价的一倍，中国的油价高在哪里？

2012年听有位专家讲："（中美油价）会相差一升一块钱左右，这两个国家成品油的最终价格里面，它含的税还是不一样的。比如说美国目前来讲，它的税占了它整个成品油价格的大概百分之十二三左右，而中国大概目前的税占了我们价格的 28% 到 30%。"于是人们又嚷嚷：中国的税太重了！

且慢！难道比美国税高就一定不好吗？事实上，美国的燃油税实在太低，治理污染的成本不包括在里面不说，甚至连修路的成本都支付不了。美国的高速公路体系，要靠油税来支持。这本是很有效率的体制，但近几十年汽车燃油里程标准日益提高，车跑的路越来越长，用的油越来越少，油税则还是老章程，结果是要修的路多多，用来修路的税金锐减，这已经成为美国的财政和基础设施建设的定时炸弹。这样的模式，有什么好追随的？

最近还有报道说，除了北京、上海、深圳、广州、南京五大城市外，中国目前的汽油和柴油均执行国三标准，即含硫量不超过 150ppm（百万分比浓度），车用柴油硫含量不得超过 350ppm，而欧盟和日本已经将汽油和柴油中的含硫量降至 10ppm，美国是 30ppm，这意味着中国当前的汽油标准是欧洲、日本的 15 倍，美国的 5 倍，柴油则是欧日标准的 30余倍。而这里说的还仅仅是规定上的标准，实际上汽油的硫含量有高达 680ppm、910ppm 的。为此，舆论大力批判有关部门失职、执法不严，国有企业垄断而不作为。凡此种种，都在情理之中，我也全力支持。但是，《纽约时报》也指出了另一个事实：在现有的体制中，国有企业垄断燃油，但在定价上并无自主权，提高油质等于提高成本、提高油价，没有人敢激起民愤，国有企业也很难从政府那里获得涨价的授权。

不错，国有企业确实缺乏效率，应该改革。但是，改革总是要有过程，而如今的雾霾则是迫在眉睫的危机，谁也不能等到改革大功告成后再开始呼吸。如果油价提高到欧洲的水准，即翻一倍还多，同时政府严格执行燃油标准，使油质达到欧洲的水平，那么国有企业赚头更大，恐怕会乐颠颠地执行。这当然没有解决制度的不合理问题，但也是目前情况下最为迅速地扭转空气污染问题的措施之一。毕竟汽车是 PM2.5 排放的主力，况且油价高会逼着许多人放弃开车。至于制度性的改革，可以同时进行，只是很难这么立竿见影而已。但是，我们能想象公众会接受这样的安排吗？可见，公众那种吃免费午餐的心理也很严重。欧洲、日本的油价高，一是人家不愿意像美国那样补贴耗费能源、补贴污染，一是人家的油质高、成本也高，欧洲人不愿意在这个问题上吃免费午餐。

面对雾霾危机，你可以抱怨政府不作为，可以抨击国有企业垄断，可以反省发展模式的缺失。我从来没有否认这些是很大的问题，我只是提醒大家别忘了扪心自问：你自己的行为和态度，并非全无后果，谁也没有逃避责任的自由。

油价的北欧模式

中国的舆论，包括许多公共知识分子，都有意无意地回避讨论欧洲的油价问题。大家多少被自己的既得利益所操纵，怕一谈那里的高油价，就威胁到自己享受的低油价。其实，如果我们把眼光转向欧洲，特别是北欧，一切就豁然开朗。人家在解决能源、环境问题上，都为我们提供了典范。

在西方发达国家，能源和环境是紧密相连的问题。环境问题的根本性好转，还是在70年代石油危机之后。不过，各国的路径各有不同，其中北欧开出了最优的模式。

我们不妨看一下丹麦。1973年中东赎罪日战争，导致阿拉伯国家对西方的石油禁运。当时丹麦99%的石油依靠进口，可想而知，这致命一击使丹麦立即陷入危机和恐慌状态。和其他西方国家一样，丹麦痛定思痛，决定寻求能源独立的道路。这看上去是个脱离国情的选择：一个99%的石油需要进口的国家，怎么可能能源独立呢？但看看今天的丹麦，在过去的30年，丹麦展开了大规模的现代化建设，人口增加了7%，但不仅完全能源独立，而且变成了能源出口国。

丹麦的成就，核心一点就是敢于忍受大手术的痛苦，在石油危机后当机立断，采取了如下有力措施：

针对所有的建筑执行严格的能耗标准，任何建筑的隔热性能，都必须经过批准认证。

对燃油和汽车加大征税，如今，在丹麦买辆新车的税率高达105%。

投资聪明的"区域供暖体系"，把各种发电设施所产生的过剩能源收集，通过电网送给居民供暖，如今60%以上的丹麦民居供暖是通过收集过去被浪费的能源而维持的。

大力投资风力发电，如今丹麦21%的能源来自风力发电。与此同时，丹麦成为风力发电的重要出口国，这一产业创造了两万个工作岗位。这对于一个550万人的小国来说，是非常举足轻重的贡献。如今丹麦的目标是，到2025年，75%的能源消耗来自风力电厂。

通过回扣制度，鼓励居民更新节能电器。在丹麦购买的家用电器，95%的能耗效率达到了A的标准。

2005年，丹麦政府拿出10亿美元，用于太阳能、潮汐发电等再生能源的开发。

同时，丹麦也投入了对北海石油的开发，虽然这一努力遭到了环境组织的强烈反对。

这一切，当然都不是免费午餐，丹麦人必须自己支付高额的税金来保证这样的能源体系。但是，丹麦人一次又一次地投票支持绿色能源，明确地告诉政治家：我们愿意埋单！

丹麦做的，还远远不止这些。如今，哥本哈根骄傲地变成了世界的自行车之都，并修建了世界第一条自行车高速公路。市内的停车位越来越少，停车费越来越高。也怪不得，在这个北国的寒冷城市，市民们会冒着鹅毛大雪骑车通勤，市政服务也是首先保证给自行车道清雪……

不仅丹麦如此，北欧诸国都采取了强有力的能源措施。当美国的油价每加仑还没有超过4美元时，在挪威这一北欧最大石油出口国，每加仑的油价就在10美元以上。北欧国家在电动车上领先于世，挪威、丹麦、瑞典、冰岛等国，还计划在2014—2017年间建设氢气燃料汽车的基础设施，即类似加油站那样的更换动力瓶的网络，和德国的系统连为一体。

在石油危机后，北欧和美国走上了非常不同的道路。美国经受石油危机打击后也推行了一系列新能源和环保政策，但是，当危机过去、中东的廉价石油滚滚而来之时，美国的这些政策随即瓦解，社会又回到能源密集型的道路上来。也正是由于没有高油价作为保障，再生能源很难发展，多年投资开发的再生能源技术，可以因国际油价的下跌而在一夜之间丧失了竞争力。北欧各国，则通过政府的高税收维持着高油价，哪怕是挪威这样的产油国，石油利润被政府拿去投入免费高等教育等福利，国民还是要为消费燃油支付高昂的代价。这样，发展再生能源的企业，就有了稳定的赢利预期和经营环境。30多年的发展证明，高企的油价，并没有伤害这些国家的竞争力。相反，再生能源成为这些国家的经济动力，也为这些国家创造了优美干净的生存环境。

中国需要绿色基础设施

改革开放 30 多年来，中国基础设施的建设举世瞩目，其惊人的速度和规模，不仅成为中国经济起飞的基础，也带动着整个世界经济，连国际市场上的原材料价格，都要看中国基础设施的行情而浮动。乃至美国财经电视台的主持人开玩笑说：照着中国这个势头，人家早晚会把桥从太平洋彼岸修到加州来。

然而，与此形成鲜明对照的，是中国绿色基础设施建设的缺乏，这从 2012 年十一长假景点人满为患的危机中看得清清楚楚。我在微博上把中美景点的照片对比并指出：把中国的一切问题都归结为人口多是说不过去的。中国和美国国土相当，人口也不过是美国的 4 倍，但照片上一看，中国景点里的人口密度是人家的几百倍。结果，每次长假，几乎都演成一场社会危机。

这种长假危机的原因有多种，但是，绿色基础设施落后，缺乏足够的自然环境供人们休假时享受，则是最重要的原因之一。以国家公园为例，这在中国大概相当于"国家级风景名胜区"。其实这些名胜区多是在人口拥挤的地区，规模相当小，容不下太多人。再看发达国家，国家公园主要是自然保护区，强调的是未开发状态中生态的完整性，里面很少有人工建筑。美国的国家公园，占国土面积的 2.18%，加拿大 3.78%，英国则为 8.2%，德国 2.7%，法国高达 9.5%，意大利 5%，荷兰 3%，日本 5.4%，韩国 3.7%，台湾地区 8.6%，澳大利亚 4.36%……这些国家中，有些当然是地广人稀，自然条件得天独厚，但有些则比中国人口密得多。中国的数据找不到，但大家凭借常识可以推论。如果中国有 2% 的国土（即 20 万平方公里左右）为国家公园，供人们休假时享受自然，景点就绝不会人这么多。

其实，国家公园还仅仅是一端。以我长期居住的美国为例，美国的58个国家公园，面积21万平方公里，仅占国土的2.1%，在发达国家中似乎并不突出。但是，美国是个注重州权的国家，每个州都是个独立王国，联邦政府很难插手。以我所居住的马萨诸塞为例，这个在美国面积第七小、人口第三稠密的州，就有143个州立公园，占全州领土的10%。另外，还有2000多平方公里的州立森林和各种野生保护区。在州以下，各市镇村等等，也都有自己的自然保护区和公园。我家居住的小街仅7户人家，但有一大片镇里的自然保护区。另外，国家一级的自然景观小径就有将近3万公里，专供人们步行跋涉之用。各州还有各州的自然景观小径，另外还有国家和州一级的森林和野生保留地等等，名堂实在不计其数。

让我们还是回到国家公园上来。根据国际标准，国家公园必须满足如下条件：一、其生态系统没有被人类开发和占据。二、有高度有效的权威机构保护这些生态环境不受任何人类开发的侵占。三、在高度控制的条件下，游客可以进入国家公园进行教育、文化和娱乐等活动。到1971年，有关条例更为严格，国家公园必须在10平方公里以上，必须有法律条款的保护，必须有固定预算和管理人员，必须严禁任何开发，包括修建水坝。一句话，国家公园就是通过公共权力圈地，严禁各种开发，在维持自然的原始状态的条件下，给公民提供适当的休闲游乐场所。以这个标准衡量，大概中国的大部分"国家级风景名胜区"都不够格。

也许有人说，中国是发展中国家，依然要优先考虑发展，无法把大量土地圈起来不让发展。其实，看看发达国家自然保护的历史就知道，环境运动特别是国家公园的创立，都是从19世纪开始。恰恰是在19世纪末20世纪初工业化加速时，环保运动蓬勃壮大。美国的西奥多·罗斯福总统，正是看到现代化对自然前所未有的破坏力量，才大力推动环保。即使如此，现在发达国家回顾自己这段历史时，每每要痛心疾首，觉得当初的发展太不受限制，对环境的侵害太大。如果中国连这些控制都没有，后果如何得了？

国家公园和自然保护区等体系，是对发展的一个必要的平衡，是一个社会必要的绿色基础设施。比起 19 世纪末 20 世纪初的美国来，中国没有理由说自己还不到考虑环境的时候。看看长假危机就知道，人和自然，都在被发展所煎熬。

年轻人，轮到你们住大房了吗

我因为号召中国发展高密度城市、小户型住房、使用公交，最近在微博上遭到一些80后90后的围攻。大家众口一词地质问："教授，凭什么你在美国住大房，却要我们住小房？"

也许是去国太久，不习惯和现在的年轻一代进行如此荒唐的对话。最可悲的是，这些年轻人竟没有意识到自己的荒唐。我忍不住回嘴说："到什么地方说什么话。中国土地资源紧缺，中国不是加拿大。一般人在中国就要住小房。你不喜欢，就去加拿大。其实，你即使不去，想住大房就去市场上买。没有人拦着你。但记住：没人欠你这些。"

其实，更不中听的话我还没有说："为什么我可以住大房，你只能住小房？因为我在美国当教授。你小年轻什么还没干。凭什么轮到你住大房？"

有些网友大概听出我的话外之音，留言说："你也许很辉煌，但不是谁都有你这样的能力。但难道他们不应该活得有尊严吗？"

我只好告诉他：我无论在国内在国外，都并不辉煌。至少在物质上是如此。追求物质也不是我的生活目的。不过，中国就这么点土地资源，有这么多人。如果能力一般的人也都非要住大房才有尊严，哪里去找那么多土地？

在这年月，用"没大没小"来教训下一代似乎不合时宜了。但是，我在美国日本都生活过相当的时间，比较一下，很难想象这些发达国家的年轻人会以如此的口气和长辈说话。特别是美国，非常讲究平等，不管是代际之间还是上下级之间。年轻人和上年纪的人辩论，年龄不是个需要顾及的因素。但是，很少有二十岁上下的年轻人觉得自己配享受五十岁的人所享受的东西。毕竟人家干了半辈子，你还几乎什么都没干。怎么能看见别人住大房就觉得自己也得住？这种想法是哪里来的？

我们夫妻，从中国到美国都是一路名校上过来，从北大复旦一直到耶鲁。这是大部分人没有的幸运，也是自己奋斗的结果。在许多人眼里，这也算挺"成功"了。但即使如此，我在 48 岁以前没有拥有过住房，也没有住过大房。事实上，在我 43 岁以前（即女儿 5 岁以前），都属于蜗居一族。读书的最后几年，一家三口挤在纽黑文的小阁楼里。夏天的酷热，使放在壁橱中的蜡烛都化了。现在想想还如同是昨天的事。我们没有觉得自己就怎么没有了尊严。我想不明白，我们四十岁时在美国过这样的日子不觉得委屈，怎么现在的年轻人就受不了呢？

记得读博士时生活最宽裕的一段时间，是我们夫妇携着刚出生的女儿在日本研修。那是 1999—2000 年间的事情。如同许多中国的留日学生一样，到了日本才知道日本人住得居然是那么挤。我们当时住了一套大概 50 平方米的公寓。日本客人来了都非常惊讶："怎么能住这么大的房子？"其实，我们住的那栋楼，等于一栋"美国学生宿舍"。是美国各大学联合开办的"日本研究中心"的进修生们的宿舍。房子大的理由之一，是地段很差，就在无家可归者救济中心隔壁。乃至一天半夜一点钟，有位醉醺醺的无家可归者来敲我家的门。到一般日本人家里访问就能看到，他们住的往往比中国的许多中产阶层家庭要拥挤得多。而当今日本的人均 GDP 超过 4.5 万美元。中国还不到 5500 美元。

再看看波士顿，属于美国最为先进的高科技城市之一，中等住户（包括单身）的年收入超过 5.5 万美元，人口才 60 万，密度比起中国大城市来小得多，土地资源多得多。但是，最近波士顿在兴建 30 平方米的小户型。这还是针对年轻的专业阶层的。其目的，就是把租金控制在每月 1200—1600 美元，让年轻人有立足之地。设计者称，这些刚起步的专业阶层，经济能力有限，同时精力旺盛，一天到晚在外面创业、社交，回家不过是睡一觉而已。他们需要的不是昂贵的大房子，而是降低奋斗的成本。事实上，年轻人们也特别欢迎这样的安排。如果有位刚从常青藤毕业的后生对着我这年过半百的教授说："凭什么你住 250 多平方米，我们就 30 平方米。我的尊严在哪里？"在美国社会，大家恐怕觉得这样的人有点神经病。

不管一个社会多么富裕，从底层奋斗，从一无所有奋斗还是"王道"。失去了这种精神，社会就失去了进步的动力。这倒让我想起美国一位专栏作家说的一句话："所有的中年成功者，如果可能的话，都愿意以自己所有的成就和金钱去换回当年那穷困潦倒的蜗居生活。"清贫的年轻时代，是人生的幸福和美感所在。你失去了对这种东西的感受能力，你就失去了生活。

当然，我不希望用一个 80 后、90 后的概念打倒一代人。事实上，在微博上也有不少年轻一代支持我。恰恰是他们最不在乎 80 后、90 后这种笼而统之的提法，不会动不动就对号入座。恰恰是他们告诉我：同龄人中确实有太多理所应得的一代，觉得什么都是应该父辈给他们。在我看来，国内当长辈的太过惧怕年轻人。他们应该大胆地对后生训诫：孩子，还没轮到你。要什么，自己去挣！

对煤炭宣战

6月25日，奥巴马提出了新的"气候行动计划"，誓言要控制地球的温室效应。这一计划，很快被其政敌归纳为"对煤炭宣战"。

自《京都议定书》以来，民主党人提出了各种环保计划，可惜一直是雷声大雨点小。其中的原因，是本世纪以来保守派在政治上略占优势，共和党在大部分时间控制了国会。奥巴马夺回白宫后，左派对他抱以莫大之期望，可惜，众议院一直在共和党手上，一些基本的环保政策，没有议会的配合根本不可能出台。

这次奥巴马的"气候行动计划"，则略有些不同。其计划的核心，是责成环保署严格对发电厂的排碳规约，新的排碳标准将在2015年实施。奥巴马政府称，地球温室效应，有65%是来自能源使用时的排放，其中这种排放的40%来自煤炭，另外大致相同的比例来自燃油。煤炭是最脏、最便宜的主要能源，美国是主要原煤生产国，自给有余，发电厂大量使用煤炭，污染十分严重。新的标准一旦实行，电力公司使用煤炭制造的排放过大，不得不缴罚金，发电厂很难继续把煤炭作为主要能源。奥巴马在2008年大选时力主"管制与交易"的政策，即制定能源排放的最高限额，那些超出这种排放标准的企业，仍然可以经营，但必须在市场上购买超额的排放指标。也就是说，污染有价，制造污染的人要为所造成的后果埋单。为此他曾公开地说：发电厂可以继续使用煤炭，只是烧煤的电厂要为自己所产生的排放付款，所以烧煤恐怕要破产。奥巴马的环境顾问Daniel Schrag这次也坦承：总统不愿意用"对煤炭宣战"的字眼。但是，"对煤炭宣战"也恰恰是必须的。于是，"对煤炭宣战"就成了保守派给奥巴马的"气候行动计划"起的绰号。

奥巴马"对煤炭宣战",与以往民主党雷声大雨点小的种种环保政策的一个最大不同,就在于这次可能成为又打雷又下雨的现实。奥巴马不是去国会通过"管制与交易"或"排放税"的立法,而是责成手下的环保署制定新的排放法规,这就完全绕开了国会。同时,奥巴马已经连任,不再惧怕下一次选举,不怕选民造反。这一政策,和其已经推行的燃油效率标准(即汽车每加仑燃油行驶里程在 2025 年达到 54.5 英里)一起,将可能成为他的重要政治遗产。

保守派立即大肆反击。其思想库传统基金会发表分析,称这一标准一旦实施,到 2030 年为止,美国将丢失 50 万个工作岗位,四口之家的收入将每年下降平均 1000 美元,GDP 将减少 1.47 万亿美元,电费将上涨 20%,矿工的工作将减少 43%,天然气价格将升高 42%,等等。甚至有人说,很多美国家庭将丧失电力供应。这仿佛是一个末日景观,美国由此彻底丧失了竞争力。

然而,我们转念一想,马上有了疑问。在主要传统能源中,煤炭属于最便宜、最脏的。图便宜往往是发展中国家的做法,发达国家不应该靠省这点钱而不惜把环境搞糟来强化自己的竞争力。看看 2012—2013 年度世界竞争力的排名,排在首位的瑞士,其能源中煤炭比例仅占 0.02%(1992 年的数据),微不足道。第二名新加坡的数据缺失。排名第三的芬兰为 27.46%(2004),第四名瑞典为 1.65%(2004),第五名荷兰为 26.04%(2004),德国竞争力第六,为 50.51%(2004),美国排在第七,50.4%(2004)。不过,根据 IEA(国际能源署)的数据,到 2012 年,德国电力中使用煤炭的比重为 41%,美国则为 45%。美国使用煤炭的比例,超过了欧洲头号制造业大国,甚至超过了世界的平均数:41%。再看这些国家再生能源在能源供应中的比例,瑞士为 58.52%,芬兰 31.56%,瑞典 60.42%,荷兰 8.94%,德国 22.9%,美国仅为 10.05%。

煤炭是最廉价的传统能源,再生能源则仍然比最贵的传统能源还贵,被许多人斥为不具市场竞争力。何以这些使用着比美国贵得多的能源的国家,居然还更有竞争力?美国的原煤储量世界第一,产量世界第二,这是天然的资源优势。但如果美国离开这种廉价的能源就无法与其他发达国家竞争，那么其制度竞争力岂不是个第三世界的水平？

　　其实，奥巴马的计划中一个底牌，是鼓励电力公司使用天然气。天然气的价格和排放都低于燃油，是传统能源中最洁净的。美国又有着丰富的天然气储量，自给有余。但是，天然气的输送等基础设施严重滞后，一度导致出口的天然气运不出去，天然气公司面临被迫减产的局面。电力公司向天然气转换缓慢的原因，一是有煤炭这种廉价的、污染不埋单的能源，一是不愿意为改用天然气而支付更新基础设施的投资。奥巴马的这一政策，则是逼着电力公司废弃燃煤设备，置办天然气设施。当然，这样的结果，是天然气涨价。问题是，美国是天然气出口国，自己的出口产品价格上涨，怎么会伤害其竞争力？

　　保守派的问题在于，他们一天到晚宣扬市场的竞争力。但是，在能源问题上，他们似乎是在说：市场机制原来很脆弱，要靠制造很多污染才能生存。制造污染以及种种环境和健康祸患者不为自己的行为埋单，这又是哪门子市场？

堵住进口的"工业地沟油"

中国大城市的空气污染，已经成为对居民最大的健康威胁之一。随着 PM2.5 知识的普及，人们对这一问题的警觉日高。众所周知，空气污染的两个最大源头，一是数量日益增长的汽车和劣质燃油所产生的尾气，一是工业燃料大量使用煤炭所制造的排放。煤炭比起燃油和天然气来，创造的污染要大得多。怎样在工业燃料中减少煤炭的运用，已经成为一个紧迫的问题。

不过，人们往往不知道：还有比煤炭更脏的燃料，那就是石油焦炭。这是劣质燃煤的替代物，中国是石油焦炭的主要进口国。这样的进口不尽快堵住，很难想象空气质量能够改进。

2013 年 5 月 18 日，《纽约时报》头版发表一篇长篇报道，讲的是加拿大阿尔伯塔（Alberta）地区的油页岩开发热的副产品：石油焦炭。加拿大如今是世界上主要石油出口国之一，成为美国最为安全的境外能源供应地。不过，加拿大所产的 56% 的石油，都来自阿尔伯塔北部的油页岩。这种石油资源的开采，需要把浸透在油页岩中的石油和岩石分离、提炼，在此过程中产生了大量的焦炭。这种焦炭，如今已经堆积了将近8000 万吨。

这样的焦炭可以作为一种燃料，可惜，由于其中含硫含碳成分太高，燃烧会产生严重的污染。一家和石油相关的国际环保组织的专家 Lorne Stockman 最近发表了关于石油焦炭的研究，称之为地球上最脏的原油所产生的最脏的废料。加拿大一度考虑用这种焦炭做燃料，但由于污染问题无法解决而作罢。于是，这些焦炭变成了工业废料，储存的费用非常昂贵，占地甚大，对于地广人稀的加拿大都成了负担。

然而，一个人的垃圾成了另一个人的财富。一些第三世界国家寻求廉价能源，愿意进口这些焦炭，中国是主要的进口大户。就这样，大量焦炭被运往中国，使中国的空气越来越黑。

　　目前，我们无从知道这种焦炭进口的具体数量。《纽约时报》的报道，也主要是针对美国的问题。大家知道，底特律随着汽车业的衰落一蹶不振，成为美国萎缩最快的大城市，本世纪头十年人口就减少了四分之一，大量房屋和街区被废弃，形同鬼城。很多商家趁此机会进入这座弃城"兜底"，其中一家就是 Koch Carbon。这家公司，从加拿大运来焦炭，然后堆积在沿底特律河一侧的空地，形成一座三层楼高的黑山，引起当地居民的严重关注。加拿大的议员和底特律的政治家都要求调查这些焦炭所引起的环境危害，美国的环保署也不再颁发燃烧石油焦炭的执照，结果，这些没有地方去的焦炭，最终流入国际市场，被出口到中国、印度和若干拉美国家。

　　阿尔伯塔的油页岩废料，恐怕仅仅是冰山上的一角。众所周知，美国正在走向能源独立，并将成为油气资源的净出口国。这一世界能源市场的大逆转，主要取决于水力压裂技术的运用，使蕴藏在油页岩中的各种油气资源得以开发。北美又是这种油气资源储量最大的地区之一，所以，制造大量废弃焦炭的油页岩提炼，不可能仅仅限于加拿大的阿尔伯塔，而是会越来越多。同时，中国也在水力压裂技术的开发上迅速跟进，以利用自己的油页岩资源，将同样面临着废弃焦炭的处理问题。问题的复杂之处在于，这种焦炭不管会产生多少环境危害，烧还是能烧的，可以作为最廉价的能源替代物，其实是一种工业地沟油。欧美等发达国家环保规章严格，政府执法有效率，大大限制了这种焦炭的使用。中国则缺乏类似的法律规约，中国公众甚至对这种焦炭的大量进口根本不知情。利润的诱惑恐怕会使这样肮脏的能源享有巨大市场。因此，笔者呼吁对于油页岩焦炭废料的进口进行紧急调查，掌握详细的数据，并立即制定有关法规。在目前的情况下，对于这种油页岩废料的进口下禁令，也许是最为有效的办法。

城市发展中的机场污染

2014年6月，波士顿和北京之间的直飞航班正式开通。这让波士顿地区的中国居民欣喜不已，也凸显了机场对一个城市的国际地位的重要作用。

这个消息也许让人有些意外：波士顿居然没有和北京的直飞？其实，波士顿名气虽大，实际上规模甚小，城市本身仅63万多的人口，大波士顿都市圈也就400多万人口，和纽约等大城市不可同日而语。不过，波士顿经济、文化发达，特别是名校众多，有着哈佛、MIT等一流大学，吸引着世界各地的学子。2012年夏天我乘机从北京返回波士顿时，整个飞机基本都被中国留学生占据，而大家都不得不在芝加哥转机，相当不便。两年前，波士顿和东京开通直飞，今年和北京开通，当地舆论欣喜不已：波士顿不愧为国际名城，在全球化中的战略地位大大加强。现在波士顿正着手要申办奥运会呢。

毫无疑问，波士顿的机场在未来几年会越来越繁忙。但是，2014年5月，《波士顿环球报》头版位置刊登一项报道，为城市敲响了警钟：机场污染严重，已经影响到周边居民的健康。这其实不仅仅是波士顿的问题。在全世界都市化中，机场污染都是对都市环境的巨大挑战。

首先我们要看到，波士顿的空气质量已经非常值得羡慕。特别是最近十几年的一系列减排措施，使空气中的PM2.5含量稳定降低，到2010年的年均水平仅为9.45（和中国大都市人口相当的纽约，也在15以下）。这和中国大都市长期维持在100以上，甚至动辄超过300或冲破500而"爆表"的现实形成了鲜明的对比。波士顿的机场，即Logan国际机场，服务于大波士顿地区的400万人口，坐落在城市最东端的海湾，一部分探入海里。这在一个刮西风的地区，实在是再好不过的位置，大部分排放会随着西风被吹到海中。

然而，《波士顿环球报》的报道，是根据由麻省议会14年前委托的一项调查。其结果显示，在机场周边广大地区居住三年以上的居民，得呼吸道疾病的可能性比住在其他空气好的地区的居民要多一倍。

2013年，波士顿Logan国际机场飞机起落共36.1万架次，和2005年的水平相当，但比起1998年50多万架次已经少了不少。这主要是航空管理部门通过优化组织，尽可能让飞机满客而减少架次的结果。另外，还通过增加飞机的燃油效率减少了排放。往返于机场的大巴，要么是电油混合型，要么使用洁净的天然气，甚至出租也都采取了减排措施。尽管如此，机场周边空气质量问题仍然是显而易见的。甚至波士顿市区和近郊，也受到一些影响。

可见，波士顿有着如此优厚的地理条件，人口负载量不大，而且采取了严格的、卓有成效的措施控制空气质量（包括最近在露天公共场合禁烟），机场污染仍然带来了如此严重的问题。中国大中城市的状况，更是可想而知了。

发达国家中像北京、上海这样规模的大城市，经常有几个机场。纽约就是个著名的例证。北京兴建新机场，恐怕也是城市发展的必须。不过，我们同时也应该看到机场对城市生态带来的负面作用。特别是中美情况有着相当大的不同。美国轮轨交通相当落后，严重依赖航空和高速公路。中国人口密集，适合发展轮轨，而且高铁已经有相当的规模。机场的发展要格外慎重。飞机旅行，每个乘客一加仑燃油可以行进49英里，比开车省（39—47英里），但列车则可高达400英里以上，甚至有比汽车燃油效率高20倍之说。可见，建设可持续性发展的城市体系，轮轨仍然是最为有效的交通手段。

富士康后的城市

3年多以前，富士康职工的14连跳，举国震惊。富士康非人性的管理，立即成为媒体的焦点。事后富士康从深圳撤离，进军河南，郑州成了一大中心。但在2013年五一节前，郑州的富士康职工4日2连跳，富士康再次浮现在公众的视野中。

富士康的非人性管理，我在《薛涌看中国》中有着比较系统的批判，在此不必多言。此次职工连续自杀，人们自然地指向其"静音模式"：每天工作十多个小时，不加班月收入到不了两千，十多个小时连续工作一句话不能说，心里郁闷难耐……人完全被当作机器来对待。

为富士康辩护的，也一直大有人在。比如说富士康规模大，员工多，人均自杀率算并不高，更何况其管理比起其他血汗工厂好得多，提供了宝贵的就业机会，等等。河南省则把3年前富士康的危机看作招商引资的良机，以优惠的待遇让富士康在郑州安营扎寨，给出10平方公里的超大地盘，并且全省动员为富士康招工，将之作为政治任务分派完成。甚至2013年1月17日郑州富士康两班车相撞，造成7人死亡、20余人受伤的重特大交通事故，有关部门也不敢轻易提及。

富士康对一个城市如此重要，几乎到了反客为主的地步，政府俨然变成了企业的保姆。这将对城市的发展带来什么后果？这一问题，往往在我们的公共讨论中被忽略。

哈佛大学经济学家Edward Glaeser的新著《城市的胜利》不久前正好出版了中译本，我为之作序。此书为我们思考这一问题提供了一个参照，Edward Glaeser主张高密集型的都市化，并用副标题高呼：城市令我们"更富裕、更聪明、更绿色、更健康、更幸福"！但是，如果我们看看富士康式的城市生活的话，则一切都正好相反。

Edward Glaeser 所谓"城市的胜利"，说的是迄今人类历史证明，城市是人类最有效率的居住形态。但是，并非每一个城市都是赢家。城市有不同的发展模式。有的胜利了，如纽约、波士顿；有的则失败了，如底特律。成败的关键，在于城市的发展是否符合其"胜利"的内在逻辑。

城市"胜利"的逻辑在哪里？读读中国方志上对明清江南市镇之繁荣的描述就能抓到几个关键词：三教九流、五方杂处。城市胜利在其多元性和密集性。多元性使各种思想有了交流的机会，彼此碰撞出创意，密集性则是这种交流和碰撞的强度大为提高。Edward Glaeser 还特别写了一章，强调贫民窟对城市发展的意义。贫富混杂，本来就是多元化的一部分。我也曾经指出，大家都崇拜成功的乔布斯，但乔布斯一生最有创意的时期，大概还是他如无家可归者一般靠捡易拉罐换钱充饥的岁月。没有这样的"叫花子"，怎么会有日后的苹果？城市不给这样的人提供立足之地，哪里来的创意？

20 世纪工业化进程，刺激了城市的扩张，也给城市设下了陷阱，底特律就是一例。本来，底特律得江湖运河体系之利，成为大湖区的经济枢纽，连接着中西部和东部港口城市，成为五方杂处之地。福特之所以在这里创造了汽车，就在于此地之多元的工业结构。底特律因水利交通之便，成为河运造船中心。

工业引擎也正是在船只中最早被广泛运用。同时，中西部粮食等物资运往河岸港口，需要大量马车，刺激了马车制造业的繁荣。福特把船上的引擎和马车合体，就创造了汽车，这在单一发展的城市中是很难实现的。事实上，当年在底特律叱咤风云的并非福特一人，而是有一大批工业家和发明家，真可谓一方水土养一方人也。

汽车业的成长，使底特律大为繁荣，但也在不知不觉中为城市设下了陷阱。汽车业的竞争优势在于流水线的生产组织和规模经营，随便一个汽车制造厂就是个巨无霸，占地广阔，雇员众多。底特律成为汽车制造业的汇聚地后，就使这单一产业坐大，把其他产业挤走，渐渐丧失了城市的多元性。到 50 年代时，底特律人口达到 200 万，创造了顶峰式的繁荣。此时，做梦也没有人敢挑战美国的汽车业；底特律的衰落，更属杞人忧天。

但是，80年代后美国汽车业就受到来自日本、韩国等新兴力量的强烈挑战，很快就每况愈下，到本次经济危机时到了死亡关头，靠着政府救市勉强存活。底特律也如同奄奄一息靠输液维生的重病人，本世纪头十年，底特律的人口减少了四分之一，如果从50年代计算则失去了100多万，如今只剩下71万，大量房子被废弃，形同鬼城。究其原因，还在于城市靠一个大产业吃老本。一旦这个产业衰落，就没有任何其他资源维持。更重要的是，过度依赖单一产业，丧失了多元性，削弱了城市的创意，城市已经不会干别的事情。其实不仅仅是一个底特律，美国所谓的"铁锈地带"，就是指一大片类似的没落工业城市。

所以，人们在探讨底特律等"铁锈地带"城市的复兴之路时，往往首先设计如何重建城市的多元性。如今尚在谷底的底特律如果说还有一线希望的话，就是各种各样"杂七杂八"的人和企业前来"兜底"、买房创业。虽然美国的汽车业正在反弹，但底特律再不敢把所有鸡蛋都放在这一个篮子里面了。

底特律这面镜子，对中国当前的城市化具有非常重要的参考价值。北京、上海、广州等大城市，有着巨大的规模，很难让一个产业所主宰；而且有多元的经济资源和文化传统，容易保持发展中的庞杂性。但是，很多二三线城市，则过度专业化，特别是富士康这样的企业，动辄占地十平方公里，职工几十万，俨然是城中之城，大大削弱了城市的多元性。而许多地方政府，则视这样的大企业为财神，甘心为之当保姆，服务无所不至，不惜牺牲其他方面的利益，人为地培养单一的城市发展。如果说50年代底特律顶峰时代还没有人能够预见三大汽车的危机的话，富士康的运势则可能已经指日可待了。苹果最近推出在美国本土投资500亿美元建厂的计划，减少对外包代工的依赖；富士康也感觉中国不是久留之地，正在制定退出计划。我们的城市今天对富士康如此殷勤周到，富士康走了以后，城市还能靠什么呢？

一个能维持城市长期繁荣的政府，其首务不是招商引资，更不是把某个大企业吸引到本地来，而是为各色人才和企业创造一个多元的生长环境，特别是营造城市的生活和文化格调，使城市变成一个来了就离不开而不是进去就想自杀的地方，这才是城市胜利的"王道"。

养老：后发城市的发展战略

在中国30多年的经济起飞中，沿海大中城市始终扮演着领军的角色。这些城市的成就有目共睹，但也造成了城市发展的不平衡。落后的城市一旦落后，就很难翻身。

然而，中国正在进入急剧的老龄化社会，养老经济，将成为未来发展的重头戏。如今五六十岁这代人，是在过去30多年的强劲增长中崛起的。其中的成功阶层，至今在社会各界仍然占据领导地位，在经济上相当有实力。只要看看现在的留学潮就知道：4年费用动辄百万以上，没有五六十岁的这代人埋单是不可能的。而这代人，大多遵循了独生子女政策，晚年子女不在身边的情况将非常普遍。他们手中掌握着巨大的经济资源，又需要照顾，这就生成了一个巨大的养老市场。

养老经济属于服务业，是后工业社会的经济形态。当今率先进入老龄化的国家，大多是发达的后工业社会，如日本、欧洲、美国等，其养老业也已经非常成熟。而中国过去30年的经济起飞，主要还是靠着制造业，进而领军的城市也都走着工业化发展的模式。在后工业的发展中，这些城市未必永远能保持其优势，而一些在工业化进程中落伍的城市，倒可能有些便利条件。

举例而言，养老最为重要的因素之一，就是环境。目前沿海大中城市面临着工业化过程中严峻的生态和环境危机，人口密度高，生活节奏紧张，竞争激烈，房价高企，并不适合老人生活。相反，一些后发地区，尚有若干世外桃源，生态环境受工业化的侵害相对较小，房价也比较低，对于与世无争的老人比较合适。问题是，生态环境的相对完好并不等于落后，老人需要一系列的现代服务设施支持才能安度晚年，这也是这些后发城市的潜力所在。

首先，老人需要发达的医疗和护理服务。养老城市，借助老人的健康需求，有机会发展成医疗护理中心，这包括医院、医学院（含护校）、医药研究机构等。另外，老人院的普及，也是大势所趋，相关的管理和护理技术，还大有发展的余地。养生健身业、食品业以及适合老人的文化产业（如老年人大学）等，也都很容易在养老城市推展。养老城市看似与世无争，实际上包含着许多尖端产业，这意味着养老城市并非仅仅是老人的城市。养老的需求，最终还是要年轻一代所提供的服务来满足。养老城市，为年轻人的发展提供了良好的机会。

在美国等发达国家，许多城市早就以养老作为长期发展战略，每年媒体上都会评出"最佳退休市镇"。比如佛罗里达的海滨，往往成为退休人员安度晚年的天堂。最近几年潮流稍变，老年人喜欢往城市涌，特别是年轻人多的大学城，这显示了老年人健康水平提高后强烈的文化需求。不过，直到最近，我们查看一下"最佳退休市镇"就知道，排名榜上基本都是名不见经传的小城，而且房价是排名的主要因素。老人挤在高房价的大都市，不仅增加了自己的养老成本，也抬高了那里的房价，使年轻人难以立足。老人安居于房价低廉的小城，无疑形成了比较有效率的经济地理。

不过，养老城市，不可能像许多制造业城市那样，靠几家大企业的迁入而突然崛起，养老城市需要长远的发展战略。比如，环境生态需要长年的维护，不能盲目追求 GDP，经常要拒绝一些工业化设施，以求日后达到更高的、可持续的发展，有所不为才能有所为。当然，宏观的政策措施（如户籍制度的灵活性），也对养老城市的发展至关重要。总之，在迈向老龄化社会的历史关口，中国的城市，要寻求新的发展途径。

中国城市的占海特问题

15岁的非沪籍女孩儿占海特为了争取与沪籍孩子平等的教育权利，公开与沪籍人士"约辩"，场面火爆，其父占全喜则是在上海人民广场与其他四五个非沪家庭进行"亲子活动"时被警方拘留的。这一系列事件，把这位15岁的少女推上了公众关注的焦点上。

这一事件的是非也许相当复杂。比如，有人提出占海特父母偷税漏税，有人称占海特的背后有推手，更有人根据现场的火爆场景，称占家有攻击性行为，可惜，至今有关部门没有公布占家的税务问题。从我看到的现场视频，双方似乎都有些推搡行为，但很难看出哪一方更有侵略性。不过，纠结于这些显然是跑题了。第一，占海特还是个未成年人，即使父母偷税漏税，她也无法为之负责，社会也无任何理由要求她为之负责。第二，15岁的孩子，当然会受家庭的影响，难道这有什么不正当吗？其实，现在城里的孩子到18岁时办理出国留学，也往往是父母代劳。至少占海特是要亲自出场辩论的，她究竟懂多少、在多大程度上受大人的影响，最好的检测方式还是亲自和她辩论。回避和她辩论，制造出税务、推手等噪音，只能掩盖占海特所提出的真正问题。

占海特提出的问题是什么？自改革开放以来，大量民工涌入城市，这些人一度被称为"盲流"、"超生游击队"，被视为社会问题。然而，现在我们已经有足够的"后知之明"认识到：中国过去30多年经济奇迹的一个最大的"比较优势"，就是充裕、廉价的劳动力。"中国制造"之所以能打遍天下，主要在于大量民工的参与降低了劳动力成本。这种低劳动力成本，当然和中国的发展水平低直接相关。但另一重要原因是，在计划经济时代，基于牺牲农村、力保城市战略，建立了严格的户籍制度，人为地创造了城里人和乡下人这两个阶层，使乡下人在市场上缺乏基本的讨价还价筹码。没有户籍，不仅使民工在薪酬等方面期待偏低，捡起了城里人不愿干的活儿，而且也使雇主有了压低他们报酬的本钱。

如今，这些民工的孩子长大了。他们要么在大城市出生，要么自幼随父母进城。因为从小在大城市中长大、求学，他们的主观期求和同龄的城市孩子已经很少有什么不同，不再像第一代民工那样能够忍辱负重，吞不下光天化日之下的不平等。占海特不过是这些孩子中的一个，她从小在上海上了幼儿园、小学、初中，却即将面临无法在上海参加中考的问题。她的约辩之所以触动了全国的神经，并非背后有什么炒作高手，而是她提出的问题远不仅仅存在于上海一地。我在北京的朋友，虽然在京工作十几年并升到颇高的职位，但差一点达不到"引进人才"的标准，从小在北京长大的孩子就无法参加"异地高考"。

占海特的问题不解决，就会成为中国发展的瓶颈。我们不妨简单地回顾一下世界史，现代义务教育，兴起于19世纪末。其中一大被广为忽视的诱因，就是大量"民工"从农村涌入城市，成为产业工人。习惯于乡村生活的农民，突然来到让人眼花缭乱的城市，进入具有高度组织性和纪律性的工厂，一时难以适应，造成了极大的社会问题。这些在马克思的《资本论》中已经写得绘声绘色，马克思所遗漏的，是各国针对这些问题所采取的一系列有效措施，其中之一就是建立义务教育体系，让每个孩子都具有跟上现代社会的素质和潜力。这样，各国随着工业化的展开不断产业升级，良好的义务教育系统保证了人口素质的不断提高，保持了国家的长久竞争力。举例而言，从5—14岁的孩子接受小学教育的比例看，在1830年时，德国、挪威都在70%以上，美国超过60%，英国不及美国的一半。到了1870年，各国都有相当大的跃进，但美国超过欧洲，小学教育普及率接近90%，仅次于加拿大。到1900年，美国和加拿大、澳大利亚这些前海外殖民地国家继续领先，小学教育都有着90%以上的普及率；欧洲最为领先的德国则为80%左右，英国极力追赶，但还是略逊于德国。20世纪美国、德国崛起，大英帝国没落，此时已经有了征兆。20世纪上半期，则是中学普及的时代。以每千位5—15岁的孩子接受中学教育的比例计算，美国在 1900 年时还不到 50，落在挪威、德国之后；但到了 1930 年则接近 200 人，比同期的德国（也是欧洲最高水平）高出一倍，比大部分其他发达国家高六倍。在高中毕业生的人口比例上，美国也一路领先，到 1970 年时还是世界第一，达到 84%，居于第二的德国为 76%。所有这些，都成为美国在 20 世纪主宰世界的本钱。

考察一下现代化的历史就会发现，几乎每个成功的国家，都在起步时期奠定了全民的义务教育体制，义务教育的成败与国家的成败有着紧密的相关性。同时，这种义务教育体制，无不以促进社会流动为目标，旨在鼓励人们摆脱旧式的宗族、领主、行会等旧时代的社会纽带，形成平等的"公民"认同。这是现代"国家建设"的基石，没有这样的基石，楼盖得多高最终都会倒掉。占海特的问题不解决，中国可能有持续的发展吗？历史已经给我们展示得清清楚楚。

民工为什么要分享城市资源

中国经济起飞 30 多年，至今仍然没有落实国家对义务教育的承诺，这是占海特约辩提出的问题。长期以来，中国的教育投资仅占 GDP 的 2% 多一些，而美国接近 6%，欧洲许多国家在 7% 以上。教育资源的缺乏，是人所共知的事实，而且早已无法用"发展阶段"作为遮羞布。其实，上海人本身也是受害者。有位网友在微博上留言说："上海户籍的在义务制教育方面还不如外地户口，本市户籍必须在户口所辖区对口学校就读，且必须和父母中的一方在一个户口本上，好的小学迁入对口户籍地还需满 2 年或 3 年才有资格报名。"这些问题，本都应该随着占海特的约辩一并提出来讨论，这对中国的发展很有建设性。

遗憾的是，部分城里人心胸狭隘，不愿意面对制度的不公，反而把矛头指向受害者。占海特约辩说得清清楚楚："京沪非户籍家长到教育部门上访，要求开放随迁子女就地高考，屡遭户籍居民包括年轻未婚居民阻挠……为了正义和真理，本姑娘邀请京沪户籍人士于 10 月 25 日在大沽路 100 号上海教委辩论，欢迎报名参加。"看来，她或她的家庭，亲身感受到城里人的排挤。

果然，上海没有人愿意出来辩论。出来的是一群被占家指为"光头党"的年轻人。他们面戴黑口罩，大声高呼"抵制异地高考，蝗虫滚出上海！上海不需要外地蝗虫"、"上海是上海人的上海"等口号，非沪籍家长则以"争取高考权利，教育平等，我们是新上海人"等口号作为应对。我在自己的微博上转发了有关报道，并没作太多评论。但遭到一群上海网民的围攻，"全家死"的诅咒响成一片。有些上海人口口声声：上海资源有限，一家三代呵护一个独子不容易，岂能让外人侵占自己的教育资源？！

其实，上海如果真仅仅是"上海人的上海"，上海根本不可能有今天。上海独步于中国大都市的一个最大特点，就在于上海是个移民城市。无怪有些网友反唇相讥：那些把外地人叫蝗虫的上海人，自己的祖辈恰恰是"蝗虫"。一直到明代，上海还是发达的江南地区的边缘。清代江南农业越来越依赖东北的豆饼，上海作为豆饼进口的中转口岸才渐渐繁盛。鸦片战争后五口通关，西方列强选择上海也并非看重了其本身的物产，而是将之作为江南地区的门户。后来太平天国之乱，上海成了难民汇聚地；抗战的"孤岛时期"，租借这样的弹丸之地也因为难民的涌入人口翻了几倍。事实上，这些外来的人口浪潮，无不促进了上海的繁荣。

自19世纪后半期以来，上海人口持续暴涨，而江南内陆许多传统市镇开始萎缩。这当然无法归结于人口的自然增长，而是大规模的人口流动所导致。如今常住外来人口已达900多万人，占据了上海人口的将近40%。这些人不是难民，不是来上海领施舍、白住救济院，而是用自己的劳动在上海创造了史无前例的繁荣。没有这900多万外地人，今日的上海就难以运行。想想那些背井离乡的民工的艰辛，想想那些农村留守儿童的悲剧，享受着改革开放之惠的上海人，居然要把占海特们赶回老家考试，这样的冷血，实在是这一东方大都市的耻辱。

众所周知，现代化是在民族国家的框架中展开的。在民族国家之内公民意识的建立、经济的整合，都必须建立在人口的自由流动的基础之上，这就要求各个地区都必须拿出一部分公共资源与流动人口共享，政府也必须扮演积极的角色推动这一进程。举例而言，在 1840 年代，英国的法律规定外来人口在一地住满 5 年后才能享受贫困救济的权利。到 1861 年，这个期限被缩短到 3 年。到 1865 年，又缩短到 1 年。在普鲁士，1842 年的法律就规定住满 3 年者有权利享受贫困救济；到 1870 年北德意志邦联的立法中，则削减到了 2 年。现代国家就是这样一步一步地通过立法手段，强行打破地方保护主义，彻底改变了过去那种动不动就把无法谋生的贫民遣送回原籍的前近代惯行。如今，在发达国家中，你搬到任何地区基本都能马上落户，子女自动入学，甚至非法移民也享受这样的权利。最近世界著名学府加州大学伯克利分校拿出百万美元，给近 200 位非法移民的子弟提供奖学金。美国的许多州，已经容许非法移民子弟享受本州居民上州立大学的学费待遇（这种学费由于有纳税人的补助，大多是外州学生需要支付的学费的三分之一或一半左右）。

为什么会如此？因为现代化的过程就是城市化的过程，也是移民的过程。具体而言，就是农村人口涌入城市的过程。看看欧美、日本等发达国家走过的道路，所有在现代化中成功的国家，政府都是大力推动这样的进程，而不是想方设法阻碍这样的进程。这个问题，对于当今的中国来说比起对当年的欧美更为迫切。毕竟，19 世纪末 20 世纪初的欧美并没有面临中国目前面临的急剧老龄化。二三十年后，以上海目前的生育率，如果没有外来人口，肯定会面临心脏病发作呼救也叫不来救护车的局面。

因为这个城市根本没有足够的年轻人维持其正常功能，那些口口声声骂外地人是"蝗虫"的上海人，不仅自己是"蝗虫"之后，而且年老后大概还要依赖"蝗虫"们的服务。今天我们在占海特们身上的教育投入越大，日后他们的劳动生产率就越高，创造的附加值就越多，富养老龄一代的能力就越强。

美国教育学上海

上海孩子成为全球学霸

当留美热席卷中国的时候，当美国教育被许多中国人视为范本的时候，美国人却开始学习中国教育。"这山望着那山高"，实在没有比这句话被用来形容这一现象更恰当的了。

2013 年 12 月 18 日，《纽约时报》发表罕见的长篇社论，题目是《为什么其他国家教育得更好》，举出三个典范：芬兰、加拿大、上海。事由是经济合作与发展组织对世界几十个国家和地区 15 岁学生在数学、科学和语文能力的测试，这一测试从 2000 年开始，最初主要针对该组织的成员国，显示着发达国家和中等发达国家的教育水平，3 年进行一次，后来范围扩大。2009 年首次包括上海学生，结果立即引起震动：上海学生在 3 项考试中，成绩全是世界第一！ 2012 年，有 65 个国家的 51 万考生参加考试，结果上海学生成绩又有上升，继续独霸 3 科，简直就是全球学霸。与此相对，美国学生一直在发达国家中居于末流，2012 年成绩比起 3 年前又有明显下降，在发达国家中几乎垫底。

中美对这种考试的反应相当不同，但双方的态度都在变化。美国人开始根本不予重视，有关的报道几乎如同花边新闻。五六年前我在自己大学的课堂上讲起这件事，发现根本没有学生知道。我说美国学生素质低，惹得一些学生勃然大怒；有的态度好一点，则告诉我她"不会去报告院长"。如今，我在课堂上频频地说："哪国最盛产傻瓜学生？ 美国！""美利坚合众国已经成了傻瓜合众国。"同学们哈哈大笑，其中许多还颇有共鸣，美国人似乎开始有了点自知之明。2013 年 PISA 排名一出来，就成了重大的教育新闻，媒体上连篇累牍，反省不断，声言要向外国学习。《纽约时报》的社论，就是这个反省潮的一部分。

中国对 2009 年的结果就有不少反应，主流是负面的。中国公众大部分认为，这不过是强调应试教育的结果。中国学生擅长考试也算新闻？这改变不了中国学生高分低能的事实。然而，经济合作与发展组织所设计的这个考试，并非中国传统的考试，而是吸收了西方几十年教育方面研究成果，测试的重点是能力，更像智商测试，取样也有一定之规。虽然考试内容全部翻译成考生的母语，但考前根本无法准备，也很难安排最好的学生去应试，总之，我们很难完全否认这些成绩的"有效性"。2013 年上海孩子再次居于世界之巅的新闻出来后，不仅西方媒体大为称赞上海的表现，国内的否认之声也低多了。

这一成绩，当然不能反映上海教育的全景，但至少从一个有限的侧面反映了上海的教育成就。可惜的是，当今公众舆论对教育现状习惯性地口诛笔伐，很少有人肯正面性地总结成功的经验。我在海外已经生活了近 20 年，国情生疏，也不太相信《纽约时报》在这方面的权威。不过，看看《纽约时报》对上海教育的正面经验的总结，仍觉得对国内教育界有参考意义。在此不妨抛砖引玉，希望引起更深入的讨论。

让我们先看基本的事实：上海学生在 2012 年 PISA 的数学、阅读、科学的 3 科平均成绩分别是 613、570、580，美国分别是 481、498、497。有美国"最聪明的州"之称的麻省，这次独立参加考试，其考试 3 科成绩分别是 514、527、527，分别排在第 10、第 4 和第 7 位，虽然赶不上上海，但在西方可谓佼佼者了。考虑到上海在中国所处的教育领先地位，拿在美国领先的麻省和上海比较，似乎更有可比性一些（注意，因美国的中高产多住在郊区，好学区也在郊区，波士顿作为城市就不是个很好的比较单位，其水平恐怕比麻省平均水平低）。在数学上，麻省落后上海 99 分。专家分析，这意味着上海 15 岁的孩子比麻省的同龄人的数学程度高二年半。在阅读、科学上，上海还是大幅度领先，双方根本不在一个量级上。我们可以凭借想象猜测上海的成绩如何"灌水"，但面对西方教育最发达的地区之一有这么大的领先优势，不可能全是虚的。

在每项以 1000 分为满分的测试中，如果分数只是差一二十分，确实不值得大惊小怪，考试总有偶然性，而且仅仅反映着相当有限的教育面向。但是，如果差 100 分上下，而且形成了多年持续的现象，就再无熟视无睹的理由。虽然许多人批评 PISA 的考试太像智商测验，但也许这正是这一考试的合理性所在。有"美国高考"之称的 SAT，遵循的就是这种智商测验的"能力模式"。美国大部分大学参考这个成绩，就说明其有效性。许多追踪研究指出，SAT 和考生日后的成功，有着相当大的正面相关性。另外，选择 15 岁的考试年龄，也特别说明问题。在这个年纪，大部分孩子的智力发育基本成型，对其日后一生的发展很有塑造力。PISA 的主管之一 Andreas Schleicher 对美国教育部指出，过去十年发达国家中创造的新工作，绝大部分都是 PISA 高端考生才能胜任的高技能工作。美国如果在自己的高等教育体系中仍然相信 SAT，在国际上却把 PISA 看得无足轻重，这要有很强的双重人格才能做到。所以，几年下来，美国人的危机感越来越大，这也是美国教育学上海的来历。

什么是上海模式

3 年前，当上海学生在 2009 年的 PISA 测试中勇冠全球的新闻曝出后，一位教育界人士总结说：上海的优势在于开放、对外来经验接受得快。许多美国的崭新教育理论和方法，美国同行还没有听说，在上海就已经开始实验了。《华尔街日报》的一篇文章引述上海师范大学校长张民选的话，称积极学习外来经验的开放政策是上海教育进步的首要因素。这和中国热衷于"与国际接轨"、借鉴美国"先进经验"的气氛相当合拍。我作为一位在美国居住近 20 年的亚裔家长，对于亚裔子弟的成功也这么总结：亚裔家庭，初来乍到，心很虚，注意学习美国教育中好的地方，善取人之所长，补己之所短。

面对 2012 年上海学生在同一测试中明星般的表现，《纽约时报》则从另一个角度总结。这里需要交代一个背景：美国基础教育虽然问题多多，但最为严重的问题恐怕是贫富分化过于严重，教育资源分布非常不公。

在 PISA 中表现比较好的西方国家，如芬兰、瑞典、荷兰等等，贫富分化都比较小，学生们不是在拼爹，而是在拼学业。美国在贫富分化的泥沼中陷得过深，《纽约时报》在反省时，对上海模式就作出了颇为独特的总结。

众所周知，中国和美国一样，是世界上贫富分化比较严重的两大经济体。上海显然属于经济发展不平衡中的受益者，在教育上占尽优势，绝不代表全国水平。然而，在这个框架中，《纽约时报》看到了上海的一些良性变化，其中一点，是上海逐渐解构过去的"重点"系统，把教育资源在本地区内尽可能均分。同时，用经济合作与发展组织官员的话说，上海人渐渐开始接受了"民工的孩子也是我们的孩子"的观念，其学校系统尽可能给外来打工者的子弟提供机会。一些差学校被关闭，或者以强校并弱校。一些过去的"重点"学校，和农村的学校结成伙伴关系，用以帮助后者提高教育质量。经过这样的重组，上海的整体教育质量大幅提高。

读到这些文字，国内许多读者也许会哑然失笑：《纽约时报》到底是老外。中国大城市学区房的白热化竞争、对异地高考的排斥、对外来民工的刁难，《纽约时报》似乎都视而不见。这里的是非如何，还是让国内的读者判断。我只想指出，《纽约时报》并不是说上海已经是个"理想国"，上海的问题肯定仍然很多。《纽约时报》所肯定的，不过是近年来的进步。

这让我想起不久前上海外籍民工子弟占海特与一些上海市民火药味十足的激辩。一些市民称外地人是"蝗虫"，侵夺了上海的教育资源，并指出许多学校的班级人满为患。也许这场辩论已经被炒作得离谱儿，但上述言论，至少从一个侧面证明，《纽约时报》所指出的上海的一些进步还是真实的，只是大家的价值标准不同。许多在人家眼中的进步，在另外一些人看来就是灾难。然而，中国教育界目前最需要的，就是这种不同价值标准的对撞。

2012 年我曾接待过一位来自中国名校的专家，试图研究美国的学区制。当我说学区制要为美国教育中很多积重难返的问题负责时，对方相当吃惊："难道学区制不是值得学习的好东西吗？"我指出，在目前的学区制度下，富人集中在一地居住，穷人挤到另一地方，彼此房价可以差上七八倍，教育经费大部分来自房地产税。这样，富学区的学校如同泰姬陵，不仅不乏常青藤背景的教师，许多常青藤出身的家长也到学校当志愿者、帮助募捐。穷学区的学校则连玻璃窗都不全，许多人开玩笑说，只要是个能喘气的成人，就可以到那里任教。家长们没文化还在其次，多数孩子双亲中至少有一个在监狱里。这样，穷孩子永无出头之日，富家子弟则把所享受的一切优越条件都视为理所当然，对真实的生活缺乏感觉。这样的教育体制怎么成功？

PISA 的价值，不仅仅是几个分数，而且为深层的教育社会学研究提供了一个可贵起点。西方已经有一些对 PISA 的深层背景的研究，比如，贫富分化过大，使美国的富人也受害。美国中高产阶层子弟在考试中的表现，就比欧洲发达国家同阶层的孩子要差，总体水平低并不能用穷人拉后腿来解释。至于穷孩子，则缺乏欧洲穷孩子那种"韧性"(resiliency)，即在弱势中克服困难、超越自身环境限制的能力。结果，欧洲的社会流动明显比美国要高。

PISA 的负责人 Andreas Schleicher 强调，围绕着 PISA 的研究揭示，那些表现比较好的国家，受教育者中有一种强大的"拥有者"文化：是我拥有这个教育，而不是让这个教育来拥有我、安排和指使我。其最重要的表现，就是相信通过努力可以改变自己的学业和未来。说到底，是自己拥有自己的前途，对自己的生命负责。这种文化怎么培养？把贫富分开，其实就是制度化的拼爹，让大家觉得自己生来就被安排在某个既成的教育体制中，很难靠个人努力来改变。一旦丧失了对体制、对自己前途的"拥有权"，稍遇挫折就会放弃个人努力。贫富混合的制度，则让各个阶层的孩子都有机会接触更为广阔的社会和人生：你在班上考第十就是第十，别管你爹是谁。看看家庭条件比你差很多的，人家怎么能考第五？第五就是比第十牛很多！

最近我在网上帮助国内的中学生、高中生英语阅读，接触了若干上海的孩子。能送孩子上这种"私塾"的，想必家庭条件都不错。但是，孩子的表现则如天上地下。有个家庭，和我联系暑期强化时，母子全在贫困地区扶贫。他们宁愿耽误几天学业，也要把这种社会实践完成。等课程一开始，才发现那孩子野心勃勃，疯学起来让我有点招架不住，有一天竟给他花了5个小时。另外一个孩子，缩在爷爷奶奶和父母营造的小窝中，据说因为看不上中国的教育，要到美国读寄宿高中。父母见他那么喜欢美国，钱马上就缴了，等着秋天开学，希望临行前在暑期突击一下英文。可惜，那孩子一个字不要读，还声称暑期根本就不应该读书，哪怕家长的学费全泡汤。难道上海的教育真这么惨，配不上这样的孩子？那么在这种教育中怎么居然拼打出了全球学霸？

在我看来，占海特引起的争论，仅仅体现了上海价值观念很小的一个部分。所谓"一家三代呵护一个独生子女不容易，岂能让外人侵占自己的教育资源"的想法，恐怕更多代表了那些对教育比较无知的群体的意见。呵护过分，独占资源，孩子反而不知道珍惜。另外有很多上海人，也是"一家三代呵护一个独生子"，但他们往往教育这个独生子意识到自己是多么幸运，想着对不如自己幸运的人承担更多的责任，他们会敦促孩子主动去与穷人分享自己的资源。事实上，心理学和教育学的一系列研究证明：那些觉得自己幸运、心存感念的人，往往事业更成功、生活更幸福。那些时时想到对他人的责任、琢磨如何为他人服务的人，更具有领袖的品质，日后也更可能成为领袖。

总之，上海的教育还有很长的路要走。但是，上海学霸们在PISA的表现至少说明，上海完全可以在开放自己的教育资源的过程中，培养越来越优异的人才。

学区房之痛

不久前，北京实验二小附近学区房一平方米卖 30 万的消息不胫而走，在网上引起一片叹息、哀怨，甚至愤怒。我也通过微博的形式加入了讨论。一位媒体人士向我透露：所谓 30 万一平方米之说，可能是极端例子，或有炒作之嫌。但学区的旧房十万一平方米还是靠谱儿的。他进一步交代："很多学区房买单者……为了念书，豁出去了卖大一点的次新房买学区小破旧房，踮起脚尖够得着，待不需要了再卖掉。所以学区房多交易频繁，肉少狼多，中介皆重兵把守。"

本来，让学生按片就近入学，取消择校费等恶心，使义务教育名副其实，这是教育改革的正确方向，但是，学区房的出现，则凸显了问题之复杂性。比起择校费来，这种学区房的天价，也是一种教育不公平。30 万一平方米也许是炒作，但如果坐视不管，则可能使学区房的飙价风愈演愈烈，阻碍教育改革的步伐。

不久前我曾接待一位国内的访问学者，正考虑研究这个问题。我介绍了美国学区的情况，讲了买房占学区的战略，并批评了由此引起的种种教育不公平。对方很惊讶地问："难道这种学区制不是好事吗？"我一时语塞。这位学者的反应也许体现了许多人对美国学区制一厢情愿的向往。这个问题，我曾反复讨论过：美国的学区制，不仅加深贫富分化，甚至演化成贫富隔离。开车半个小时左右，你往往就能看到不同学区的房价相差五六倍。公立学校的经费主要来源于当地的房地产税。结果是富的地区学校资源充足，穷的地区学校玻璃窗破了都无法及时更换。富人的孩子从小受一流教育，穷人的孩子则是末流教育。这还怎么能有健康的社会流动？

当然，对于美国的中产阶级来说，学区制还是能够提供相当好的教育机会的。以我自己的例子来说，我们就是为了女儿的教育，搬到波士顿远郊的一个小学区。这里的高中，2001年在《美国新闻与世界报道》的全美公立高中排名中列在2.6万所学校的第87。那年在教育上领先的麻省，进入百强的公立高中只有两所。另一所是培养了四位哈佛校长、四位麻省州长，以及富兰克林等重要历史人物的波士顿拉丁。但进波士顿拉丁必须考试选拔，我们这里的学校则属于普通高中，只要你在本镇住下，不管是买房还是租房，孩子都自动入学。我们当时选择住所，算来算去觉得这里的学区属于最顶尖的。

当然，顶尖学区多是富镇。我们这座6500人不到的小镇，中等家庭收入高达13万美元，但是，中等房价不过60多万。最低价的房子，属于连体式，在20万上下，也快有200平方米。我在房地产网站上搜出目前市场上最贵的房子，其实是座庄园，300多平方米，占地13英亩（52000多平方米），内庭像四合院，外院能跑马。但价格不过125万美元，卖了多年未能出手，估计还能砍下去不少。当然，这里的房子都有房地产税。50万的房子可以大到250平方米，一年房地产税8000美元左右。低收入的阶层住20万的房子，房地产税也就2000多块，而公立学校一个学生的教育费用就高达1.5万。上学一分钱不花，家庭困难还有午餐补贴。有孩子的人来这里买个小房子，当然划算得很。从价格上看，中低收入的家庭还是住得进来的。

应该说，我举的例子也比较特殊。因为我对波士顿地区房价和学区研究多年，挑出来的几乎是"最划算"的地方。不过，总体而言，美国虽然学区之间分化严重，但好学区还是很多，并非哪里都是天价的房子，中产阶级的选择还是比较多的。

为什么会如此？因为美国地方社会有充分的自主权。你们富人聚居在一起弄个好学区，我们中产阶级志同道合的凑在一起，大家决定出多少钱给学校，最终也能建设一个好学区。这些不是统一的行政权力所能控制的。所以教育资源也比较分散。

中国的制度体系显然不同。你买不起30万一平方米的学区房，是否能和气味相投的邻居们把在自己 5 万一平方米的社区里的学校经营好呢？可惜，居民自己没有这样的财政权力。中国的教育体制框架，大概是区教育局、市教育局等一层层地上去。越往上面权力越大。如今教育的不公平，就是在这种比较集权的制度框架中形成的。

这样的国情，使美国的学区制对中国失去了许多参照价值。居民的孩子自动获得就近入学的权利，这一点是学区制的精神，应该借鉴，但除此之外，中国就要探索自己的道路。在目前这种相当集权的体制中，许多事情恐怕还是要通过比较集权的方式解决。比如，教育部门可以根据房价、学校质量等综合指标，在行政拨款、教师分配等方面向弱学区倾斜。倾斜幅度根据学校或学区之间的差距而定。差距越大，政策倾斜就越大。再比如，某区统一招募教师。然后由各校对这些招募到的教师"选秀"，就像 NBA 或美国职业橄榄球联盟让末名弱队先选一样，让最弱的学校先挑选优秀教师。教育部门对于被弱校选中的老师发放一定的财政补贴以资鼓励。通过一系列类似的倾斜性措施，最大限度地维持各学校教育质量的平衡。否则，教育分化的格局，恐怕很难遏制。

城市：“外地人”的家乡

城市的外来人口问题，一直在中国的公共舆论中占据着核心地位。近来占海特约辩争取平等教育权利的风波，刺激了上海、北京等地城市居民反外来人口的情绪，“外地人滚回家”的喊声响成一片。这颇为生动地反映出旧意识和新现实的脱节：中国经历了史无前例的城市化和经济起飞，但许多城市人的脑筋，仍然停留在城市化以前的阶段。未来几十年，中国还将有数亿农村人口移居城市，国际上许多学者称这是人类历史上最大的移民。处于如此巨大的历史转折关头，城市人文观念依然固守计划经济时代的老框架，必然给急剧变迁中的社会带来更多的噪音和磨损，甚至可能导致秩序的崩解。

在讨论城市时，人们往往忘记了城市这一概念所隐含的关键性假设：城市就是外来人的社区，没有外来人就不成其为城市，大城市则非以外来人口为主体而不能成立。中文的“城市”概念中，“城”在字源上确实是指古代聚落防御外人的城墙。不论是在中国还是西方，古代的城墙都相当普及。但是，这种军事意义上的“城”，随着现代社会的来临很快丧失了功能。现代城市最直接的鼻祖，恐怕还是商业意义上的“市”。在过去封闭的“城”中，往往有些中心街区被辟为“市”，鼓励居民和外人前来贸易。日后外来人口懒得进城，或为躲避出入城门所遭受的管制、课税等，索性在城门外开业、聚居。城外的“市”喧宾夺主，最终发展得比城里还大。我们考察中国传统的城市就知道，实际的城市区域远远超过了城墙所界定的范围，西方中世纪的城市同样如此。如今，城墙或被拆毁，寥寥幸存者，也早已从防范外人的工事，转化为招引外人的旅游景点。

"名不正则言不顺"。这些字义辨析对我们讨论城市的理念非常重要。现代意义上的城市，是比较大规模的人类定居地，这里的关键尺度就是人口密度。只有人口密度超过一定的水平、无法以传统农业来维持的社区，才能被称之为城市。诸如"上海是上海人的上海"之类的口号，宣示着的是村落的概念，而非城市的概念。城市的人口密度，根本就不是传统农业聚落的本地自然人口增长所能创造的。城市，特别是大城市，是因为外来人口才得以诞生。外来人口多，导致了城市的多元性。多元性刺激了贸易、创新，使城市成为人类最有效率的聚落形态。

　　中国的城市化先于现代化。翻阅明清文献，对当时帝国第二大城市苏州的描述往往是如此："五方杂处，人烟稠密，贸易之盛，甲于天下。"人多而杂，乃城市繁荣之标志。不仅是苏州，"五方杂处，人烟稠密"几乎是对江南市镇惯性的描述。具有讽刺意味的是，中国的这些市镇比起西方的城市化来，其中一大特点就是边界的模糊性，城墙早已成为摆设，城乡高度一体。周边人口随着季节的变化，时而进城打工，时而回乡务农。那时人们的概念是，如果想和外来人摩肩接踵，就进城。如果只想和"本地人"打交道，那就回村。如今的规矩则倒过来，那些不喜欢外地人的，自己不找个村子躲起来，反而要让别人离开城市。

　　回顾一下世界城市的发展历史即可看出，城市的繁荣几乎全是被外来人口所驱动。创造了文艺复兴的几个意大利北方都市，基本都是外来人口所创建和主宰。股市的诞生地荷兰，各城市一度竞相推出各种优惠政策吸引外来人口，广告打到了外国，包括免去新移民城市民兵的服役，等等。英国工业革命时期，城市环境恶劣，死亡率奇高，"本地人口"下降，是靠着农村人口源源不断的补充，才得以维持工业化的基本劳动力。鸦片战争后上海等中国沿海城市的崛起，主要也是靠着移民。最近30年中国的经济起飞，更是和外来人口潮水般地涌入城市相伴随。没有这些外来人口，所谓"中国奇迹"就无从谈起。与此相对，用户籍制度把城乡人口隔离的计划经济时代，恰恰窒息了城市的生机。

　　所以，"五方杂处，人烟稠密"才是城市发展的正途。所谓外来人口"低素质"之说，主要是出于对城市性质之无知而产生的误解。哈佛经济学家爱德华·格雷瑟（Edward Glaeser）在《城市的胜利》一书中指出，城市特有的开放多元的环境、人口密度，使得城市比起任何其他形式的人类聚落都更有创造性，生产力和生活水平也更高。并非外来人口素质低，而是城市这种海纳百川的品质，提高了在这种环境中生活的人的素质。没有外来人口，城市这种增进市民素质的功能就会丧失。中国人最熟悉的例子，恐怕就是"八旗子弟"。大家经常用"八旗子弟"来形容败家子，却往往忘记了这一阶层败落的城市因素。所谓"八旗子弟"，本是征服者之后，满人以如此小的人口征服人数是其近百倍的汉民族，其素质不可谓不高。其实，满人入关前就远非像许多人想象得那样落后，相反，他们既能务农，又有马上民族的高度流动性，活动范围超过纯粹的农业民族，接触的文化更为多元，在贸易上相当精明，吸收新技术也非常迅速，这种开放性使其素质格外出众。但入关后，旗人据城卫戍，自成一体，和外界接触甚少。这样特异的"城里人"，居城却拒绝了城市的多元性和开放性，最终从精英阶层蜕化为纨绔子弟。当今所谓建富人区，以房价门槛把"低素质"的人口排拒在外等谬说，不过是要在中国的大城市再造当年寄生性的旗营。

西方城市学的主流意见认为，无论是从生态还是从效率的角度讲，密集型的城市化都是更可持续的发展模式，对中国这种人多地少的国家就更是如此。我在《薛涌看中国》中引述了麦肯锡咨询公司几年前的研究，指出中国集中发展几个超级城市，特别是几千万人口的大都市圈，比起分散发展众多中小城市来，不仅经济效益高，而且对环境的冲击小，人均能耗少。然而，如今中国城市的出生率早已跌到人口替代水平以下，没有外来人口，城市人口不仅不会增长，而且还会萎缩，集约化的发展模式就无从谈起。

现在的问题不是中国要不要建设"五方杂处"的超级大都市，而是怎么建。在这方面，城市学家们从各个角度提出了许多理论洞见。《美国大城市的生与死》的作者雅各布，把城市视为一个社会有机体，大力抨击对城市的大片规划、大片拆迁的现代改建工程。她特别讨论了老城区为城市生命力提供了两个重要的功能。一是多元化。老城区经过漫长的历史演化生成，五方杂处，各种功能混合为一体，形成了有机的社会生态。这种社会脉络，给城市各色人物的互动提供了大舞台，成为城市创造力的关键。现代化的都市改造，则摧毁了这种有机性，把老区推倒建新区，而新区全是人为设计的产物，非常"理性化"、"专业化"，比如有的成为办公区，有的为购物区，有的则是住宅区。本来混为一体的功能被分开，干这个的去这里，干那个的到那里，穷人住东边，富人住西边，多元化的动力荡然无存。老城区的另一功能，则是降低了城市的准入门槛。老城区因陋就简，房价便宜，使许多低收入的阶层特别是年轻人得以在城市立足。大肆的新区开发，几乎无一不刺激房价上涨，提高了城市生活的成本，使得那些为城市提供关键性服务的阶层无立锥之地。

格雷瑟则对雅各布的理论进行了挑战，特别是批判了雅各布反对高层的偏见。其实，两人在降低城市准入门槛、增进城市人口密度和多元化上并无甚大分歧，所不同的地方恐怕更多的还是被各自所处的时代所界定。雅各布目睹了 20 世纪城市改建的弊端，写出了她的醒世之作，她的书在 1961 年出版后立即成为经典，是各大学建筑规划系的必读书，她的思想也为后来的设计者吸收。日后的城市新区设计，往往避免了她所抨击的那种功能的分离，而是强调混合性。20 世纪末以来的城市改造，和她所批判的 20 世纪上半期的城市改造已经有了很大的不同。

更重要的是，城市发展日新月异，不可能不规划、不改建、一切听任自然发展，高层建筑就是一例。在格雷瑟看来，城市要成长，必然造成地皮紧张；要降低准入门槛，高层是一条绕不开的路。经过雅各布后半个世纪的摸索，城市的设计规划大体能够做到在高层中发展多元化。固守老城区已经不是一个明智的发展方略，比如，1915 年，美国人口 1亿，平均家庭规模为 4.5 人，三代同堂是很正常的现象。2006 年，美国人口达到 3 亿，平均家庭规模则萎缩到 2.6 人，并且还在不断缩小之中。更不用说，这只是平均数＝家庭规模。美国在平均规模以上的大家庭，如三口、四口、五口之家，绝大多数住在郊区，单身或一对伴侣同居则成为都市的绝对主流。老城区不仅多为低层，而且住房主要是为传统大家庭所准备。而如今城市的最大动力，就是那些刚刚毕业的大学生和研究生。这些单身人口，在隐私、自由方面要求甚高，靠着起薪也很难支付得起高房价。所以，在美国各大城市，特别是那些科技领先的城市，都出现了结构性的住房问题：适合单身或两口人的住房严重不足。要解决这样巨大的结构性问题，必须进行强有力的城市改建。

这也是近来小户型潮席卷美国城市的原因。比如，最近旧金山开发的微型公寓，小到仅 20 平方米，居然也能五脏俱全，浴室和厨房分开，月租从 2000 美元的水平降低到了 1500 美元。

纽约市 1987 年的法律规定，公寓最小面积必须在 37 平方米以上。但市长布隆伯格在 2012 年超越了这一法律，如今立竿见影，23—34 平方米的小户型公寓设计竞赛已经见出分晓，曼哈顿的小户型高层公寓马上开工。这二三十平方米的小小公寓，有轮椅可以出入的厨房和浴室，有娱乐空间，楼里有健身房、休息室、屋顶花园等一系列现代设施。这些公寓中 40% 属于廉租房，针对的是年收入在 7.7 万美元以下的低收入阶层（包括大部分文科的助理教授和副教授），月租在 914—1873 美元之间，远低于曼哈顿同等住房 2000 美元月租的市价。波士顿等城市，也开始了类似的小户型高层建设，其中也包含大量廉租房。

另外，这些针对年轻人的小户型，基本都建在繁华市中心寸土寸金之地，步行可达周边的各种商业和娱乐设施。因为当今的年轻一代不喜欢汽车，执意要到城里工作，甚至许多公司为了追逐这些雇员从郊外迁移到城里，步行、自行车、公交成为都市的时尚。如果这些年轻人临时需要开车，可以非常方便地使用 Zipcar 的服务。Zipcar 是对传统租车业的革命：不仅按小时租车，而且租借者可以在固定的停放点刷卡开门使用，毫无周折。

城市的密度，使 Zipcar 这样的买卖越来越火。新一代城市居民因为这样的服务太方便，觉得比买车合算得多，纷纷把自己已有的车卖掉，这无疑又为这些新建的高层小户型公寓省下了宝贵的停车空间。

小户型设计的一个核心理念是：刚刚起步的年轻人收入较低，城市要给他们提供立足之地。另外，这些年轻人多是单身或与配偶同居，家庭生活非常简单，家就是个睡觉的地方，和大学宿舍区别不大，但社交、娱乐的需求很强。所以，他们的公寓可以超小，但公寓楼中休息室、健身房等公共设施，周边地区步行可到的剧院、餐馆、咖啡馆、地铁站等等，则比居住面积本身更重要。

这种小户型的发展，使居住的密度得以大幅提高。特别是居民放弃了汽车、停车位后，更进一步地提高了密度。人口密度越高，各种公共服务的效率也就越高、越方便。私人空间缩小、公开空间加大，导致了高密度人口之间互动的加强，城市的创新精神也就由此而发扬光大。

对照发达国家这些新的城市发展，可以帮助我们检视过去二三十年中国城市化的歧路。所谓"开发商不给穷人盖房"、以房价为高门槛排拒"低素质"人口、建立富人区等喧嚣，都是在寻求一种代替户籍制度来把城市以新的方式封闭起来的途径，而不是张开双臂欢迎外地人。结果，豪华的购物区、办公区、豪宅区平地而起，推倒了大量廉价的民房，低收入阶层难以在城市中心立足，尽管城市需要他们每时每刻的服务。大学毕业生则想蜗居而不成，社会变得越来越分裂。另外，哪怕是那些对弱势阶层比较仁慈的理论家，也提出了廉租房不能修私人厕所之说，其中一个理由，就是住户如果在廉租房里过得太舒服，就会丧失工作动机。而近来西方的城市，则特别强调廉租房的建设，强调廉租房和商品房的混合。如上所述，廉租房往往建在黄金地段的高档小户型高层中，规格和商品房一致。对门邻居，往往一个是住商品房的富人，一个是住廉租房的穷人，彼此根本无从知道对方属于哪个阶层、住的是商品房还是廉租房。人家的思路完全不同：每个人都必须从底层奋斗，在起步时需要一些帮助。今天你可以蜗居在廉租房中泡着方便面熬夜，明天就可能成为扎克伯格。天使投资人的一大理念是：他们寻求的对象，就是那些肯蜗居熬夜的年轻人，勤奋而且廉价。在中国的大城市，当我们看到一个衣衫褴褛的年轻人在商店门口捡易拉罐或瓶子去卖、星期天跑到慈善组织那里"蹭吃喝"时，我们就会本能地认为这属于低素质人口，是城市应该清除的问题，他挨城管一通暴打也不足为奇。但在美国，这恰恰就是创业时代的乔布斯！难怪我们一直搞不明白中国为什么没有乔布斯。如果城市给这样的人头上贴上"穷人"、"低素质"的标签，城市还有什么前途？国家还有什么前途？

中国社会，渐渐明白了天使投资对于创新社会的关键性作用。但是，在城市规划中，我们还不理解什么是"天使空间"。蜗居、蚁族不可怕，恰恰相反，城市贵在有大量的蚁族，并给他们提供体面的蜗居之所。这样的空间，是在城市毫无根基的外来年轻人冒险的立足点。他们的成功，就是城市的成功。

城市与耕地

　　"废除18亿亩耕地红线"的口号，已经喊了多年。喊得最响的，往往是一些主张市场经济的经济学家，如茅于轼、许小年等等。房地产大鳄任志强更是高呼：18亿亩耕地红线是房价上涨的罪魁祸首，并要求增加土地供应。

　　遗憾的是，这一问题不断被提出，但很少被深入讨论。其中一个原因，就是高喊这种口号的人，几乎从来没有真心希望深入地讨论问题。

　　让我们总结一下"废除18亿亩耕地红线"的理由：第一，这是计划经济的措施。土地资源的调控，应该完全交给市场。第二，18亿亩耕地红线旨在保护中国的粮食安全，但事实上，中国改革开放后耕地不断减少、人口持续增加，粮食供应却越来越充足。粮食供应的问题，可以通过增产来解决，并不靠死守某条"耕地红线"。第三，中国已经融入全球化进程，粮食供应也需要倚仗国际贸易。死守耕地红线，还是停留在自给自足的小农意识中。第四，中国正处于高速城市化的进程之中，农民大量进城。城市的增长，当然需要土地。不从耕地要从哪里要？

　　不错，中国的粮食安全，未必需要通过死守耕地红线来保证。上述第二、第三条理由，当然有相当的根据。但是，这些要求"废除18亿亩耕地红线"的人，忽视了如下几个问题：第一，保护耕地的目的未必仅仅是粮食安全，更涉及到中国的生态。这恰恰是中国未来几十年面临的最大危机之一。第二，中国的城市化，需要走集约型、密集发展的道路。这就要求对土地供应进行严格控制。第三，控制土地的使用，并非就是计划经济。像美国这种市场经济的国家，对土地资源的控制一向有许多机制，并非一切都要交给市场。

我们不妨从最后一点说起。美国到 2012 年时，仍有 28% 的土地属于联邦所有，保护相当严格，不准随意开发。另外，州、县、市、镇，也都拥有自己的公有土地，并不是市场调节。有些州的公有土地，达到土地面积的 70% 以上。我所居住的波士顿及周边地区，属于美国人口最为密集、最发达、房价最高的地区之一。在这样寸土寸金之地种地，当然"违反经济规律"，农场经营不下去而变卖的新闻时有耳闻。但是，我们也每每从这样的新闻中看到，农场的转卖有严格的规约，买主必须保证继续经营农业，不得用耕地盖房。在地广人稀的内陆，当农地赢利不佳时，政府经常给农民"租金"，代价是农民放弃耕种，使土地能恢复原生态。

在我看来，中国的"耕地红线"，绝不仅仅是耕地问题，还有许多"红线"要划出来，以限制土地的使用。否则就很难维持中国的生态平衡。往往是一些对市场经济的了解仅限于隔雾看花的人，才动不动说要把土地资源的使用彻底交给市场。哪个成熟的市场经济是这样的？没有。

恰恰相反，市场经济的国家，经常对土地供应严格控制，并通过控制创造了更为健康的城市化。比如俄勒冈州的波特兰就是一例。这是美国最为时尚的前卫城市之一。生态保持良好，经济发达，自行车等新型交通领导潮流，避免了洛杉矶式的汽车之害。这种模式的重要基础，就是当年从保护农地开始的对土地供应的严格限制。当人们面临着有限的土地供应时，自然只能走集约化的发展模式。

有研究揭示，集约化的城市，人均使用的能源明显少得多，污染自然也少。中国面临着全面的生态危机，能源严重依赖进口，空气污染已经到了危险状态。集约化的密集型发展，乃是城市化的必由之路。更何况，如今野蛮拆迁、野蛮征地的事件不绝于耳。再放弃"耕地红线"，这些恶行就更不受控制了。

中国人口的增长，至少还要持续十几年，土地供应日益减少是个事实，不是经济学家想改就能改的。靠"废除 18 亿亩耕地红线"来打破这种合乎现实的预期，才是地道的计划经济思路。在一个土地资源高度紧张、生态极度脆弱的国家，靠改变对现实的合理预期来追求粗放型的发展，后果将不堪设想。

城市正在"贫困化"

古往今来，城市从来都是财富集中的地方。从历史上的北京、苏州、佛罗伦萨、威尼斯、阿姆斯特丹，到现代的伦敦、巴黎、纽约、东京，提起城市，人们往往会想到"富"字。然而，这种概念正在改变。

《纽约时报》2014年6月的一篇报道，引述了联合国的数据：世界正在迅速城市化。而在这个过程中，城市日益"变穷"。1950年，世界最大的30个城市中，有20个属于高收入地区。如今，在世界最大的30个"都市集合体"（因为城市的界限已经模糊不清，只能用这个新名词代替）中，只有8个属于高收入地区。到2030年，预计硕果仅存的富裕城市仅剩下四个，集中在两个国家，它们分别是东京、大阪、洛杉矶和纽约。其中，只有东京能排在大"都市集合体"的前10位。

之所以出现这样的现象，主要在于发展中国家迅速的工业化和都市化。在1950年，纽约还是世界最大都市，人口1230万；东京为第二，人口1130万。这是当时唯一两大人口超过千万的城市。如今，达到和超过这种规模的城市有28个。纽约人口仅仅涨到了1860万，在世界上退居第9位。东京早就跃居世界最大都市，如今人口3780万。到2030年，东京仍然是世界最大的都市，但人口会降到3720万。在东京之后，当今世界人口最多的城市，依次为德里、上海、墨西哥城、圣保罗、孟买、大阪、北京、纽约、开罗、达卡、卡拉奇……发展中国家和中等发达国家的城市占据主流。

其实，发达社会（特别是美国）最近正在经历一场都市复兴，中高产纷纷从郊区迁往中心城市，甚至有"郊区的死亡"之呼声。但是，发达国家都相继进入老龄化社会，除了美国等少数例外，人口增长大多陷于停滞，甚至开始了人口萎缩。比如，日本的城市人口比例未来还会上升，但东京人口很难维持现在的水平。与此同时，发展中国家的城市化不仅仅是城市人口比例的增加，还伴之以总人口的增长。这就使贫穷的都市日益膨胀。根据联合国的统计和预测，世界人口居住在城市的比例，1980年为13%，现在是22%，到2030年则达到27%。不用说，这种比例的增长，主要归功于发展中国家的城市化进程。

这样的变化，逼着我们改革我们的城市概念。城市不再是一个优越社会阶层的聚居地，不仅仅是财富之渊薮，更是济贫、扶贫、脱贫的中心。联合国的专家指出，发展中国家大量农民离开乡村涌向城市，使城市人满为患。城市能否给这些新移民提供足够的就业机会，是未来巨大的挑战，但是，从宏观的经济和生态角度分析，给同样规模的人口提供住房、医疗、教育、电力、饮用水等服务，让这些人口集中在城市比分散在农村要便宜得多。更不用说，这些新城市人虽然会经受城市化的种种阵痛，但他们在城市发展的机会比起在农村来也好得多。中国最近三十多年的历程就是明证。所以，城市的"贫困化"，其实是个伟大的进步。

现在的问题是，我们的城市概念仍然落后于这样的发展。曾几何时，什么房价门槛、富人区等等说法不绝于耳。提倡这些的，往往是对城市化有着塑造性影响的开发商。与此相对，在美欧这样的发达国家，哪怕是在纽约、旧金山这样的财富汇聚地，城市化的热点也往往是经济适用房、贫富混居模式、微型住宅等等。因为穷人（许多往往是刚刚毕业的大学生，相当于中国的"蚁族"）才是干活儿的人，是城市发展的动力。贫困化城市的一个吊诡，在于人口的集中使房价飙升，但集中来的人口又属于最买不起房的阶层。这成为21世纪城市化最大的难题之一。在教育资源的分配上更是如此。外来民工进城是不会走的，他们子子孙孙都会住下来，不管现在的城里人是否高兴。如果在教育上歧视他们的子弟，就意味着城市下一代的素质低下，在城市的各个角落制造世代贫困。这将使整个城市丧失竞争力。

城市的生命在于包容性，而非排斥性。城市要发展，就要先放下身段。城市概念的核心，不是怎样满足最富有阶层的需求，而是怎样大批量地、低成本地、有效率地给低收入阶层提供尽可能优质的服务。

大城市的人为什么不幸福

人是个矛盾的动物,在有些问题上,你自己也知道自己 生活在矛盾中。比如,我一直主张城市化——城市的居住形态更环保、更有创造力,但是,我一边写了许多文章鼓吹城市的好处,一边跑到波士顿远郊的乡间住下而自得其乐。

无独有偶,哈佛大学政府学院的著名城市学家 Edward Glaeser 大概也是一位。他是近年来鼓吹密集型城市化的干将之一,把城市的好处,讲得天花乱坠。他的《城市的胜利》早已被译成了中文,而且有台湾版和大陆版两个译本,我都为之写了序。如今,他参与的另一项研究发表,综合了相当复杂的数据,最后得出的结论是:美国大城市的居民不幸福。

先看看他给出的美国最不幸福的城市排名:一、纽约,二、匹兹堡,三、路易斯维尔,四、密尔沃基,五、底特律,六、印第安纳波利斯,七、圣路易斯,八、拉斯维加斯,九、布法罗,十、费城。另外,他还排出了十个最幸福的城市,大多是几万人或十几万人的小地方。

应该说,排名虽然有相当的数据基础,但排名本身却还难以说明太大的问题。纽约居不幸福城市之首,确实有些令人吃惊。不过,美国人口最多的十五大城市中的洛杉矶、旧金山、芝加哥、休斯敦、达拉斯、圣地亚哥等等,并不在排名中。这十五个城市进了前十个最不幸福城市的,其实只有纽约和费城。Edward Glaeser 教授对于自己研究结果的解读,也多有难以令人信服之处,他称衰落的城市居民往往不幸福,比如底特律,但是,这并非因为城市衰落导致了居民的不幸福,而是居民不幸福导致了城市的衰落。可是,怎么解释纽约呢?近二十年,纽约经历了奇迹般的复兴,难道马上要衰落了吗?除了幸福感外,还有什么经济和社会征兆？

　　不过，中国大城市的居民，对城市焦虑症恐怕有不少体会，Edward Glaeser 的结论在他们心中会激发不少共鸣。其实，即使在美国，生活的直觉也为这种结论提供了不少支持。你到纽约马上就会感觉到：街上的汽车如同吃了枪药一样，鸣笛刺耳得要命，司机之间仿佛都在虎视眈眈。而在佛蒙特州的大学城，你过马路时，还没走到路边，路上一辆车就先行停下，等你过去才启动，一点声音没有。你更听不到鸣笛。在我们居住的波士顿远郊，无论跑步还是骑车，偶然碰到机动车，对方往往绕到逆行道上，生怕打扰你。有时两个方向各来一辆车，双方干脆全停下来，等着跑步或骑车的人过了自己再走，俨然是个君子国。两个世界、两种文明，我每次从波士顿市中心 上班回来都会亲身体会一遍。从脸上你就看得出来：城里人不高兴！

　　对此，Edward Glaeser 还有一个分析，我虽然也觉得不够严谨，却颇有些心得。他声称，那些不幸福的大城市，居民往往收入比较高。居民选择那里，是有意为之，他们宁愿牺牲幸福来换得更多的钱。幸福感，仅仅是人们诸多理性抉择 中的一个因素。我教书的大学在波士顿市中心，是寸土寸金之地，但是，我搬到了离城市远得不能再远的地方。五年远郊隐居，对于幸福与收入之间的兑换关系算是深有体会。

　　为什么要搬得那么远？首先，享受同等的生活质量（包括学区、居住面积等等），离城市越远越便宜。大学里的一个教书匠，收入有限，住远点是自然的选择。第二，在大学教书，本身给远郊居住提供了条件。因为一年只有七八个月需要去学校，四五个月在度假。另外，即使在上班的时候，大多一周去两次就可以，不用每天通勤。况且，上课时间多是自己安排，比如中午开课，避开了高峰期，很少碰到拥堵。所以，我虽然去一次学校开车单程就一个多小时，但看看车上的里程表，走得还是相当慢，绝对算是开车少的。第三，为什么城里和近郊的许多地方我住不起？看看是谁把房价抬上去了就明白。他们是医生、律师、银行家、经理，等等。他们往往必须早晨八九点钟到办公室，下午 5 点以后才离开，加夜班也是家常便饭。他们不得不就近居住不说，而且几乎每天要战拥堵。要知道，波士顿公交颇为落后，拥堵相当厉害。

当收入高的人住在城里和近郊，像我这种收入一般的（不好意思哭穷，我收入不高也不算低）住在远郊时，当然城里的经济效率高，远郊效率低了，但是，如果让我搬进城，工资涨一倍，这是不是一个好机会？我至少会犹豫再三：首先，多出来的收入许多要花在房子上。另外，每天要战拥堵。一系列研究表明，拥堵本身，是导致人们不幸福的重要因素。也许更重要的是，我远郊的生活方式必须牺牲。比如，跑步20公里，骑车五六十公里，这已经是我的例行运动。在远郊从事这样的运动，往往和自然融为一体，一路上很少碰到机动车。波士顿的环境虽然相当好，绿地很多，但我想象不出进城后能伸得开手脚。从我这番得瑟中你大概也能感觉到：我恐怕比城里人确实幸福一些。不过，从一般的生活常识你也会判断，如果工资真涨一倍，足以使大多数人放弃远郊搬进城市。

我依然会为城市而高歌，尽管有"站着说话不腰疼"之嫌。毕竟，城市是现代社会的基础，是经济的引擎。不过，越是现代社会，生活方式越应该丰富。在城市蒸蒸日上的时代，有几个像我这样躲在远郊"说风凉话"的，未必是坏事。当然，我们这些"与世无争"的人的生活，也给那些在大城市的名利场上冲杀得伤痕累累的人，提供了一个反省人生的视角。

凯恩斯的胜利

克鲁格曼为什么"火"

这两年，经济学诺奖得主克鲁格曼特别"火"。说一个诺奖得主"火"，像是句废话，不"火"能拿诺奖吗？不过，其他获得诺奖的经济学家，恐怕没有比克鲁格曼更"火"的。他在这方面，紧紧追随八九十年代的弗里德曼。为什么？两人虽然政治立场对立，但有惊人的相似之处。第一，两人都在经济学上拿了诺奖，有着最高的学术信誉。第二，两人都下笔如飞，是媒体红人。从1966年到1984年，弗里德曼在《新闻周刊》有自己的专栏，发表了300多篇文章，普及自由市场的理念。克鲁格曼1999年就成为《纽约时报》的专栏作家，一周发表两篇专栏，产量超过了弗里德曼。第三，两人政治立场坚定。弗里德曼成为里根经济学的教祖，一直为保守主义经济政策立言，声称只要减税就是好的。克鲁格曼则坚决为民主党的左翼政策辩护，乃至奥巴马连任后，许多自由派人士一度力挺他充任财长。

弗里德曼无疑是经济学家第一笔，他那种化繁为简、举重若轻的文风，能够把经济学的深奥道理解释得妇孺皆知，可谓经济学家中的白居易。更为难能可贵的是，他力破凯恩斯主义等"新政"经济学对公共话语的主宰，清晰地阐述了市场的效率，以及大政府的危害。他在理论上的胜利是如此彻底，乃至曾任克林顿政府的财长、奥巴马政府的国家经济顾问委员会主任的前哈佛大学校长萨默斯称他是"伟大的解放者"，"任何诚实的民主党人都必须承认自己是弗里德曼主义者"。更不用说，自1968年尼克松赢得大选以来，美国进入了保守主义主宰的政治周期，

到 80 年代里根时代登峰造极，这也恰恰是弗里德曼最为活跃的时期。自
90 年代以来，我一直追踪美国媒体上的政治辩论，发现保守派说话理直
气壮，往往像教训孙子一样教训民主党人，有点欺负人没商量的气派。
民主党人则经常没开口就心虚，有时甚至显得低声下气。许多自由派为
此感到相当绝望，大呼要有"脊梁骨"！

小布什 8 年，结束了保守主义主宰的周期。奥巴马当选并连任，大
致证明了这种政治风水的转换。克鲁格曼生逢其时，他不像许多民主党
人那样缩手缩脚，而是敢于像教训孙子一样教训保守派人士，这恰恰是
自由派人士求之不得的"脊梁骨"。比如，由于弗里德曼的影响，"凯恩
斯主义"几乎成为一个贬义词，或者是扣帽子、打棍子的标签。共和党
人动辄就搬出弗里德曼来，三言两语就收拾了自己的论敌，仿佛弗里德
曼够他们永远吃下去了。克鲁格曼则公开说，弗里德曼是位优秀的经济
学家，但在意识形态上走偏锋，觉得市场总是好的，是万能的，任何对
市场的约束都是不对的，任何政府行为都是错的。本次经济危机以来，
各国政府不得不提出刺激经济计划，被反对者猛批为"凯恩斯主义"。克
鲁格曼则大大方方的倡导凯恩斯主义，声称联储的货币宽松政策力度还
不够，政府的赤字应该再大一些，还应该加大开支，等等。在当今的美
国政治中，联邦债务、政府赤字都成了"人民公敌"，谁为之辩护就等于
政治自杀。但是，克鲁格曼则利用自己的经济学声誉和知识，顶着主流
公共话语而上，讲起政府扛着巨大的赤字和债务大笔花钱来也是那么理
直气壮，没有人在这方面比他的腰杆更直更硬。

如今的经济形势，给克鲁格曼一个难得的机会，对弗里德曼等新古
典主义经济学家进行一个总批判。在 2009 年经济危机刚爆发不久他就指
出，过去几十年是经济学家的黄金岁月。到本世纪初期，经济学家们弹
冠相庆，颇有些"历史终结"的味道。他们认为，经济学无论在理论上
还是实践上都大致把握了市场规律，内部的分歧日渐弥合，昨日的战争
已告结束，共识逐渐产生，防止萧条的核心问题基本被解决。总之，经
济学家似乎找到了通向繁荣的灵丹妙药。弗里德曼临去世前还说，美国
经济从来没有这么好。但话音刚落，就开始了今日的大衰退。洋洋得意

的经济学家们，对于近到眼前的经济灾难居然毫无预测力！这些都证明了这些经济学家们远非全知全能的圣人。恰恰相反，他们和好了伤疤忘了疼的凡夫俗子并没有什么区别。在大萧条以前，这些人就相信市场规律的完美，错把美丽的规律当成现实。大萧条击垮了这些天真的信念，但时间一久，大家又忘记了黑暗时期的教训，弗里德曼等又开始鼓吹完美的市场，觉得市场是最可信赖的，或者只要信赖市场，一切都不必操心。如今的大衰退，则又是一个梦醒时刻。克鲁格曼，也正是在这个节骨眼上跳出来警告市场的自由派人士。

政治的"不文明"

克鲁格曼腰杆直、腰杆硬，敢于教训保守派人士，甚至称对手无知、搞笑、精神分裂等，自然引来不少非议。最近的一场争执，则是关于他辩论作风的"文明"。

两位哈佛大学经济学家 Kenneth Rogoff 和 Carmen Reinhart，5 月份在自己的网站上发表公开信，称他们非常仰慕克鲁格曼过去的学术成果，并且自己至今还受其影响。但是，他们对克鲁格曼在和自己的辩论中的不文明作风感到极度失望。

事情缘起于 Kenneth Rogoff 和 Carmen Reinhart 在 2010 年联合发表的论文《债务时代的增长》。他们通过对战后各国经济数字的分析得出结论：当公共债务超过 GDP 的 90% 时，经济就将进入缓慢增长。这一论文的现实意义不言而喻，当时美国把整个世界拖入经济危机，各国政府应该如何对应？政治家、经济学家和公众立场针锋相对。一派认为，如今政府债务过重，应该实行紧缩政策，量入为出，平衡预算，使市场恢复信心。另一派，则坚持凯恩斯主义，要求加大政府开支，刺激经济，哪怕暂时背上沉重的债务也在所不惜。奥巴马政府，采取的是后一种措施，一直被政敌攻击为凯恩斯主义。美国的公共债务，根据不同的算法，已经达到了 GDP 的 85%—105%，而且还在增长中。如果接受这篇论文的结论，那么美国的当务之急当然是从削减政府开支开始，平衡预算。事实上，这篇生逢其时的论文，在世界范围内被紧缩派视为经典和理论根据，也影响了许多国家的经济决策。

然而，这一哈佛教授的"理论性胜利"，很快就被一位意想不到的人所颠覆。名不见经传的麻省大学 Amherst 分校有位叫 Thomas Herndon 的研究生，在做家庭作业时试图用数据复制出 Kenneth Rogoff 和 Carmen Reinhart 的结论，结果复制不出来。他仔细检查，发现了论文数据的错误，于是和麻省大学的两位教授联合发表了自己的成果。

克鲁格曼立即发难，称 Kenneth Rogoff 和 Carmen Reinhart 两人发表了影响如此之大的论文，居然不公布数据基础，最终其结果无法用公开的数据复制。这恐怕算是诛心之论了，几乎和指责 Kenneth Rogoff 和 Carmen Reinhart 两人造假没有什么两样。Kenneth Rogoff 和 Carmen Reinhart 自然咽不下这口气，说这不过是一个数据错误，并不妨碍其主要结论，而且称他们的数据一直都是公开的。麻省的那位研究生，则提供了模棱两可的证词，称自己的作业一部分是利用两人公开的数据，但另一部分数据则不全。克鲁格曼依然不依不饶，在《纽约时报》上说这篇论文误导了许多政府的决策，老百姓在自己的生活中为之付出代价，但作者居然不肯认错。

此刻杀出一马的，则是大名鼎鼎的金融史学家弗格森（Niall Ferguson）。他的《金钱的崛起》等书，很为中国读者熟悉。他是旗帜鲜明的保守主义学者，曾被左派称为布什政府的御用文人，并且是罗姆尼竞选时的顾问。他声称，Kenneth Rogoff 和 Carmen Reinhart 的具体数据虽然有错，但并不影响其大结论。债务过高使经济停滞，也符合历史常识。不过，他走火入魔，在一次讲演时攻击凯恩斯时走了嘴，称凯恩斯是同性恋者，没有孩子，自然主张政府的赤字性开支，仿佛是"我死了以后管他洪水滔天"。这话立即在网上疯传，最终他不得不出来道歉，称对凯恩斯的人身攻击完全是个谬误，因为许多同性恋、没有孩子的人照样很关心赤字问题。

以上戏剧，展示了学者投入政治后是如何互相结怨。Kenneth Rogoff 和 Carmen Reinhart 是哈佛的经济学教授，克鲁格曼则是普林斯顿的教授。

这种等级的经济学家，其实圈子很小，大家低头不见抬头见，一般都是彼此客客气气。但一进入政治，不同意见很快就演化为人身攻击。弗格森出生时，凯恩斯早就死了十几年，但他却忍不住和死者结怨，被曝光后又马上向死者道歉。这也难怪，我来美国许多年一直都惶惑不解：出入了不少场合，除非是专门的政治讨论，大家私下几乎不谈政治。现在算是明白：一谈政治，人与人之间就势同水火，很难再做朋友了。

克鲁格曼赢在哪里

克鲁格曼在《纽约时报》的专栏一周两次，文章自然很多。但是，题目主要集中在经济问题。这次经济危机爆发以来，他专栏最核心的一个主题，就是重新阐释凯恩斯的智慧：政府是否应该在这样的紧要关头不惜加大赤字而增加开支、刺激经济？

经济危机一爆发，克鲁格曼就力主政府不惜提高赤字和债务而增加开支，抱怨奥巴马的刺激经济计划远不够大，并力挺联储的货币宽松政策，还抱怨这样的政策规模太小、美元还是过硬，大声疾呼通货膨胀不是问题，没有通货膨胀才是问题。这些言论，不仅立场鲜明，而且相当偏激了。保守派的理论，则如 Kenneth Rogoff 和 Carmen Reinhart 所阐释的：公债过大，经济将陷入停滞。另外，在债务的基础上不停地实行货币宽松政策，无异于不负责任地滥印钞票，最终货币供应过大，导致通货膨胀，逼着联储不得不提高利率，使经济进入高通胀、高利率的灾难。

两派在理论上相持不下，各自都能找到不少理论根据。与此同时，经济危机已经持续了 5 年，实践似乎已经有了检验真理的机会。究竟孰是孰非呢？显然，克鲁格曼的呼声高得多，乃至有些评论家宣布正式的比分已经出来：克鲁格曼完胜。

我们不妨看看事实。都说"滥印钞票"会导致通胀、提高利率，但是，通货膨胀在哪里？高利率在哪里？美国的现实恰恰相反：通货膨胀偏低，利率太低，不管联储怎么"滥印钞票"，投资者还是争先恐后地购买美国的国债，使得十年国债的利率一直在 2% 多一点的水平。这也难怪，克鲁格曼的腰杆越来越硬，隔三岔五地出来挖苦保守派经济学家睁眼不看事实。

再看看政府的实际政策。美国采取了凯恩斯主义的赤字性开支来刺激经济，如今虽然经济仍然有气无力，但毕竟已经走上恢复的轨道。克鲁格曼在讨论这一问题时不忘提醒大家：经济本来早就该恢复了，都怪共和党把持的国会作梗，限制了奥巴马刺激经济的幅度。相比之下，希腊采取的是紧缩政策，结果现在已经不是经济衰退，而是经济萧条。Kenneth Rogoff 和 Carmen Reinhart 的论文所提出的相当于 GDP 的 90% 的债务危机门槛被戳破，算是在理论上支持了现实所发生的一切。

以这 5 年的时段看，事实确实在克鲁格曼一边，但是，宣布其完胜，似乎还为时过早。各国的社会经济结构不同，对赤字和债务的承受能力也不一样，提出相当于 GDP 的 90% 这种一刀切的国债危机警戒线本身就过于简单化。同样，一刀切地说各国都能承受某种比率的国债，也同样简化了现实。日本的国债相当于其 GDP 的 134%，虽然比不上希腊的水平（155%），但比起葡萄牙（111%）、意大利（103%）、西班牙（72%）来似乎严重得多，但日子似乎比后者们好过些。在刺激经济计划的规模上，也同样不能一概而论，越大越好。美国有强力的刺激经济计划，希腊搞紧缩，两者命运的对比确实很明显。但是，德国刺激经济的计划按GDP 比例相当于美国的四分之一，但其经济仍然不错。这其中一个原因，是美国人寅吃卯粮，钱还没挣就买了大房子，企业刚赢利就忙着给高管天价奖励，劳动市场上什么都是一手交钱一手交货。真一来危机，大家措手不及，不靠政府不行。

德国的制度非常不同。经济繁荣时，职工加班但不拿钱，把多干的工时存起来。等经济衰退没活儿可干时，大家干脆去海外度假，那储存的工时用来抵偿假期，不用担心被解雇。企业也有各种储蓄性的制度福利，危机时有钱支付不干活儿的职工。这种制度，比较能抗经济危机的打击，不会一没活儿干大家流离失所。社会有备无患，政府的财政措施也不必太大，大部分问题都是企业和社会自己消化。总之，不能抛开这些具体的制度框架而空谈负债规模或经济刺激计划规模。

更为重要的是，美国现行的货币政策，大概需要更长时间的检验。虽然我个人相信货币宽松尚无大碍，但 5 年的时间还是太短，大家必须等等再看。

可惜的是，学术上可以等，也应该等；政治上则不能等，也没法等，因为政治每天都面临决策的问题，各种判断都有风险性。如果我们必须作出即刻的判断的话，那么不能不说还是克鲁格曼更靠谱儿一些。

凯恩斯的再生

中国的改革开放，正好赶上弗里德曼如日中天之时。今日的中国经济学家，大多对弗里德曼非常服膺，这本身是很好的事情。但是，如果大家全拜倒在弗里德曼脚下，理念过度一律，自然会引发思想的懒惰，讲市场经济就变成了呼口号。我不久前指出，中国像样的经济学家，不管是在国内大学任教的，还是在海外高就并时不时不忘回国启蒙民众的，几乎都跟着美国共和党的经济理念站队。几位大 V 人物，在互联网上屡屡斥责奥巴马的刺激经济计划和货币宽松政策，大批凯恩斯主义，预言这样的政策会导致过度的通货膨胀、利率飙高，等等，完全跟着保守派在学舌。好像经济学就像个数学公式，一套上就不会错。我曾用最近几年的事实质问他们，希望敦促其反省，但大家装聋作哑，反凯恩斯的高调依然理直气壮地唱。

那么，凯恩斯主义究竟是怎么回事呢？

在中国，经济学是个很吓人的学问。许多人觉得这种学问自己没有训练，只能听经济学家们说。如果不小心议论几句，还会受到讥嘲：你不是经济学家，有什么资格谈这个问题。这就更吓得人不敢讲话了。但是，在民主社会，任何公共决策都要求公民的参与，大家对相关的经济学问题也应该能有个基本的判断力。所以，美国有许多经济学家能够化繁为简地向公众解释经济问题。我这里不妨学学舌，试图检视一下凯恩斯主义的价值。

理解凯恩斯，我们不妨从中国古代的常平仓讲起。常平仓的目的，是平抑粮价。在丰年谷贱之时，政府廉价收购谷物囤积。等荒年谷贵之时，粮商囤积居奇，牟取暴利，政府则将常平仓囤积的谷物投放市场，平抑粮价，使粮商很难有机可乘，这样一般百姓就买得起最基本的食物了。过去我们把这一套简单地说成是重农抑商的落后政策，甚至联系现实，把这种国家干预视为现代政府过分控制社会的历史渊源。然而，近年来史学界大致达成了共识：古代中国市场经济属于近代以前非常发达之列。这种常平仓也不是政府要控制经济、取消市场，而是政府根据市场的供需规律，针对"市场的失败"的情况做好准备。事实上，常平仓的效率，也受到现代历史学家的称赞。这充分说明，政府要尊重市场，但不能迷信市场，必须为"市场失败"作好准备。那种觉得市场能解决一切问题的人，难以解释为什么在常平仓缺位时，粮食市场会被少数商人操纵，乃至饿死许多人的现实。

现代经济当然不同于传统的农业经济，但道理大有相通之处。凯恩斯对股市从来抱有警惕，觉得里面金融巨头操纵，投机的成分太大。他并非要取消股市，也并非要政府管理经济。相反，他是要在"市场失败"时设法挽救市场。比如，在经济萧条时，失业率攀升，企业见需求不足，都不愿意投资，不愿意雇人，结果大家都没有工作，需求更少。当然，从长远看，最终市场会对这种状况进行修正，但过程会很长，许多人恐怕根本等不到天亮的时候。金融界有句话："从长远看，我们都会死的。"凯恩斯认为，在没人敢花钱的经济萧条时期，政府要不惜负债花钱，增加就业率。人就业后就有了收入，有了收入就有了购买力，就创造了需求，这个需求最终会带动整个经济的恢复。等经济反弹后，政府再紧缩，偿还债务。凯恩斯直言不讳地说，紧缩是繁荣时期的政策，而非衰退时期的政策。这和常平仓是一个道理：在古代小农自然经济中，粮食经常有货币之功能。繁荣时政府"紧缩"，把大量的粮食往库里收，衰退时则把这些粮食往外面放。这样，小农才能活下来，第二年继续生产。如果赶上个丰年，政府放空的粮库又可能填满。如果反其道而行之，政府在饥荒时紧缩，守着粮库不放手，那岂不是在天灾之上又加上了人祸？

没有人愿意借债，但是，在现代经济生活中，又有谁能不借债呢？

这是克鲁格曼锁定的一个问题：究竟经济的首要问题是什么？是债务，还是就业？我们不妨打个日常生活的比方。一个家庭，最理想的状态当然是没有任何债务，有很多储蓄，而且大家都忙着工作，不停地挣钱，同时花销很谨慎。但是，这不是我们面临的现实。我们面临的现实是这样的家庭：所有人都失业了，欠了许多债务，一贫如洗，无力偿还。此时，如果他们能拿到一点贷款开个小买卖，就进一步增加自己的债务。按照保守主义的理论，这是万万不行的。但是，按照凯恩斯的理论，不让他们继续借债，他们就待在那里无事可做，没有任何收入，债务无从偿还，白白闲置了自己的劳动力。此时两害相权取其轻，先让他们工作起来，挣了钱后才可能省下一些来还债。

在克鲁格曼看来，美国面临的首要问题还是失业率居高不下。政府需要加大投入，打压失业率。一旦就业的人多了，缴税的人就多，政府财政收入增加。GDP扩大后，即使债务在增长，但只要GDP长得更快，债务和GDP之比就会收缩，事实上现在已经有些这方面的迹象。反观希腊，政府紧缩，失业率飙高，缴税的人少，政府开支小了，但收入也少了，情况在不断恶化。要还债、恢复财政平衡，本来大家要多劳动，但现在反而是大家少劳动了。干活儿的人少了，财富当然就少。

当然，这仅仅是问题的一个面向。如果有人请求："我没有工作，负债累累，需要再借点钱创业，以偿还债务。"那么银行就应该有个判断：如果这个人一向勤勤恳恳，因为非自己的过失而失去工作，那么就应该相信他，借钱给他一个机会。如果这个人是个醉鬼，说是借钱创业，实际上有钱就去买酒，银行当然要守住自己的钱袋。问题是，美国那些失业人口究竟属于哪类？克鲁格曼称，这些人多是老老实实地干活儿。是华尔街那些大款投机倒把，引发了次贷危机，这些普通人没有犯任何错误就失去了工作，政府当然要不惜赤字而加大开支、给这些人机会。紧缩政策，则是惩罚这些受害者，这不管是在经济学上还是道义上，都说不通。

总之，凯恩斯主义顶着几十年大政府的恶名，克鲁格曼则要为之"恢复名誉"。从这5年的历史看，他恐怕已经初战告捷。

美国的高铁战

美国为什么没有高铁

2012 年 7 月 18 日，加州州长 Jerry Brown 签署了刚刚被州参议院通过的高铁法案。价值 680 亿美元的美国最大的单项公共交通工程，也是第一条名副其实的高铁，有望马上动工。

高铁，即时速在 200 公里以上的高速铁路（High-Speed Rail），1903 年就在德国问世了。当时创造的时速达到 203 公里，不过那主要是还处于研究开发阶段的产品，难以投入使用。到 1964 年，即在东京举办奥运会的时刻，世界第一条常规的通勤高铁，连接东京和大阪的东海道新干线正式通车，时速达 210 公里。如今，高铁已经遍布日本、法国、英国、德国、西班牙、意大利、中国台湾等发达国家和地区，中国等发展中国家的高铁也发展迅猛。美国在 19 世纪下半期靠着世界最大的铁路网扩张到西部，并一跃而成为世界第一大经济体，但如今则仍无高铁。加州的高铁计划，在 30 多年前就开始研究，经过旷日持久的斗争，最近才算有了"零的突破"，这本身就是个奇观。

美国的高铁不仅落后于大多数发达国家，甚至还赶不上许多发展中国家，这实在是由于相当"例外"的"国情"所决定的。在进入 20 世纪之时，美国本来是世界头号铁路王国，但创新的脚步并没有停在铁路上，马上就率先进入汽车社会，随即民用航空也迅速崛起。高速公路体系和航空公司，在二战后获得了决定性的胜利，把铁路挤出交通客运的竞争圈。当时如蜘蛛网般的铁路，相当一部分被废弃。如今走到美国各地，都能看到由这些废弃的铁路线改建的供自行车、跑步专用的非机动车道。

克林顿 1992 年当选总统时，曾幻想着把美国各大城市用日本式的新干线连接起来，但 8 年下来一无所成。美国却出其不意地被互联网连接了起来，论者纷纷指出这种政府计划是多么不靠谱儿。如今各州的地方铁路通勤线，基本都处于赔钱状态。唯一赚钱的，是从波士顿到华盛顿人口密集的东北部走廊，这条线已经用了高速子弹列车。但是，许多部分的轨道还是旧式的，甚至有些属于 19 世纪的设施，子弹列车在大部分路段无法跑到全速，很难算成高铁。直到今天，"高铁不适合美国"依然是主流意见。

说"高铁不适合美国"，并非没有道理。铁路客运需要密集的人口、稳定的客流，而美国是个地广人稀的国家，靠几条铁路线很难把四散分布的人口连接起来。特别是汽车社会形成后，联邦政府在 50 年代投入重资发展高速公路体系，城市以摊大饼的方式向郊区铺张发展，再加上油价低廉，美国人逐渐形成了短途靠汽车、长途靠飞机的模式，给铁路客运所剩下的市场非常小。另外，铁路建设需要较大的先期投入，美国又是个以地方社会为中心的草根式国家，联邦和州政府的权力受到层层制约，每一项预算的通过都是一场战斗，这在加州的高铁之战中体现得淋漓尽致。所以，大规模的铁路客运很难成为现实。

当然，这并不是说美国的铁路运输落后。《经济学人》不久前还专门报道，美国的铁路货运是世界一流的：不仅效率高，而且费用几乎比任何主要国家都低。这种高效率的货运，又全是私营，并不靠政府的资助。究其原因，在于美国是世界最大的原材料和农产品大国之一。矿产和农产品的运输，地点集中固定（往往是从一个矿区到一个港口），货运量庞大，只有铁路才能有效地承担。特别是本世纪油价飞涨，铁路运输的节能效率比起公路和飞机来高很多，这使得美国的铁路客运成为运输业的一颗耀眼的明星。中国的崛起，则对美国的铁路货运有着非常直接的刺激。中国对原材料的需求（煤炭、金属矿石、农产品等），使得美国的铁路和海港生意兴隆。有人估算，中国沿海城市从美国进口煤，加上运费，比从中国内陆购买还便宜。这一点，如果没有高效低廉的美国铁路运输解决"第一棒"的问题，绝对是办不到的。

油价的高涨，同样影响到客运。汽车成为能源危机的罪魁祸首，环保意识的增强，也是人们为了减排首先拿汽车开刀。建设高铁的呼声，也在这样的背景下升温。比如，人口达千万的芝加哥，正在计划成为全国内陆高铁的中心：西北连接威斯康星，西南连接堪萨斯，东南连接印第安纳和俄亥俄。得州、佛罗里达、纽约州等，也都酝酿着高铁计划。但海岸线被旧金山、洛杉矶、圣地亚哥等几个中心城市所主宰的，并在政治上被喜欢公共工程的民主党所统治的加州，则条件最为成熟。然而，即使在这里，高铁建设仍然是一场顶峰的战斗。

高铁能为加州带来什么

在理论上，高铁的效益是显而易见的。专家们估计，同样以油作为动力燃料，以人均的能源消耗论，高铁仅为飞机的三分之一，汽车的五分之一（单人驾驶）。另外，铁路客运一直是最为安全的客运方式，特别是比汽车要安全得多。

加州高铁的宏观设计长达 800 英里（1300 公里），北起旧金山和地处内陆的加州首府 Sacramento，两线在北方汇合后进入 130 英里长的中段，纵穿加州广阔的中央平谷地带，最终到达洛杉矶，然后再度分叉，一线到达洛杉矶南部的尔湾（Irvine），另一线到达加州的南端圣地亚哥。这样，这条高铁就基本上贯穿了整个加州。另外，还有一条连接内华达的赌城拉斯维加斯的构想。

把这样的设计画到地图上，我们马上就能发现：高铁的规模和覆盖加州的州际高速公路几乎可以比肩，势必将革命性地转化加州的地面运输。有关专家计算，加州的高铁一旦全线通车，每年就可通过替代汽车和飞机旅行而减排 120 亿磅，这相当于减少了一百万辆车，每年节省 1270 万桶原油。一贯支持高铁的加州商会指出：目前加州人口为 3700 多万，未来20 年将上涨 1000 万，到 2050 年总人口将达到 6000 万。为了对付这样的人口增长，加州需要新建设 2300 英里的高速公路，115 个机场大门，四个飞机跑道，整个费用加起来高达 1700 亿美元。680 亿的高铁建设费用，则还远不到这笔费用的一半。高铁能够节省大量的公路和机场建设费用，更不用说省下的能源和环保费用了。另有高铁的支持者称，加州的原油供应目前有 4.5 亿多桶需要进口。按照现在的价格（86 美元一桶），每年为此花费 390 亿美元。高铁每年节省下来的原油预计高达 1270 万桶，占加州 2010 年原油消耗的 2%，仅这一部分的原油价格，也超过了 10 亿美元。

在 1970 年石油危机后美国人开始思考高铁建设的问题时，美国的人口不过两亿多。到 2050 年，美国人口预计将上升到 4 亿，几乎翻倍。到那时，美国已经很难说还是地广人稀的国家了，恐怕已经具有发展铁路客运所必需的人口密度。不过，高铁支持者的眼界远远超越了这种人口地理，在他们看来，地广人稀固然妨碍铁路客运的发展，但交通基础设施的建设本身，塑造着人们的居住模式。而这种被人为塑造的居住模式，马上又会变成一种新现实，反过头来引导着进一步的交通基础设施的建设。如此循环下去，固步自封，越来越难改变。比如，为什么美国人会选择摊大饼式的郊区化发展？那是因为 50 年代联邦政府投入了大量纳税人的钱建设高速公路，使人们有了分散居住的设施。这样的居住模式，很难产生一个人口集中的走廊来支持铁路客运，成为抵制高铁的理由。如今，在能源危机和环保运动的推动下，"新都市主义"悄然崛起。这种"新都市主义"所倡导的，是环绕着大都市而形成的一系列"中转村"，并用轮轨交通把这些"中转村"像糖葫芦一样串起来，和中心都市连接。每个"中转村"都是围绕着通勤列车站而形成的步行社区，居民可以步行到车站去大都市或其他卫星城市上班。这次经济危机后，远郊没落，都市和近郊复兴。"中转村"式的"新都市主义"居住形式确实有了发达的苗头。现在美国的公共交通体系，处于一个分水岭的位置。

所以，在许多高铁的支持者看来，交通的基础设施，不管是高速公路还是铁路，都主要依靠公共开支，问题是这种公共投入应该鼓励集约化的发展，还是鼓励摊大饼式的分散发展。在能源危机、环境崩溃的威胁下，展望未来美国的高速人口增长，过去那种分散发展的模式难以持续，政府有责任把公共开支导向更聪明的发展模式。一旦高铁建成，如此便捷的交通设施就会鼓励高铁沿线的集约式发展。这种集约式发展，又创造足够的人口密集走廊，形成高铁所必需的客流，然后进一步刺激各支线的建设。这样，铁路客运就会不断扩张，美国的交通体系就会渐渐摆脱基本依赖汽车飞机的状况。

高铁会把加州变成下一个希腊吗

尽管高铁有种种显而易见的好处，但是，在加州参议院对高铁案表决时，大多数选民对高铁的态度已经从支持转为反对。尽管加州参议院被民主党控制，州长 Jerry Brown 也竭尽全力游说，但直到投票前几个小时，除了共和党议员一致反对外，许多民主党议员也在摇摆，议案是否能够通过毫无把握。最终在民主党内一番紧张的政治动员和交易之后，议案以 21 比 16 的微弱优势获得通过，州长 Jerry Brown 赢得了一场艰难的胜利。

然而，反对派借助民意，声势浩大，已经准备以一系列诉讼颠覆既成的议案。加州的报纸虽然有强烈的自由派倾向，但对高铁也充满了非议，称这是条不知所终的铁路，是史上浪费最大的白象工程，将把加州变为第二个希腊。反对者还具体指出，高铁从费用、预计客流、设计时速、线路等等，无一项不充满了谎言。

Jerry Brown 也不是个软货，他是加州的政治世家出身，其父 Edmund Gerald Brown 在 1959—1967 年间就曾担任加州的第 32 任州长。他本人则于 1974 年首次当选加州州长，年仅 36 岁。父子之间，只隔了 8 年里根的统治，其中还包括 Jerry Brown 在里根第二任期间出任了州务卿。在 Jerry Brown 当选州长的头一年，正好石油危机爆发，这使 Jerry Brown 对能源问题刻骨铭心。他当了 8 年州长，又在 1976、1980、1992 年三次竞选民主党的总统提名，失败后于 1999—2007 年间担任加州第 8 大城市奥克兰的市长，2007—2011 年间出任加州的总检察长，政治生涯从未间断。2011 年在施瓦辛格卸任后他再度出山，第二次成为加州州长，可以说，他是加州最有资历的政治家。这次他敢于顶着民意，强行推动高铁案，就是自信政府必须领导这一划时代的转型。这次他为了签署这个被自己极力游说的法案，特地跑到洛杉矶和旧金山举行了两个仪式，并称反对者是"吓破了胆的人"、"失败主义者"。在目前的政治气候中，如果不是

Jerry Brown 的话，很难想象高铁案会成为现实。他与反对派的这场政治恶斗，也为我们理解美国公共工程的政治过程提供了颇为难得的视角。

为什么曾经支持高铁的选民突然转变了态度？这主要和美国的经济危机有关。这场半个多世纪未有的大衰退，使公众对政府债务深恶痛绝。2012 年美国国会拒绝提高债务上限的危机，以及当下欧洲的债务危机，都使得选民对政府债务特别敏感，加州本身也处于危机的漩涡之中。Jerry Brown 在 2012 年 5 月刚刚告诉选民：州政府的赤字从 1 月份的 92 亿美元上升到了 160 亿美元，主要是在经济危机中政府税收达不到预期。加州的两个市和一个县，总计人口 50 多万，其政府已经到了破产的绝境。在如此严峻的时刻，Jerry Brown 推动了大幅度的预算削减和 80 亿之巨的增税计划，引起巨大的争议。在这种财政紧缩的困境中，突然推动在美国史无前例的高铁计划，选民实在难以消受。

高铁的费用预算，首先成为焦点。2009 年预计为 357 亿到 426 亿美元，选民们对这个账单认可，在全民公决中通过。但是，到 2011 年时，预计费用上升到了 654 亿—985 亿美元，几乎翻倍。后来，这个数字又被修改到 680 亿美元，其中包括预计的通货膨胀因素。另外，完工的日期也被从 2020 年推迟到 2033 年。另外，官方预测到 2030 年时每年的高铁乘客在 6550 万—9550 万之间，但反对派和独立组织的估算则仅为 2340 万—3110 万之间，大致仅相当于官方数字的三分之一左右，这样，因高铁而削减的二氧化碳排放就不那么重要。另外，相当一部分路段的高铁还是立足于传统轨道，这将很难达到预定的时速。更为糟糕的是，第一期工程因为受到联邦拨款有关条件的制约，必须先建造穿越加州内陆中央平谷的路段。这里人烟稀少，是传统的农业区，最不利于轮轨交通的发展，很可能没有乘客。更不用说，当地居民喜欢务农的清静环境，极力反对高铁的入侵，甚至一些环保组织也加入了反对者的行列。

高铁的费用飙涨，质量和乘客人数则灌水，这已经引起选民的反感。此时，反对派继续炒作，称建设高铁要发行 90 多亿美元的债券，为此加州每年支付的债券利息就超过 7 个亿，这样的财政负担，会导致政府的破产。许多民主党选民，把教育和各种福利的开支摆在首位。Jerry Brown

虽然是资深民主党人，但在政府财政上则是位保守主义者，曾在70年代当第一任州长时创造了最大的财政盈余。所以，民主党选民担心，他为了自己这个"宠物工程"，会不惜削减教育和福利开支。可见，Jerry Brown 在高铁的问题上，处于受到两面夹击的困境中。

那么，高铁真会把加州变成第二个希腊吗？首先，Jerry Brown 是个财政保守主义者。此时加州由他执掌，多少增加了一些州政府的财政信誉。人们很难相信，这么一个有着财政保守主义的业绩的人，最后会把加州搞破产。第二，高铁固然费用翻番，但这种事情近年来屡见不鲜。技术的进步，原材料价格的上涨，许多因素都使得公共工程的价码提高。况且是这样史无前例的复杂工程，预计费用的上升很难避免。关键是，高铁的预算提高了。如果不建高铁，而建设铁路机场等设施，这些费用也同样飙升，最终可能远远超过1000亿美元。也就是说，不建高铁，那些费用也是逃不掉的。第三，加州为90多亿高铁债券每年支付7亿以上的利息之说，纯属反对派的炒作。90多亿的债券，并非一开始全部卖出，而是需要多少发行多少，持续十几年，开始发行的只有很少部分，自然不必要每年支付90多亿债务的利息。另外，7个亿利息的说法，还是根据90多亿债务6.5%的利息。最近加州的债务利息，是1.28%到4.13%之间，平均为2.7%，还不及6.5%的一半。也就是说，即使从一开始就支付90多亿的利息，每年的费用也不超过3个亿。最后的问题，则是高铁的许多路段属于传统路段。这种混合型，主要是和地方短途铁路分享一些路段。这固然降低了高铁的速度，但是对传统路段的改造，提高了地方铁路运输的效率，推广了高铁的效益。

就这样，双方各执一端，据理力争，谁也不肯后退。接下来的，则是一系列司法官司，不可能轻易消停。由此也可以看出，在美国政府要办点事需要扯多少皮。对于州长 Jerry Brown 来说，这是一场政治赌博。高铁是他80年代当州长时的梦，他一生几乎把加州所有最重要的官都当遍，能行使的权力都行使过。折腾快30年，总算推动通过了一个法案。而这个法案下的高铁，为了节省费用、满足各方需求，东妥协西妥协，目标时速大致仅为170公里，远达不到国际上200公里以上的高铁标准。

即使如此，用他的话来说，高铁建成时，他恐怕已经不在了。不过，加州的高铁，也许是他留给美国的最永久的印记。

高铁中的凯恩斯主义

在高铁问题上，美国的意识形态营垒分明。一般来说，做高铁梦的多是民主党人，反高铁的则是共和党人。理由不难理解，高铁建设运用的是公共投资，需要政府的介入，这和保守主义小政府的理念相当矛盾。

加州高铁，可以说将这样的意识形态冲突激化。如此巨大的公共工程不仅加大了政府的财政负担，而且有着明显的凯恩斯主义的倾向。凯恩斯主义的核心是政府主导的反周期的公共开支，在凯恩斯看来，经济危机是周期性的，往往由需求不足所致。此时政府可以采取财政措施，在需求不足时不惜以赤字为代价加大公共投入，使需求反弹，刺激经济的复苏。等经济回到强劲增长的轨道，政府税收自然会大幅度增加，那时再解决赤字的问题，总之，政府的投入具有反周期的性质。当私人领域不花钱时，政府就出来花钱，颇有些像中国古时候的常平仓。

加州的高铁，可谓是凯恩斯主义的经典运用。如今，无论是联邦政府还是加州政府，都陷入债务危机。经济衰退使政府税收锐减，连正常的开支都必须大幅度削减，怎么还能有钱建设高铁？加州参议院刚刚通过并为 Jerry Brown 签署的高铁法案，即 S.B. 1209，实际上是一个借钱修高铁的法案。这个法案授权加州政府发行总计 47 亿美元的高铁债券，用于修建加州高铁的一期工程，即通过中央平谷的那一路段，同时翻修一些现有的、可供高铁利用的传统线路。另外，这笔开支将吸引 32 亿美元联邦的奖励性财政投入。这样，就有 79 亿美元注入了加州经济。如今加州的失业率高达两位数，这 79 亿美元预计在未来 5 年内将创造 10 万个全职工作，在未来 15 年可创造 99 万个工作。

按照凯恩斯主义反周期的逻辑，这是一本万利之举。加州人口增长强劲，基础设施破败，交通体系急需整备，需要上千亿的公共投入。对此，没有人提出异议。那么，什么时候动手呢？现在经济仍然陷于低谷，失业率居高不下，工薪、原材料价格都属于"衰退价格"。此时政府以公共投入来完成这些工程，比等几年后经济恢复、工薪和原材料价格上涨20%甚至50%的时候再动手，会节省了大量的公共开支。不仅如此，这样的公共投入，使许多失业者有了工作，有了购买力，进而刺激了私有领域的需求，最终使经济更快地回到健康增长的轨道上来。这样的例子，在历史上屡见不鲜，实际上这也不是什么"大政府"的经营逻辑。反周期的投资，首先是钢铁大王卡内基在私营经济中创造的，这不仅不违反市场规则，而且是对市场规则创造性的运用。

问题是：政府没钱怎么办？那就借钱。在债务危机席卷全球的时刻，大家谈债色变，不分青红皂白地把政府债务当作万恶之源，容易忽视借钱的智慧。前文已经讨论过，加州政府30年债券的平均利率，最近不过为2.7%。以2.7的利率借钱修建急需的公共设施，避免了在日后价格上涨20%甚至50%的情况下兴建。如果你是私人买房，难道不会趁着低房价、低房贷的机会先买吗？难道等房价上涨50%以后用现金支付才是负责？

其实，市场本身早已经作出了判断。市场并不靠意识形态吃饭，而是盯着自己放出的贷是否收得回来。面临债务危机的希腊，政府30年债券的息率高达20%以上。这说明市场对这样的政府债务毫无信心，只有拿出如此高的息率，才有人肯冒险贷款。与之相对，美国政府30年债券的息率仅百分之二点几，差不多是希腊的十分之一。也就是说，同样借一个亿，希腊政府要支付两千多万的利息，美国政府仅需支付两百多万。德国政府30年债券的息率，仅1.5%左右，不久前甚至还出现了负息率，就是你必须花钱给德国政府求人家向你借钱。这说明，这样的政府债务太可靠了，成了一个超级保险柜。你有富余的钱没有地方存，那就存在那里为好。丹麦政府的债券，也出现过这样的负息率。

加州政府借30年的钱息率平均2.7%，说明不管媒体和政客如何热炒债务危机，市场不为所动，很愿意把钱借给加州政府。绝大部分私营企业，以这样的息率是借不来钱的。个人买房子，如今30年房贷创了历史最低水平，息率也远在3%以上。如果政府借钱的息率如此之低，那些谴责大政府不负责任借钱的人，岂不是自己不尊重市场的选择吗？

所以，高铁是否会把加州变成希腊，看看金融市场的债券息率就应该有结论了。

智能高速能够替代高铁吗

几年前耶鲁的经济学家们聚首讨论经济危机，预言了房市崩解的席勒等大腕如数到场，主流意见是要求政府加大基础设施建设。其实，大家都潜移默化地接受了凯恩斯的反周期逻辑。

不过，政府反周期的公共投入，如同政府债务一样，并非放之四海而皆准的普遍真理。希腊的债务息率超过20%，几乎被市场判了死刑。德国的债务则出现过负息率，大家求着德国政府借钱。所以，同是政府债务，性质可以截然不同，反周期的公共投入也是如此。到美日等国短期旅行过的朋友大概都能观察到：日本的公路，简直如梦一般平坦舒适。美国的公路，则像个充满补丁的旧衣服，到处坑坑洼洼，这显示了两国几十年来公共财政行为之不同。日本政府动不动就向基础设施建设注入大量资金，试图在衰退期用反周期公共投入振兴经济。这一招数反复使用的结果，是基础设施过分建设，哪怕没有人去的地方也修路，而且修得是那么结实漂亮。美国则是另一个极端，公共设施因为涉及到政府的预算，大家盯得非常紧，一分钱不敢多花，能凑合就凑合。在强调私人经济、诋毁政府行为的美国，老百姓今天翻修自己的厨房，明天翻修厕所，家里造得如同宫殿，但一开车上路就开始颠簸。

所以，在目前这样的历史关头，美国有着反周期公共投入的最好条件。日本不仅基础设施已经过分建设，而且人口萎缩，许多地方会变成鬼城、鬼村。美国正好相反，基础设施年久失修，但人口增长强劲，现在已经到了不建不行的地步。有人甚至算过账，美国因为公路过于破旧，使汽车折旧率大增，当然也更为耗油，这方面的损失每年要以数十亿计。所以，在基础设施上进行公共投入，美国是世界上最有效益保障的地方之一。在我看来，盲目反对大政府、反债务的运动席卷美国，造成了政治僵局，使美国难以在公共设施投入上有果敢的大手笔。这不仅导致美国和世界迟迟走不出衰退，而且将会让美国日后追加更大的公共投资。

不过，在耶鲁经济学家的那次聚会上，有位经济学家唱了反调，很值得讨论。他称，反周期的公共投入听起来很好，但是有一个问题：政府那么多钱砸进去，不过是按照今天的构想建设明天的公共设施。但是，谁知道明天究竟需要什么样的公共设施？你今天花了那么多钱把设施建好了，明天没有人用。这岂不是巨大的浪费？

一直鼓吹公共交通私有化的 Clifford Winston 最近在《华尔街日报》撰文，针对加州的高铁具体展示了这派的思路。在他看来，在西方，公共交通设施本来是私营企业的创新，但在 20 世纪被公共权力接管，从此成了公共财政的沉重负担，而且非常缺乏效率。加州高铁，不过是另一个缺乏想象力的公共投入而已。事实上，谷歌所发明的无人驾驶汽车，才是最有革命性、最有效率的交通突破。谷歌的汽车用计算机驾驶，每秒接收 10 次路面信息，比人脑处理信息的速度快得多，将大大减少交通事故。不仅如此，这种技术和其他的 GPS 等技术结合，可以根据公路交通拥堵状况及时疏导车流，选择最佳路线，帮助车主尽快到达目的地。更为重要的是，这种聪明的汽车，所要求的车道狭窄得多。现有高速公路的车道不仅是根据人的驾驶技术设计的，而且对宽大的重型货车和小汽车不加区分。如果设置重型货车专用道，并根据计算机的驾驶能力把车道缩窄，则所有高速公路在重新设计后都能分出更多的车道，这样就会革命性地提高现有公路的运载能力。看看历史，一个世纪以来，私营企业在汽车上的技术更新从来没有停歇过，但是，政府修的路还是老样子。政府管理这些基础设施，目前已经成了交通革命的最大障碍。

Clifford Winston 的理论，当然并非科学幻想。先不说无人驾驶汽车已经被发明出来，日本国家铁路 1987 年被私有化，不仅效率大大提高，而且公司保持着健康的盈利。问题是，美国这么庞大的交通体系，在目前的政治和经济框架之中，是否有一夜之间被私有化并创造出巨大效率的可能，乃至使所有公共投入都成为不必要？在未来 5 年内，让公路上所有车辆都变成了无人驾驶是否现实？仔细想一下，这种无人驾驶的汽车，装上眼观六路、耳听八方的计算机驾驶系统，再加上 GPS，以目前的技术，恐怕很少有消费者能够支付得起。甚至像 GPS 这样成熟、廉价的系统，至今仍然有许多消费者不买。即使谷歌无人驾驶汽车上市，也需要绝大多数消费者购买，高智能的公路才可能有效运营。这不要说 5 年时间，三四十年内恐怕也很难实现。在这期间，交通靠什么呢？这些 Clifford Winston 都难以回答。像他这样的市场派的一大难局在于，他们虽然猛烈抨击基础设施的公共投入，反对长远的宏观设计，强调"渐进、自发的秩序"，但他们自己拿出的替代性构想，则比"政府计划"更像个乌托邦。要知道，即使无人驾驶技术一夜之间成为现实，高速公路得以由四道改为五道，这也不过把运载能力提高了四分之一。而加州的人口在未来 30 多年将从 3700 万增加到 6000 万，新的设施仍然必须建设，而现在建设显然是最便宜的时机。美国的政治体制是个扯皮的体制，Jerry Brown 当遍加州的高官，想修高铁想了 30 多年，现在不过拿到了一纸法案，并必须面临许多司法挑战。Clifford Winston 鼓吹公共设施私有化，不管想法多么好，恐怕奋斗百年也不会成功。面对这样的现实，恐怕最好的方式还是双管齐下：一方面把相当一部分高速公路私有化，推动技术革命，另一方面建设高铁。这样，也许可以把新建高速公路和机场设施的规模压到最低的限度。

　　一个 680 亿美元的项目，不管是公共投入还是私人投资，都是一场赌博。未来的技术进步，可能戏剧性地改变经济和人口地理。基于现在来设计未来的设施当然会犯好多错误，但是话说回来，人类从来都是在对未来没有确定的知识的情况下行动的，加州也不可能在没有任何基础设施的更新和扩展的情况下维持其人口和经济的增长。凯恩斯本人说过一句意味深长的话：把钱用于基础设施建设，或把钱贷到国外，都可能成为错误的投资。所不同的是，在国外投错了资，可能是血本无归。往国内的基础设施上投资，再怎么错，这些设施还能留下来自己用。看看日本就知道，基础设施过分建设确实不好，但是，那些质量响当当的公路、桥梁、新干线，还是给日本提供了重要的服务。从这个角度说，加州高铁也许是个值得的冒险。这一高铁的命运，将对其他的州产生巨大的示范效应，进而决定高铁在美国的前途。

城市领导的基层革命

在上个世纪 90 年代，美国拒绝签署《京都议定书》，在世界上信誉大跌。如今，美国仍然没有签署，而且也看不到这样的政治可能。但是，美国已经有 1060 个城市的市长，按照《京都议定书》的规范签署了大气保护协议。这 1060 个城市，有着将近 9000 万人口，接近美国人口的三分之一。

纽约、旧金山、洛杉矶、芝加哥、波士顿、费城、拉斯维加斯、底特律等大都市，几乎都如数在内。要知道，美国前 100 个大都市圈（每个大都市圈还包含着许多中小城市），土地面积仅为美国的 12%，人口为三分之二，GDP 则占美国的 75%。所以，在 1060 个签约的城市，其 GDP 所占的份额远超出其人口份额，影响巨大。

这仅仅是一个小小的例证，展示了城市在 21 世纪举足轻重的作用。最近 Bruce Katz 和 Jennifer Bradley 合写的新书《大都市的革命》，在媒体上引起了普遍的反响。同时，纽约、波士顿等城市的市长换届选举激战正酣，越来越引起了人们对城市的注意。用 Bruce Katz 和 Jennifer Bradley 这两位作者的话说，过去，联邦和州政府被认为是"大人"，制定基本的制度和政策框架，为国家指引方向。城市这样的基层政府，则更像个要零花钱的孩子，万事要看联邦和州政府的眼色。如今，美国政治陷于恶性党争长期不能自拔，特别是联邦政府，几乎完全陷入政治僵局。总统一旦想有什么动作，反对力量就可以通过国会让政府破产。双方最后的妥协，其实就是什么事也不做。而美国在这次大衰退后经济恢复无力，同时面临着全球化、经济转型等多重挑战。政府不作为，国家岂不如同盲人骑瞎马，方向在哪里？

城市，也正是在这一背景中异军突起，填补了领导力的真空。目前，纽约市长布隆伯格即将卸任。在地方政治家为了继承他的职位打得难解难分之时，《纽约时报》通过一系列报道，展示了布隆伯格的政绩。如今，首都华盛顿已经成了一个捣乱容易、办事难的地方，哪怕是大部分人都同意的事情也难以办成。布隆伯格在纽约则能励精图治。要知道，美国大都市不论是盖房子还是拆房子，都会没完没了地扯皮，多年没有结果。

　　但布隆伯格让纽约的都市风景线在短期内就有了显著的变化。他经常脱离政治常规，以超前的观念铁腕治理，比如在纽约大力推进自行车，甚至管起人们的饮食来。当联邦政府的科学基金前途未定时，布隆伯格则在纽约创立应用科学校园，试图建立一个斯坦福式的一流大学，以纽约来替代硅谷，成为世界的创意中心。

　　要办事，去城市，这一点，美国的政治家心知肚明，Rahm Emanuel就是一例。他本是克林顿的高参，2002年竞选众议员成功，并领导民主党在2006年的选举中夺回众议院，成为民主党政治复兴的领军人物。2008年奥巴马当选后，他马上成为奥巴马的首席阁僚，《纽约时报》2009年称他是这一代人中最有影响的首席阁僚。但是，他在如此举足轻重的职位上仅待了一年多，一听到芝加哥的市长位置空出，就辞掉白宫的要职空降芝加哥，最后当选为芝加哥市长。显然，这位老道的政客明白，在政治上要"创业"，当市长比在白宫把持权杖更有效。

　　为什么会如此？首先，美国的联邦政府的政治僵局，是全国范围内缺乏政治共识所导致的。得州农村的保守派基督徒，和纽约的同性恋们，几乎是水火不容，什么事情都别想商量。看看每次大选的政治地图就明白，从来是南北红蓝"割据"、海岸和内陆界限分明。但是，城市则大为不同。大部分城市，居民的政治倾向、价值观念，共同之处较多，形成共识容易。比如纽约、波士顿等地，绝对是自由派的天下，乃至大家不时选出个共和党的市长。因为大家有足够的信心，即使是共和党执政，也不会违背城市的主流价值观念。这种安全感和自信心，不仅使大家有事好商量，而且也比较能够容忍异端。

第二，城市规模有限。市民所支持的政策，往往立竿见影地在自己的生活中产生效果。比如，美国的基础设施年久失修十分严重，从电网到高速公路，都急需大规模地整治。但是，即使两党对这一问题的迫切性都有充分认识，大家还是陷于财政僵局而难有作为。反而是像洛杉矶、丹佛这样的城市，能够大规模投资于公共交通设施。选民很清楚：自己投票了、缴税了、地铁建成了，自己上班马上就能用。但你要说服纽约人为得州的电网纳税，则难上加难。

第三，美国的居住形态开始转型。经历了20世纪的郊区化后，本世纪的大势是都市的复兴。目前类似《郊区的终结》等新书已经出版了好几本，城市的房价也迅速反弹。城市在经济上所占有的份额、所扮演的领导性角色，将越来越重要。

那么，美国这么大的一个国家，如果联邦政府不作为，城市纷纷各自为政，是否会缺乏领导力，导致群龙无首的乱局进而削弱国家的竞争力呢？也许历史会给我们一些启发。在西罗马帝国灭亡后，欧洲就是群龙无首。此时崛起的，是威尼斯、佛罗伦萨、热那亚等一系列意大利城市国家，以及后来西北欧的布鲁日、安特卫普、阿姆斯特丹等商业自治城市。国际贸易体系、手工业、金融等先进的制度模式，都是这些城市创立，然后得以在世界上扩散。我们今天所享受的大部分制度，都是这些城市的果实。

美国的联邦政府，至少提供了一个稳定的制度框架，各州各城市至少不可能兵戎相见，这比起中世纪的欧洲已经是很大的优势。如果联邦政府守着这样的框架不作为，让城市各自为政，就自然会创造一个优胜劣汰的和平竞争格局。目前有纽约、波士顿这样的成功都市，也有底特律这样的失败城市。

人们可以在各种各样的城市中进行选择。长期失败的城市自然会被淘汰，繁荣的城市则会吸引越来越多的人口，影响力越来越大。这不是两党以政纲来竞争，是各城市以业绩来竞争。在这样的竞争中，城市可能领导一场基层革命，重新塑造美国。

左翼大潮中的纽约

新年第一台大戏

2014 年美国的第一台大戏在元旦那天准时登场，演员们全是名角，这就是由前总统克林顿主持的纽约新市长白思豪的就职典礼。白思豪不仅是纽约 20 年来第一任民主党市长，而且属于民主党的左翼。他以压倒优势赢得选举，被视为"占领华尔街运动"的胜利。

白思豪以"占领华尔街"式的左翼理念竞选，其间不乏对前市长布隆伯格的批评。按照一般的政治常规，从竞选时"打天下"过渡到执政时"坐天下"，意味着煽情阶段已经成为过去，面临实际的治理问题，当选者会把激进的标语口号温和化，就职典礼往往是这个转型的开始。

然而，白思豪的就职典礼却见不到一点温和化的迹象，仿佛真是对华尔街的占领。他在就职演讲中频频指出："伟大的梦想不是少数特权阶层的奢侈品"，"纽约不是 1% 富人的独有领地"。他还相当具体地重申其政策细节："那些一年挣了 50 万到 100 万美元的人，每年将多缴 973 美元的税金，一天还不到 3 美元！"他要通过给富人加税来支持纽约的免费幼儿园。

不过，白思豪和克林顿一样，还保持着传统的政治文明礼仪，都对坐在一旁面色郁闷的卸任市长布隆伯格表示感谢。可惜，其他一些致辞人则火药味十足。其中纽约新任的公共辩护师 Letitia James 呼吁政府多关心那些饥寒交迫的孩子，别把心思总放在兴建新的体育场、给豪华公寓税收优惠上面，其实就是不指名地攻击布隆伯格的具体政策。站在她身边牵着她手的，是一位年仅 12 岁的无家可归女孩儿 Dasani，被用来作政治秀。

这位 Dasani，最近成为美国媒体的焦点。《纽约时报》在 2013 年 12 月发表了 5 篇共计 2.8 万字的连载，追踪她和她的家庭的经历。她是一对拖着一堆孩子的无家可归夫妇的女儿，虽然性格坚强，聪明能干，但总是跟着家庭在城市中被赶来赶去，往往生活刚有些起色就又坠入深渊。整个连载写得催人泪下，对纽约无家可归者中心的管理混乱和冷酷无情进行了深描。同时，布隆伯格也被刻画为一位高高在上、兴趣怪癖的土豪市长。他那个从来不用的豪华市长官邸，也被用来和无家可归者的惨境进行对比。

连载一经刊出就引起轰动。《纽约时报》发表社论，强调贫困问题成为近年来纽约繁荣中被忽视的死角。布隆伯格的两位代理市长，则马上在《华尔街日报》发表文章，对《纽约时报》的报道予以反驳。他们指出，2011 年 11 月，一位不堪家暴的妇女带着自己的四个孩子出走，她没钱、没工作、无家可归。正是纽约的无家可归者中心收容了她，并对之进行职业培训，现在已经找到工作，并用自己的钱租了房子，她是纽约的 33.5 万个前无家可归者之一。他们每个人背后都有着很震撼的故事，但怎么能拿一个家庭的例子来概括全部？两位代理市长随即拿出具体数据：2012 年，纽约市的扶贫开支是 92 亿美元，比布隆伯格就任那年增加了 83%，其中 9.81 亿用于为无家可归者服务，布隆伯格还拿出 3.2 亿自己的钱来救助穷人。在他的任上，纽约市新建和翻修了 17.5 万套保障房，90 万市民从救济系统走上了工作岗位。在过去 12 年，全美的贫困率上涨了 28%，但纽约市的贫困率则没有上涨。事实上，自 2005 年以来，纽约的无家可归者人数下降了 28%。在美国，没有一个城市能像纽约那样拿出如此巨大的资源和贫困进行斗争，也没有一个市长能像布隆伯格那样对这个问题有如此之大的个人投入！

《纽约时报》对于这场媒体硝烟最终吹到就职典礼上来，似乎有些看不过去，恐怕也觉得自己对布隆伯格有欠公道，于是在 1 月 3 日特别发表社论，批评那些在就职典礼上攻击布隆伯格的人，称布隆伯格本人并非卡通画上那种镀金时代的大款。新市长面临的挑战不是怎么清算过去，而是怎么面向未来。

所有这些争议，如果仅仅限于就职典礼上的政治文明礼貌的话，那么就如同历史长河中的一个小水花，过几天就没有人会记得。然而，火药味十足的就职典礼，恐怕是更深刻的政治潜流的一部分，元旦这天可能仅仅是一场大戏的开场。

这一政治潜流，有两个特别值得一提的面向。第一，美国贫富分化日益严重，民愤汹汹，导致政治左翼化。在过去几年，茶党和占领华尔街运动，分别代表着保守主义和自由派两方的草根运动。茶党很快成为共和党政治中举足轻重的力量，许多茶党政治家被选入国会。一些保守派人士立即弹冠相庆，宣称茶党所代表的右翼草根运动更能表达大多数美国人的心声，也更尊重和平、民主的政治程序。相比之下，"占领华尔街"则是少数激进主义者的闹事，他们知道自己的主张无法获得大多数美国人民的支持、无法通过选举来实现自己的政治诉求，进而不惜破坏公共秩序、通过极端手段作秀而引起人们的注意，最终只能是雷声大雨点小的街头政治。可惜，这样的判断似乎属于高兴得太早。茶党的第一个受害者，恐怕是温和派的共和党人。这些温和派在本党的各种预选中受到茶党的打击而纷纷落马，使共和党越来越偏激，也越来越不人气。而"占领华尔街"运动，则把白思豪这样的代理人推上举足轻重的位置。

第二，纽约在最近十几年，在城市复兴中一马当先，布隆伯格这样的铁腕市长功不可没。但是，繁荣的城市如何避免成为自己的"成功的受害者"？这不仅是纽约的问题，也是21世纪城市化的普遍问题。一个城市的成功，会创造一系列高端的工作，吸引一大批高薪人才。这些高收入阶层的涌入，必然推高房价，使中下层的居民感到巨大的压力，使他们觉得自己不是繁荣的受益者，而是受害者；原来住得起的地方，现在住不起了。这个问题布隆伯格没有解决，难道白思豪就能解决？对此，左翼的《纽约时报》也无信心，所以才呼吁大家"向前看"，把心思转到治理上来。

西方的左翼潮流

白思豪当选纽约市长，不过是西方左翼大潮的一个浪头而已。我们不妨看看西方发达国家：2012年美国大选时，经济依然一蹶不振，许多保守派认为奥巴马死定，结果共和党输得干净利落。法国总统奥朗德，也是位要劫富济贫的左翼人士，口口声声自己不喜欢富人。在德国，旗帜鲜明地拥护市场经济的自由民主党，战后进入执政联盟内阁的时间长于任何一个党，但2013年选举中因无法赢得5%的选票而在历史上第一次被踢出了国会。

也许更具影响的，是新教皇方济各。他是我们记忆中最有魅力的教皇，上台后频频直言，一反前任们保守谨慎的风格。其中，他的言论中最具有震撼力的，是对贫富分化和极端市场主义的攻击：

"怎么一位无家可归的老人在光天化日下的死亡不构成新闻，而股市跌了两个百分点却成了新闻？这是典型的排斥。我们难道要继续对在人们忍受饥饿时食物被扔掉的现实熟视无睹吗？这是典型的不平等。如今，一切都被置于竞争和适者生存的原则之下，那些有权力的被没有权力的人给喂肥。结果，大量的人民发现自己被排斥、被边缘化：没有工作、没有机会、没有逃避的渠道……

"在这种环境下，一些人仍然为'涓滴理论'辩护。这种理论假设：为自由市场所鼓励的经济增长，最终将在世界上成功地带来更大的正义、更多的包容。这种从来没有被事实所证明的理论，所表达的，是对那些操纵着经济权力、神化现有经济体制的人们的粗陋和天真的信心，同时，那些被排斥的人们仍然在等待。为了维持这种排斥他人的生活格调，或者为了维持对这种自私的理想的热情，全球化式的冷漠正在发展。我们几乎没有意识到，我们丧失了对穷人哭嚎的同情能力，丧失了为别人痛苦而落泪的能力以及想帮助那些人的感觉，好像所有这些都是别人的责任，而不是我们的责任。"

方济各这番言论，在西方特别是美国所引起的震撼是非常强大的。

西方自 80 年代里根撒切尔主义盛行以来，哈耶克、弗里德曼式的市场自由主义经济学就成为主流，似乎市场规则胜过一切规则，谁要试图用政府权威矫正市场竞争的不良结果，就被攻击为计划经济。似乎市场永远具有自我调节的能力，永远不会有所谓"市场失败"。这套信念，经过本次金融危机，已经丧失了许多信誉。论者指出，方济各在此俨然提出了一套"教皇经济学"：市场秩序要镶嵌在社会秩序之中，而非社会秩序镶嵌在市场秩序之中；是市场为社会服务，而非社会为市场服务。

方济各把那种认为富人富起来后会逐渐惠及中下阶层的"涓滴理论"作为自己的攻击目标，称这种经济学在现实中毫无证据，这确实也揭去了一身皇帝的新衣。举个最简单的例子，黑人之所以一窝蜂聚集在民主党旗下，就是因为共和党认为黑人的苦境是因为自己不争气、在市场竞争中赢不了、要求政府救济，最终拖累社会。问题是，黑人群体中的种种社会问题，绝大多数都来源于奴隶制度。在这种制度下，家庭价值不被鼓励，男女只是繁殖的工具，读书识字也是非法的，这自然塑造了黑人社会的种种"文化现象"。保守派们往往忘记：当年的奴隶制度，就是按照自由放任的美国式市场规则运营的。黑人如同牲口一样成为奴隶主的私有财产，取消这样的财产权也被认为是对市场原则的侵犯。而很多这样的市场规则，在短期内相当有效率地创造了财富，但长期的发展则会造成积重难返的问题。奴隶主富裕了以后，不会把自己的福益"涓滴"给黑奴，而是会想方设法发明新的压榨方式、创造经济效益。没有政治的介入，市场对这样的不正义（以及从长远来看的低效率）很难自然调节、修正。

美国清教立国，天主教属于少数，最初在东欧、爱尔兰裔等移民劳工阶层中影响比较大，60 年代以前一直是民主党的选民。但日后天主教徒渐渐向右翼靠拢，被称为美国最大的摇摆性选民集团，影响举足轻重。本世纪初布什大打宗教保守主义的牌，在反堕胎、反同性恋等问题上，缔造了天主教和新教福音派的保守主义政治联盟。2004 年大选时，民主党候选人克里是天主教徒，但在天主教徒中输给布什的比例反而比在整个选举中的输面还大。后来虽然奥巴马重新赢得天主教的多数，但天主教在右翼宗教保守主义中仍然是一股重要力量。2012 年大选时共和党副总统候选人，也是 2016 年共和党总统候选人的大热门瑞安，就是位虔诚的天主教徒。天主教和强调个人信仰的新教不同，比较尊重教会的权威，跟教皇公开作对是很不容易的事。所以，教皇这番对市场原教旨主义的痛斥，为左翼所欢呼，对右翼天主教政治势力也形成了相当的威慑。

在纽约的市长选举中，共和党候选人 Joe Lhota 就是位天主教徒。白思豪是位基督徒，自称不属于任何教派，但具有天主教背景。他在就职典礼中，就是接着教皇的话继续说："有些极右翼的人继续教诲大家'涓滴理论'的美德，他们相信进步的方式是给那些已经是最幸运的人更多的福益，然后这种福益会通过某种方式向下惠及其他的人……"他拒绝相信这样的"涓滴"，他要进行正义的财富再分配。

如果我们通过就职典礼展望未来的话，那么一种可能的未来是："教皇经济学"和弗里德曼式的市场经济学大有一拼。左翼意识形态已经从八九十年代以来的保守主义时代中恢复了信心。

白思豪的左翼政治谱系

白思豪当选纽约市长，演绎着纽约政治的经典谱系。1989 年，David Dinkins 击败共和党候选人朱利安尼，成为纽约历史上第一位，也是迄今为止唯一一位黑人市长。1993 年两人再战，David Dinkins 败在朱利安尼手下，民主党人 20 年间与市长无缘。

白思豪是 David Dinkins 的助手，并在为 David Dinkins 工作时认识了比自己大六七岁的黑人女诗人 Chirlane McCray，两人 1994 年结婚。纽约市人口中黑人比例占四分之一以上，是一股举足轻重的政治力量。白思豪的混血家庭，被媒体高调报道。其夫人积极参加选战，黑人选民也确实把白思豪当成自己的"女婿"。被他击败的共和党候选人 Joe Lhota，则是当年朱利安尼的左膀右臂，从首席幕僚一直当到代理市长。白思豪的当选，也算是为老主人 David Dinkins 报了一箭之仇。

著名保守派评论家、当年里根的主要笔杆子 Peggy Noonan，事后在

《华尔街日报》上的专栏上写道：朱利安尼和布隆伯格两位市长20年的治理，把纽约从60、70、80年代的破产、劳工骚动、高犯罪率的泥沼中拯救出来，使纽约再次成为一个伟大的城市。这次白思豪的当选，登记选民中仅有24%出来投票，是历史最低纪录。无疑，她暗示民主党只会把城市搞垮，共和党则把城市治理得井井有条，白思豪是趁着选民政治冷漠之机当选，合法性大可怀疑。

对于这类党派之见，我们当然不可过于认真。许多论者指出，纽约的复兴，在David Dinkins时代已经开始，是David Dinkins率先强化了纽约警察的力量，使犯罪率开始明显下降，并复兴了时代广场。David Dinkins在严重的财政束缚之下，一任之内改建的危房就超过了朱利安尼两任内完成的数量，并把纽约无家可归者人数降到20年来的最低水平……David Dinkins在1989年也不过是险胜朱利安尼。不幸上任后赶上全国的经济危机，纽约的失业率从1989年的6.7%上升到1992年的11.1%。老布什1992年赶上了同样的经济，即使打赢海湾战争也照样丢了白宫，可见，把纽约的复兴都归于朱利安尼和布隆伯格两人之功未免言其实。David Dinkins的支持者们一直不那么服气，他们认为是朱利安尼打断了David Dinkins开启的贫富共同的复兴。这次白思豪以73%以上的选票获得压倒性的胜利，多少是这种情怀的表达。如果这么大的比分还不令人信服，那么选举还有什么用？分析家指出，这次投票率之所以如此之低，最重要的原因是白思豪对于共和党候选人的领先幅度实在太大，选民觉得结果毫无悬念，自己投不投票都无关紧要，懒得参与。

不过，朱利安尼和布隆伯格政绩赫赫，纽约最近20年正享受着复兴的荣光，这也是不争之事实。在这种太平盛世中，白思豪的崛起就更令人惊奇。他的竞选主题，不是什么纽约如何伟大、不是什么要把纽约建设成世界之都，而是"双城记"：最富裕的纽约人享受着豪奢的生活，而工薪阶层和退休人员很难维持日常开支，每晚都有5万个纽约人在无家可归者中心过夜，几乎一半的纽约人要把30%以上的收入用于住房，有三分之一的家庭至少把一半的收入花在住房上……这分明是对繁荣的批判！

白思豪在 2013 年 1 月宣布参加市长竞选时，在拥挤的民主党候选人集团中摇摆于第四、第五位，并不被看好。到了夏天，他参加街头抗议，反对长岛学院医院的关闭，结果因扰乱治安被逮捕几个小时。那个医院仅有 18 位住院病人，但维持着 1800 个雇员，每周就亏损 1500 万美元，关门止血恐怕是不得已。白思豪打着反对削减公共服务的传统左翼旗帜前来抗议，被批评者指为选举作秀。此事的是非，姑且另当别论，但事实是：几个民主党市长候选人都争先恐后地前来抗议，只有白思豪撞上了被逮捕的运气，被媒体大肆报道了一通。与此同时，他的名声和支持率稳定增加，到 9 月就锁定了民主党的提名，并对共和党候选人建立了不可超越的优势。

可见，无论从白思豪的竞选主题，还是他的竞选方式来看，他都是位带有强烈"占领华尔街"色彩的候选人。问题是，享受着布隆伯格时代繁荣的纽约人为什么买他的账？

贫富分化、贫富隔离的纽约

对于 Peggy Noonan 这种的保守派人士来说，白思豪的当选纯属纽约人好了伤疤忘了疼。1991 年，纽约有 2245 起凶杀案，2013 年仅 333 起，变化是天翻地覆的。但是，20 年太久，二十几岁的人对自己的婴儿期不可能有记忆，四十几岁的人往往是外来户，体会不到 20 年前纽约人的感受。

选民记忆短暂，是个不争的事实。2000 年美国的选民在克林顿的繁荣中就似乎有点活腻了，居然选出了布什这么位酷哥，8 年把"世界帝国"的元气折腾得差不多。纽约人是否在重复这样的戏剧？现在判断还为时尚早。不过，2013 年绝非 2000 年。纽约虽然繁荣，美国经济还是满身伤疤。当然，能花 500 万美元在曼哈顿购置豪华公寓的 Peggy Noonan，未必是体会普通纽约人生活的最好人选。在白思豪的"双城记"中，她显然住在另外一个城市中。

纽约是世界的财富之都，是亿万富翁最多的地方。在《财富》杂志的 400 位最富的美国人之中，70 位住在纽约，比接下来的四个城市所拥有的亿万富翁的总和都多，"土豪"市长布隆伯格就是这些巨富之一。但是，纽约的中等家庭收入仅 4.8 万美元多一点，低于纽约州（5.3 万）和美国（5 万）的中等家庭收入。最穷的区，中等收入还有不过万的。

最近 20 年纽约的繁荣，直接反映在人口上。从 1970 年到 1980 年，纽约人口下降了 10.4%，人口总量降到 30 年代的水平，反映了郊区化大潮中都市的普遍没落。接下来十年，人口反弹 3.5%。在 90 年代，人口则增长了 9.4%，在 2000 年超过 800 万，达到历史最高水平，反映了克林顿时代的繁荣，也和 David Dinkins、朱利安尼两位市长的政绩有关。本世纪头十年，纽约经历了"9·11"，IT 泡沫破灭、大萧条以来最严重的"大衰退"，华尔街是不折不扣的风暴中心，但纽约人口仍然上涨 2.1%。而在 2010—2012 年，纽约人口两年就增长 2%。这几乎是战后从来没有过的高速度。

大量人口涌入纽约，无疑是被纽约强劲的经济活力所吸引。而纽约的新移民多是高端人才，收入水平非常高。他们的进入，导致房价飞涨，这就使中下层居民越来越住不起。Pew 民调在 2012 年 8 月发表一项研究，用"居住收入隔离指数"（Residential Income Segregation Index 简称 RISI）来衡量美国 30 大都市圈在居住模式上的贫富隔离。贫富隔离当然是贫富分化的产物，但也反过来加剧贫富分化。在许多学者看来，贫富隔离恐怕是比贫富分化更为严重的社会问题。这种隔离使富人住在一个地方、穷人住在另一个地方，双方老死不相往来，社会结构被固化，丧失了基本的流动性。特别是那些有孩子的家长，往往是"孟母三迁"，直到找到一个教育条件好的高房价区为止。这样，穷孩子从小就输在起跑线上，长大后只能更穷。

以这种 RISI 指数衡量，纽约仅居休士顿和达拉斯之后，是美国第三个在居住上贫富最为隔离的城市。其中，纽约的穷人，41% 居住在穷人区，这个比例高居全美第一。纽约的富人，有 16% 居住在富人区，居全美第五。在 1980—2010 这 30 年间，美国的种族隔离名亡实存，贫富隔离又成为新的社会病。穷人居住在穷人区的比例从 23% 上涨到 28%，富人居住在富人区的比例从 9% 上涨到 18%。与此同时，中产阶级混合社区的比例，则从 85% 下降到 76%。康奈尔大学教授 Kendra Bischoff 和斯坦福大学教授 Sean Reardon 在 2013 年发表的 1970—2009 年美国贫富隔离状况的报告指出，这 40 年来，穷人隔离（即穷人住在穷人区）的现象虽然不断增长，但远不如富人隔离发展得更快。

这就是纽约从布隆伯格到白思豪时代交接的大环境，评价这两个人，都离不开这一宏观的背景。

布隆伯格的遗产

布隆伯格从 1960 年开始就是民主党人，2001 年摇身一变成为共和党，当选了纽约市长。但 2007 年他又宣布成为独立人士，2008 和 2013 年总统大选时关于他将作为独立候选人参选的"谣言"四起，2008 年他和奥巴马、麦凯恩都进行了秘密会晤，据说民主党和共和党都考虑把他当作副总统候选人；后来他在 2012 年公开支持奥巴马，这些都显示了他政治立场的复杂。在文化和社会政策上，他是绝对的自由派，但是在财政上，他则是个保守派，强调经济发展和预算平衡。不过，即使是在这方面，他也并非经典的保守派。比如，他把所继承的 60 亿美元之巨的财政赤字转化为 30 亿美元的盈余，办法是增加纽约的房地产税，为此遭到保守派的攻击。他公开表示："税不是件好事，但如果你想要服务，总得有人埋单，所以税是必要的邪恶。"同时，他对贫富分化非常担心，把第一任的核心使命定义为教育改革，第二任的核心使命是解决贫困问题，他确实在这上面投入了大量的资源。

可惜的是，他第一任的目标，效果并不明显，纽约市学生的学业水平并没有明显提高。第二任的目标，似乎更有争议。这并不是说他在与贫困斗争中毫无建树，而是他在这方面的成就满足不了选民的预期，或者说是无法和他在发展经济上的成就相媲美。这就让许多人觉得他毕竟是位高高在上的大款，对贫困问题，没有穷人那种紧迫性。

布隆伯格对贫困问题有多么大的重视、多少理解，且按下不论，但他绝对是位亲企业的人士，认为最终要通过发展来解决问题。作为市长，他直接游说高盛的总裁，鼓励高盛在世贸中心原址建立自己的总部，并许诺16亿美元之巨的税收优惠："我把你们的税金和租金都降到最低，强化安全，但最终这是为了人的利益。"他还说："纽约就是最优秀的人愿意居住和工作的地方。"为了打造这样的环境，他打破了不少城市规划的旧框框，让一栋栋豪华摩天公寓大楼崛地而起，纽约就这样成为对富人越来越有吸引力的地方。

不过，布隆伯格在经济上最大的业绩，恐怕并不在于华尔街上。白思豪刚刚就任，《纽约时报》就在2014年1月7日发表文章《纽约，硅城》指出，不管白思豪怎么大谈他的"双城记"，布隆伯格留下的一个最重要的遗产，就是把纽约变成了一个能够和硅谷竞争的硅城。在这方面，白思豪必须继续布隆伯格的政策。

过去的纽约经济，是围绕着金融巨头和律师事务所转。在布隆伯格任上，信息业成为仅次于金融业的第二大经济部门。2007年，纽约的网上出版和搜索产业占全美份额的7%，如今已经达到10%。纽约的财富不再单纯集中在华尔街，而是散布到更为广泛的区域。从2008年中到2013年中，曼哈顿的就业增加了3%，纽约其他几个边缘地区则增加了9%。在这一繁荣中，少数族裔成为主要的受益群体。自2010年以来，从业于计算机和数学领域的黑人增加了19.7%，拉美裔增加了25.4%，白人则增加了6.4%。这当然反映了全美的大势，在过去30年，美国拉美裔获得计算机和信息技术学士学位的数量增长了40%以上。但是，纽约高科技强劲需求，是消化这些人才的重要因素。在2013年头11个月，纽约在计算机和数学方面的招聘广告就比一年前增长了6.8%，远远高于全美4%的增长率。这就使纽约的雇主们在招募人才时不得不突破原有的圈子，少数族裔有了更大的机会参与繁荣。

这些成就，和布隆伯格的一些铁腕政策有着密切的关系。比如，他以"纽约制造"为口号，支持小型高科技企业的成长，刺激宽带服务的拓展，并和康奈尔大学等机构合作，在罗斯福岛建立巨大的高科技校园，明显瞄准着与硅谷相依的斯坦福。这些都使纽约的经济变得更加前卫，也给更多的人（特别是年轻人）提供了机会。

但是，美国尚未从经济衰退中恢复，纽约的金融和司法业不比从前，客户流量少，使餐饮、饭店、娱乐等相关行业不景气。这些附属行业的从业人员本来就属于低薪阶层，这几年收入进一步减少，和新兴产业及传统金融司法业的精英形成了越来越鲜明的对比，房价的暴涨，更使他们的境遇雪上加霜。

可见，虽然布隆伯格非常重视贫困问题，他主导的经济发展模式，也突破了传统的金融司法，变得更有包容性，但面对美国这几十年贫富分化、贫富隔离的大势，有些"胳膊拧不过大腿"。他作为"土豪"市长，深谙市场规则，招商引资特别在行，把纽约变得越来越高端。"9·11"后，许多人反思：美国的金融是否太集中，太容易形成打击目标？当时还有人预测，"9·11"后金融业会从华尔街逐渐分散。然而，短短几年内，纽约的财富就变得更加集中。这方面，布隆伯格的亲企业也确实有过分之嫌。相对于硅谷，纽约是高科技新秀，这方面的中小企业需要大量的优惠政策。但是，作为传统金融中心，为什么一定要给高盛16亿美元的税收优惠？高盛的总部不设在纽约设在哪里，难道会因没有税收优惠就迁往底特律？也怪不得，进步派人士开始批评布隆伯格只顾给大企业税收优惠、只顾为豪华的摩天公寓开绿灯，使纽约的发展越来越变成了"双城记"。

房价市长、幼儿园市长

白思豪和布隆伯格虽非水火不容，但意识形态上的对立是相当明显的。2009年，在布隆伯格当选第三任时，白思豪也同时当选了纽约的公共辩护师。这个职位，是代表市民监督政府的行为，是纽约市的第二号人物，在市长出现不测时可以自动接任。白思豪在当时的就职演说中，就当众提醒布隆伯格自己的许诺：解决贫困问题可是你第二任的核心目标。但是，"今天晚上，有1.6万个孩子在无家可归者救济中心过夜。这比历史上任何时刻都多"。

2013年的市长选举，布隆伯格置身事外，不肯公开支持任何人。但是，他一度走嘴，称白思豪是位种族主义者。在媒体的逼问下，他解释说："我不认为他是种族主义者。但是，他过分利用了他的家庭来拉选票。"显然，此话透露了布隆伯格对白思豪的不快。毕竟，在当今美国政治中，像白思豪这样娶了黑人妻子的白人政治家确实很罕见。难道说他由此对黑人社会理解得更深一点是不靠谱儿的炒作吗？美国政治家竞选，纷纷拿自己的宗教、种族、家庭做文章。何况白思豪的夫人并非家庭妇女型，而是积极参与夫君的政治活动。由此引起媒体的注意，并没有出位之处。

白思豪在就任公共辩护师时，就有市长的野心，在任上自然励精图治，其着眼点和布隆伯格形成了鲜明的对比。比如，他上任第二年就推出了"纽约市最糟糕的房东监视名单"的网站，逼着房东提供安全卫生的居住环境，有25万房客在找房时利用这个网站的服务。他还推动立法，惩罚那些冬天供暖、供热水不力的房东。同时，他为房客提供了一系列法律服务，使他们在房东赶人时有捍卫自己权利的能力。在房价地价日日看涨的时代，他还提出打压土地囤积的政策：那些买了地不盖房的，要和商业建筑一样支付房地产税。另外，他呼吁制定"法定包容性规划法"：凡是在纽约盖房的开发商，必须在住房项目中建设一定比例的经济适用房，否则就不准开工，这样就能保证穷人富人都有房子住。

这一系列的表现和政纲，反映的是一个简单的事实：纽约的房子住不起，但靠市场解决不了问题。纽约的房租，平均每个月已经达到3049美元，是美国平均水平的三倍。纽约的中等家庭收入，则在全美中等家庭收入之下。在历史上，房价一直是纽约政治的核心。最近还刚刚出版了一本题为《租金大战》的书，记述了纽约房东房客之间的斗争史。纽约市1901年就通过了《租房法案》，禁止兴建黑暗、不通风的客房，并附加了一系列安全细则。1920年，纽约住房短缺，房屋空置率仅0.3%，租金暴涨140%，引发了抗租运动，市法院被由此而来的官司给淹没，最终市议会立法：严格限制驱赶房客，限租。房东咽不下这口气，根据宪法第五修正案上告，最后最高法院裁决，肯定了限租的合法性。如今，纽约220万套出租房屋虽然只有1.8%受限租法的制约，但另外有45.4%

的出租房受"房租稳定"条例的制约，还有 13.7% 是政府资助的住房项目。也就是说，纽约的出租房，有 60% 以上是受到相当严格的政府管制的，白思豪则誓言进一步强化这样的管制。

凡此种种，都是针对中下层家庭的住房问题，进而深得选民的拥护。另外，白思豪竞选时还提出一个缩小贫富分化的长远计划，那就是给富人加税，用所得款项给纽约建立全民性的免费幼儿园。这种劫富济贫的政纲，被右翼攻击为是社会主义，但在欧洲（特别是北欧的福利国家）早已成为家常便饭。一系列研究证明，贫富分化最大的根源是在教育上。教育的分化则从幼儿园就开始，富家子弟上得起高端的幼儿园，到了小学一年级时就早已领先一步，穷孩子没上学就输在起跑线上。早教对人口素质的影响，恐怕比大学还厉害。美国学生在一系列国际测试中，都在发达国家中垫底，人口素质已经落在欧洲之后。可惜的是，虽然众多的研究结论很清楚，而且也有欧洲多年的经验，但美国的义务早教还处于扯皮阶段。奥巴马虽然到处鼓吹，但要指望联邦政府推行这样大规模的早教普及，机会等于零。所以，不仅仅是左翼，许多温和派选民，也把希望寄托在白思豪身上，希望他在纽约为美国开创一个义务早教的成功经验。

老实说，看看白思豪的政纲，看不出他对经济发展的敌意。他所强调的，是"共同崛起"。欧洲的经验证明，福利和发展完全可以并行不悖。从长期看，均富对发展更为有利。纽约人选择他，也并非否定布隆伯格，而是觉得在布隆伯格的繁荣之后，应该有一个平衡。

政府能当保姆吗

美国政坛和企业界的风云人物、纽约市长布隆伯格，最近有了一个新绰号："布隆伯格保姆"，原因是他雄心勃勃地要禁止在纽约销售大号包装的软饮料。这包括从可乐、碳酸饮料到甜冰茶等各种含糖的饮料，但不包括果汁、奶制品和酒类，也不包括维生素水和无糖冰茶等低卡路里饮料。所谓大号的标准，就是超过16盎司。16盎司大致有中杯咖啡那么大。目前市场上行销的普通软饮料，大都超过了16盎司。此项政策如果通过，2013年3月即可实施。到时候，在纽约这个世界经济的中心，买瓶"普通"的可乐就不可能了。

布隆伯格何以出此重拳？原因在于肥胖症已经成为美国的国家疾病。在纽约市，成人中超重或患肥胖症的人数超过一半。纽约市的健康专员称，过去30年肥胖症的增长，大约有一半是这些软饮料所导致，有三分之一的纽约人每天至少要喝一次软饮料。在碳酸饮料销售集中的地区，肥胖症发病率格外高。

此议一出，媒体腾沸。这样的措施，毕竟是全国第一个，而且是在纽约这样的头号城市。饮料商们更是气愤，可口可乐、百事可乐等大公司立即发起各种游说和宣传攻势，说政府管得太宽，干预了市场运行和个人的自由选择，并把布隆伯格称为"布隆伯格保姆"，说他当市长高高在上，把老百姓当作未成年的孩子来管。

其实，软饮料早就在美国成灾。这种饮料，加了大量的糖分来刺激消费者的味觉，大家越喝越上瘾，瓶子越来越大。每瓶饮料所含的卡路里，远远超出正常的人体需要，造成了热量在体内的堆积。特别是在学校的自动售货机，最为畅销的就是这些软饮料，乃至十几岁的孩子就大腹便便。有些学区，已经禁止在校内销售这样的饮料，但孩子出了校门随手就能买到。波士顿郊区的小镇康科德，出于环保考虑，刚刚禁售瓶装水，开了政府管制饮料的先例。但这个小镇不过几万人，影响自然无法和纽约相比。

在反对者们看来，如果这次政府得手，禁了软饮料，下一步还要禁什么？麦当劳、肯德基，乃至中餐馆的大号盒饭是否都在禁止之列？100多公斤的大汉吃不饱怎么办？什么时候是个头儿？这岂不是政府侵入了私人领域吗？政府的权力还有无边界？

然而，最近的盖洛普民调揭示，81%的美国人认为肥胖症已经构成了严重的社会问题，这个比例超过了对吸烟（67%）和酗酒（47%）的关注人数。如果追踪一下这一民调的历史，就更有兴味。在2003年，认为吸烟是严重的社会问题的公众比例最高，为57%，肥胖症居次，56%，酗酒第三，46%。但日后人们对肥胖症的关注明显增加，对吸烟的关注，则呈平稳状态。其中一个重要原因，恐怕还是政府的介入。目前美国在各个公共场合都禁烟，烟草公司不停地被政府和社会团体起诉。既然政府管理吸烟很有效，为什么就不能管一下软饮料呢？

当然，吸烟涉及二手烟的问题，即个人自由影响到他人的健康。软饮料则不存在这样的问题，但是，盖洛普民调揭示出，57%的公众认为联邦政府应该介入肥胖症所引起的健康危机，55%的公众认为联邦政府应该介入吸烟所引起的问题。可见，即使在政府角色的问题上，公众还是希望政府的手能够伸得长一点。纽约市政府当然不是联邦政府，但是，在这种问题上，一般来说公众愿意给地方政府的权力要更大一些，这也是布隆伯格强力出重拳的底气所在。

布隆伯格是位健康市长，他曾经试图在碳酸饮料上加税，但被纽约州议会封杀。后来他又要禁止用食物券购买碳酸饮料，但被联邦判为不合法。这次，他挖空心思，要在自己的权限内弄出大动静来。这一政策仍然会面对种种法律问题，但他这次信心十足。首先要过的一关，是纽约的健康委员会批准，那里的人都是他亲手任命的。他在电视上坦率地说："这一政策不是政府把你的自由给没收。你去餐馆，要喝32盎司的软饮料，就订两瓶好了，只是一瓶不能超过 16 盎司。喝 32 盎司一瓶的不健康的软饮料，并非建国之父们为之而奋斗的自由。"

那么，让我们最后回到一个核心问题：政府是否应该或者有权当老百姓的保姆？说到底，政府难道不是老百姓选的、雇的吗？那么我们就不妨问另一个问题：老百姓究竟有没有权利雇保姆？

纽约的"穷门"

纽约的新市长白思豪有"住房市长"之称，因为他素来为弱势阶层的住房权利而奋斗，构想吸引411亿美元的投资，在未来十年建造和维持大量经济适用房，并要求所有开发商都必须建造一定比例的经济适用房。

然而，马上等着他的，竟然是自己眼皮底下的"穷门"。"穷门"如同丑闻一般，不仅在纽约，而且在全美的媒体上都引起轩然大波。

事情起源于曼哈顿一个著名街区Upper West Side的公寓楼。这是寸土寸金之地，一平方英尺的住房面积卖到2000美元。用中国人习惯的平方米概念计算，200平方米的一套房，至少要400多万美元。这栋计划兴建的居民楼，有219套豪华公寓（有说近300套），按市价出售；另外，根据纽约市的政策，还要建55套经济适用型的公寓，针对的是年收入在3.5万到5万美元之间的家庭（接近5万美元收入的家庭，需要至少有四个成员）。也就是说，购买三四百万美元一套豪宅的人，可能发现邻居是一个月缴1000美元房租的穷人。为了兴建这些经适房，开发商可以从政府得到可观的税收回扣。

开发商当然知道富人的心理，设计上别出心裁：建起一栋墙把贫富隔开，经适房对着马路，豪华公寓则大多临河。两种公寓的电路等设备都分别设计。更为昭彰的，是有两个门，贫富房主各走各的门，富人从前面堂而皇之地走进自己的豪华公寓，穷人则从后门进入经适房。这就是所谓"穷门"。另外，穷人对楼里的健身房、儿童娱乐空间等等公共设施，也无法使用。

白思豪领导的左翼政府当然不喜欢这一套，但是，规矩是前任市长布隆伯格任上定下的，一切都合法。于是，市政部门只好批准了这一建筑方案。这就形成了一个奇观：从白思豪到手下的官员，都齐声谴责这样的设计，并发誓修改有关法规，使这类事情不再发生，但与此同时，开发商将肆无忌惮地兴建贫富隔离的公寓。

为什么会出现这样的戏剧？其实，保障性住房由来已久，自西方工业化开始就有，战后规模扩大。不过，最传统的方式，是把穷人集中，为他们建设大规模的保障性住房。结果造成了贫困的集中，甚至犯罪的集中，相当失败。有的保障性住房，因为带来的社会问题太大，最终不得不炸掉。在此之后，贫富混居就成为时尚。这种贫富混居，在欧洲更为流行，似乎也更为成功。欧洲贫富分化本来就不大，而且欧洲的文化在财富上比较克制，炫富者为人侧目。所以，在荷兰等国的城市公寓楼里，对门邻居住房状况相差无几，但一户是经适房，一户则是市场房。外人看不出来，邻居彼此也不知道。穷人住在富人堆里，没有什么心理压力。

美国则是个贫富分化大得多的社会，炫富风气也颇盛。在上个世纪三四十年代，有所谓 Greshan 法则，称"低等"种族或民族的房主会压低本社区的房价。这个等级有明确的排列：英国种、德国种、斯堪底纳维亚种，然后是意大利种、墨西哥种、黑人等等。美国号称是个大熔炉，其实也是种族意识、阶级意识极强的社会。

二战后经过民权运动，这种种族等级早已声名狼藉，种族隔离也被取消，但是，种族隔离之后，又有了贫富隔离。富人住一个区，穷人住另一个区。贫困集中的问题并没有解决。为此，一些城市推行贫富混居的政策，要求开发商把建筑的一定比例留出来给低收入阶层。这样，同一栋建筑中，贫富都有。像曼哈顿这样的财富中心，就更有必要。因为这里的房价，按照市场价要 1% 的顶尖富人才能支付，但是，偌大的曼哈顿，也需要司机、厨师、清洁工、教师、售货员、秘书、保安、饭店服务生……难道把这些人全挤出去，每天长时间通勤上班？所以，现在这种贫富混居的公寓楼，在美国城市里已经相当流行。

纽约的"穷门"则提请人们注意：开发商在这种混居的制度中仍然可以制造贫富隔离。同时，媒体也指出，开发商的战略不过是体现了富豪们的心态：1% 的顶尖富人不愿意与我们 99% 的老百姓为伍。这是自上而下的阶级斗争。美国贫富的隔阂，由此更为激化。

全球劫富济贫有多可怕

法国总统奥朗德不愧为"社会主义者"，刚刚上台就要兑现竞选诺言，把年收入百万欧元的富人的所得税率从 48% 提高到 75%。虽然许多人怀疑如此激进的政策能否最终实施，但在法国富人中已经引起普遍恐慌，迁居国外顿然成了上流社会中的热门话题。

此举的意义并不局限在法国。众所周知，奥巴马一直就主张在富人头上加税，并有着很具体的计划：把年收入 25 万美元的家庭的所得税率从 35% 提高到 39.6%。他的支持者巴菲特，也不遗余力地为此呐喊。美国富人被加税的命运恐怕很难逃过。

这些加税的政策，表面上看是财政措施，实际上则是为老百姓"要个说法"，是民主社会的"阶级斗争"。如今，西方各国大多被财政赤字和债务所困，经济处于低谷，税收减少，情况越来越糟。摆脱困境之道，无非就是开源节流，想办法增加税收，同时削减政府开支。可惜，在经济不扩张的条件下，增加税收除了提高税率外几乎别无他途；削减政府开支，则往往意味着拿普通老百姓的福利开刀。这样的政策会把人都得罪遍了，在民主社会往往等于是政治自杀。最后，也只能拿富人开刀，毕竟他们人数少，在选票上无足轻重，是政治家得罪得起的人。

财政专家早就算过账：靠在富人身上加税，无法解决美国的财政问题。法国就更是如此，法国年收入过百万欧元的富人不超过 3 万，靠他们怎能解决 6500 万人口的大国的财政危机？法国政府明年要想办法拿到 330 亿欧元的税入呀。对此，左翼政治家们并非不明白。真要削减政府赤字，还是必须削减福利。可惜，拿福利的大多数是支持自己的选民，老百姓自有一套"硬道理"："我们辛辛苦苦工作，是华尔街那帮大款把大家都玩儿进了危机的深谷。他们不受惩罚，怎么反而要削减我们的福利？"所以，无论是奥巴马还是奥朗德，都要先拿富人开刀，对自己的选民交账，然后削减福利才下得去手。一系列民调显示，奥巴马给富人加税的计划，赢得了选民的普遍支持。奥朗德更是口口声声说他"不喜欢富人"，并且打着给富人加税的许诺赢得大选，民意走向相当清楚。富人的恐惧也相当真实，法国早有名模、名厨、歌星移居国外的案例。企业界、金融界人士联手相当一部分经济学家发出末日警告：这样激进的社会主义政策，把创造财富的人赶走，许多准备到法国创业的人停滞不前，对法国经济将是一场劫难。

然而，这种高税率将扼杀经济增长的老调，如今已经不那么令人信服。看看各国的所得税率排名：在主要发达国家中，所得税率最高的是瑞典（56.6%）、丹麦（55.4%）、荷兰（52%）、奥地利（50%）、比利时（50%）、日本（50%）、英国（50%）、芬兰（49.2%）。美国的所得税，目前最高为35%，但还有最高达11%的州税；如果奥巴马的计划实行，39.6%的联邦所得税和州税相加，在许多州就可能超过50%。加拿大的最高所得税为29%，但省税可以到24%，加起来最高可达53%，也是北欧福利国家的水平。另外，德国的最高所得税率为47.5%；澳大利亚为45%，加上1.5%的医保税，实际上是46.6%。这些都属于经济最为发达、健康的国家。陷入债务危机和经济困顿不能自拔的，则是西班牙（52%）、希腊（49%）、葡萄牙（49%）、意大利（47.3%），其所得税率固然也挺高，但大多属于西方国家的中等水平。高税率显然不是经济的核心问题，当然更不用说，俄罗斯的所得税率仅13%，但那并非一个有竞争力的经济。

可以说，西方市场经济的主体，是建筑在高税率、高比例的财富再分配的基础之上的，这也怪不得巴菲特这种市场竞争中最大的赢家会出来说：我在这个行当几十年，高税率的时候早就经历过，那时行内没见过所谓高税率会抑制人们创造财富的动机的任何例证，大家都干得欢着呢。在法国，巴黎经济学院的教授Thomas Piketty也进行了一系列研究，证明高税率并不会降低人们创造财富的热情。从法国现有的著名例证看，确实有名模、名厨、歌星被高税率赶走了，但是，这种人对经济的贡献非常有限，有时他们的离开，反而为新人留出空缺、创造机会。更不用说，这些人的成功往往是被法国特有的文化所打造，除了做内衣广告的名模在世界畅行无阻外，其他的文化明星都在很大程度上被本土所滋养，离开并非没有成本。

不过，奥朗德激进的加税政策，风险确实相当大。75%的最高税率，实在是比欧洲邻国高出太多。法国的企业税率已经高达33%，在欧洲除了马耳他外是最高的。如果所得税率再比邻国高出百分之二十几，就会创立一个史无前例的落差。要知道，欧洲文明，自中世纪以来就鼓励跨国流动。这主要是因为文化和制度相近，各方面的交流频繁，你在一国受迫害，可以轻而易举地移民到其他国家，移民成本在世界各地区中几乎是最低的。这样，思想、技术、资本都追踪着最优化的制度而去，任何君主或宗教势力都无法一手遮天。这就是被一些西方史学家津津乐道的"欧洲的自由"，是西方领先于世的重要制度基础。欧盟、欧元的创立，则更进一步地降低了这种流动的成本。在这方面，欧洲已经和美国的联邦体制非常相似。无论在人口、经济总量，还是在领土上，欧盟和美国都有相当的可比性。而欧盟中的各国，如同美国颇为独立的州一样，靠着自己的制度优势吸引自由流动的人口。所以，认真分析一下就看得很清楚：欧洲各国的最高所得税率大致都在50%上下浮动，相差很小。这是自由流动的竞争所形成的格局：人们如果为四五个百分点的税率迁移，大多得不偿失。但是，如果税率相差到两位数，则另当别论了。

这也怪不得，比利时的地产商一方面说奥朗德发疯，一方面为他的政策欢呼：比利时和法国一界之隔。法语是比利时三大官方语言之一，两国的历史文化因缘几乎不分彼此。从法国搬到比利时居住，在语言文化和生活习惯上几乎没有不适。比利时的最高所得税率为50%，本高于法国。如果法国提高到75%，很多富人即使仍然在法国经营，也可以到比利时安家，让比利时的地产商大发一笔。许多跨国企业，都声称正在根据奥朗德的政策研究重新分布自己的总部和支部的战略，如此高的税率吓走许多投资者，绝非耸人听闻。

然而，也正是因为这种全球化的背景，奥朗德的赌博之成败，其意义就不限于法国本身。试想，如果法国提高了税率，美国也提高了，其他西方国家左派上台后，加税就更是有恃无恐："别拿资本外流来威胁我。大家都加税，看你往哪里跑？有本事就移民俄罗斯！"西方越来越多的选民，认为现在的富人，比如华尔街的精英，是为自己创造财富、把邻居们搞破产的人。他们不过是倒来倒去，没有创造出任何有价值的"东西"。如果这些金融赌徒裹挟着自己的财富走人，社会的损失很有限，从长期看甚至可能得益。从爱迪生到盖茨、乔布斯，这些创造者虽然都是生意人，但税率再高也挡不住他们工作的热情。以民主的方式重新分配财富，为更多这样的天才创造更好的生长条件，包括加大教育的公共投入，社会岂不会更有竞争力？

西方社会的左翼，同样可以用市场经济的语言对富人发表宣言：我们是这个社会的持股人，你们是在我们所持股的社会中赢的，我们要求分得更多的红利。你们如果不喜欢，那就请到一个肯让你们"拿大头"的社会去好了。